Narinder Deep Singh
Kanwaljit Singh Sandhu

Efeito das práticas agronómicas na qualidade e quantidade da cultura da batata

Narinder Deep Singh
Kanwaljit Singh Sandhu

Efeito das práticas agronómicas na qualidade e quantidade da cultura da batata

Cultivo de batata processável

ScienciaScripts

Cover image: www.ingimage.com

This book is a translation from the original published under ISBN 978-3-659-61697-6.

Publisher:
Sciencia Scripts
is a trademark of
Dodo Books Indian Ocean Ltd. and OmniScriptum S.R.L publishing group

120 High Road, East Finchley, London, N2 9ED, United Kingdom
Str. Armeneasca 28/1, office 1, Chisinau MD-2012, Republic of Moldova, Europe
Printed at: see last page
ISBN: 978-620-8-24411-8

Índice:

Capítulo 1 5

Capítulo 2 7

Capítulo 3 38

Capítulo 4 53

EFEITO DAS PRÁTICAS AGRONÓMICAS NA QUANTIDADE E QUALIDADE DA CULTURA DA BATATA

Kanwaljit Singh Sandhu
Narinder Deep Singh

Dedicado a
O falecido Dr. R.S. Marwaha

PREFÁCIO

A batata (*Solenum tuberosum*) é uma cultura muito famosa em todo o mundo devido às suas peculiaridades, como a superioridade nutricional, a curta duração e a capacidade de produzir uma grande quantidade de alimentos por unidade de área e por unidade de tempo. O consumo per capita de batata e dos seus produtos transformados na Índia é muito baixo em comparação com os países desenvolvidos devido à escassez de batata crua transformável e de unidades de transformação. Algumas das unidades de processamento já em funcionamento na Índia, especialmente em torno de Delhi e em Punjab, preferiram adquirir batatas cruas de áreas de inverno ameno do Centro de Uttar Pradesh, região de Malwa de Madhya Pradesh, Gujarat e Karnataka a um custo de transporte mais alto, em vez de áreas de temperatura relativamente muito baixa do estado agrário altamente produtivo e mecanizado de Punjab, onde uma área substancial está sob cultivo de batata de mesa. O presente livro é um esforço para promover o cultivo de batata processável em Punjab, que é um mercado muito quente de produtos processados de batata devido ao aumento do nível de renda das pessoas e à rápida urbanização. Por conseguinte, para dar orientação comercial ao cenário da agricultura do Punjab, dominado pelo arroz e pelo trigo, que esgota os recursos, através da criação de uma indústria de transformação de base agrícola, foi efectuada a seleção de diferentes cultivares indianas e exóticas tolerantes a baixas temperaturas, a fim de identificar e disponibilizar à indústria batatas com elevado teor de matéria seca e baixo teor de açúcar redutor, mesmo em invernos rigorosos, contra a crença geral, a um preço acessível durante todo o ano.

O presente livro tem um total de cinco capítulos. O primeiro capítulo deste livro introduz a importância, o tema e o objetivo do presente estudo. No segundo capítulo, foi feita uma revisão sistemática da literatura anterior relevante e mencionada sob os títulos de diferentes atributos de processamento. O terceiro capítulo deste livro contém a metodologia detalhada necessária para cumprir os objectivos deste estudo. O quarto capítulo inclui os resultados de três experiências, fotografias e foi discutido com estudos de apoio. O resumo e as conclusões do estudo foram apresentados no quinto capítulo deste livro.

O presente livro é um esforço para preencher a lacuna de pesquisa sobre este tópico, ou seja, o cultivo de batatas processáveis em Punjab, e esperamos que este livro seja de imensa ajuda para pesquisadores, professores, estudantes e agricultores progressistas em todo o mundo.

Agradecemos sinceramente aos nossos mentores, Dr. S.K. Pandey (Ex-Diretor, Instituto Central de Investigação da Batata, Shimla), Dr. Parveen Kumar (Cientista Principal, Agronomia, Instituto Central de Investigação da Salinidade do Solo, Karnal), Dr. R.S. Marwaha (Diretor
Esperamos que este livro seja muito útil para aqueles que estão a trabalhar nos aspectos de processamento da batata. Estamos profundamente gratos às nossas famílias que suportaram todas as dores e mostraram a sua atitude encorajadora e apoio moral durante a conclusão deste livro.

Dr. Kanwaljit Singh Dr. N.D. Singh

Capítulo 1

INTRODUÇÃO

A batata (*Solanum tuberosum* L.) é uma das culturas alimentares mais importantes do mundo, ocupando o quarto lugar a seguir ao arroz, ao trigo e ao milho. Mais de um bilião de pessoas consomem batatas em todo o mundo e é parte integrante da dieta de meio bilião de pessoas nos países em desenvolvimento (Dahiya e Sharma, 1999). É uma cultura nutricionalmente superior, de curta duração e capaz de produzir uma grande quantidade de alimentos por unidade de área e por unidade de tempo.

A Índia produz 7,72% da batata do mundo a partir de 7,57% da área total de batata global, com uma produtividade mais elevada do que a produção média mundial (Rana, 2011). Tendo em conta a diminuição da área cultivável e o aumento constante da população, a batata tem um elevado potencial para resolver o problema da fome e da subnutrição no país. Embora a Índia seja o terceiro maior produtor de batatas do mundo, o consumo per capita no nosso país é muito baixo, ou seja, 17,3 kg por ano, contra 120,8, 89,4 e 63,7 kg por ano no Reino Unido, Canadá e EUA, respetivamente (Pandey *et al.*, 2007). As possíveis razões para o baixo consumo são as falsas noções sobre o seu valor alimentar, as flutuações do preço de mercado devido à disponibilidade irregular ou desigual ao longo do ano e o elevado custo dos produtos transformados de batata. Cerca de 68,5 por cento da produção total de batata, equivalente a 14,9 kg per capita (Rana, 2011) é consumida principalmente como um vegetal no nosso país e, portanto, as variedades desenvolvidas na Índia até 1998 foram principalmente para o consumo de batata fresca. O aumento da produção de batata todos os anos, as enormes chegadas ao mercado logo após a colheita e as instalações de armazenagem refrigerada inadequadas, dispendiosas e desigualmente distribuídas levaram a frequentes excessos no mercado, o que causa perdas económicas aos agricultores e o desperdício de alimentos preciosos. Por conseguinte, é essencial incentivar o valor acrescentado da batata sob a forma de diferentes produtos transformados. A transformação pode ajudar a prolongar o prazo de validade, resolver o problema do armazenamento, servir de meio para aumentar a disponibilidade na época baixa e, assim, maximizar a utilização da batata, juntamente com rendimentos remuneradores para os produtores de batata. Atualmente, com a introdução de várias empresas multinacionais de transformação de alimentos, a urbanização crescente, a melhoria do nível de vida, o aumento do número de mulheres trabalhadoras e a expansão do comércio turístico, a procura de produtos transformados à base de batata, como batatas fritas, está a aumentar rapidamente. Apesar deste recente surto, menos de 1,5% da produção total de batata foi processada na Índia durante 2005-06, em comparação com 30-67% nos países desenvolvidos (Gould, 1999, Rana e Pandey, 2007). O consumo per capita de produtos transformados à base de batata, como batatas fritas e batatas fritas, é tão baixo como 0,365 kg contra 45,6 kg e 2,75 kg/ano no Reino Unido e a média mundial, respetivamente (Rana, 2011). Os dois factores responsáveis pelo lento crescimento do sector da transformação são a indisponibilidade de variedades adequadas de batata para transformação e a falta de abastecimento de matéria-prima da qualidade desejada a um preço razoável nas proximidades das indústrias ao longo do ano.

A maior parte das indústrias de transformação de batata está localizada na metrópole de Deli e no Punjab, e nos seus arredores. Mas até agora, as batatas produzidas nas planícies do Noroeste, especialmente no Punjab, eram consideradas inadequadas para a transformação de qualidade devido à baixa matéria seca, aos açúcares redutores elevados e aos fenóis totais produzidos sob condições de temperatura extremamente baixas desta região durante a época de crescimento da cultura (Ezekiel *et al.*, 1999). Em consequência, as indústrias de transformação de batata preferem adquirir matéria-prima no centro do Uttar Pradesh e na região de Malwa, no Madhya Pradesh, onde os invernos são amenos durante a época de crescimento das culturas, o que aumenta o custo dos produtos acabados (Gaur *et al.*, 1999). No entanto, com o desenvolvimento de variedades de transformação tolerantes a baixas temperaturas (Kufri Chipsona-1 e Kufri Chipsona-2) pelo Central Potato Research Institute, Shimla, em 1998, e a introdução simultânea de algumas variedades de transformação exóticas (Atlantic, Frito lay, Lady Rosetta) pelas multinacionais, o Punjab pode emergir como um importante centro de abastecimento de batatas de transformação adequadas. Também do ponto de vista geográfico, o Punjab está bem situado para fornecer batatas às principais unidades de transformação localizadas em Deli e arredores. Recentemente, com o desenvolvimento da Zona de Exportação Agrícola (AEZ) perto de Chandigarh no Punjab, a declaração de Amritsar como zona económica especial (SEZ) pelo Governo Central, a normalização das relações com o Paquistão e o estabelecimento de ligações ferroviárias, rodoviárias e aéreas de Amritsar com vários países do sul da Ásia, do Médio Oriente e da Europa, há possibilidades de um maior impulso na exportação de batatas e produtos transformados do Punjab no futuro. Assim, há uma grande esperança para os agricultores do Punjab, que obterão rendimentos remuneradores com a adoção de variedades de batata para transformação, e as indústrias de transformação alimentar abrirão novas oportunidades de emprego para a população rural e urbana desempregada.

No Punjab, a batata ocupa cerca de 82,11 mil hectares (Anon., 2010) com variedades de mesa de maturação precoce, média e tardia, mas falta informação sobre as variedades de processamento.

O atual cenário agrícola do Punjab enfrenta uma enorme pressão devido à fragmentação das explorações agrícolas, à sobre-exploração dos recursos naturais no âmbito da rotação do trigo com arroz e ao aumento dos custos dos factores de produção. Nesta conjuntura crítica, é imperativo dar à agricultura uma orientação comercial, ligando-a às indústrias de transformação de alimentos para obter melhores rendimentos e oportunidades de emprego.

As indústrias de processamento precisam de batatas com requisitos específicos, como alto teor de matéria seca do tubérculo (>20%), alta gravidade específica e tubérculos de grau de processamento (>45 mm), pois contribuem favoravelmente para a recuperação do produto acabado. Para além destes, os parâmetros bioquímicos, como o baixo teor de açúcares redutores, os aminoácidos livres e os fenóis totais, são igualmente importantes para produzir uma cor aceitável nos produtos transformados. Segundo consta, os atributos de transformação são grandemente influenciados pelas práticas agronómicas, como a época de sementeira, a nutrição azotada, a época de debulha e a temperatura durante a estação de colheita (Smith, 1987; Kumar *et al.*, 2003a e Uppal, 2002). Uma relação tão complexa ainda não foi estabelecida nas condições agro-climáticas do Punjab. Por conseguinte, considerou-se altamente relevante avaliar as variedades autóctones e exóticas disponíveis para transformação em Amritsar, no Punjab, que regista a temperatura mínima mais baixa durante o inverno, na expetativa de que, se uma variedade tiver um melhor desempenho nestas condições extremas, possa ser considerada ideal para transformação em todo o Punjab. As batatas frescas só estão disponíveis durante 2-3 meses após a colheita e, para poderem funcionar durante todo o ano, as indústrias de transformação têm de depender do fornecimento de batatas armazenadas. As batatas armazenadas nas câmaras frigoríficas convencionais produzem lascas inaceitáveis de cor escura devido à acumulação de grandes quantidades de açúcares redutores (Edwards *et al.*, 2002). Por isso, é pertinente estudar o comportamento de armazenamento e a qualidade de processamento destas variedades sob armazenamento agrícola à temperatura ambiente.

Tendo em conta o que precede, o presente estudo, "Efeito das datas de plantação, do calendário de descasque e dos níveis de azoto no crescimento, rendimento, armazenamento e qualidade de transformação de variedades de batata selecionadas", foi planeado com os seguintes objectivos

1. Identificar a variedade de transformação adequada para as planícies mais frias do Noroeste.
2. Estudar o efeito da época de sementeira, do calendário de descasque e da aplicação de azoto no rendimento dos tubérculos e na qualidade das aparas das variedades de transformação.
3. Estudar o comportamento de armazenamento e as alterações na qualidade de processamento de variedades de batata selecionadas após armazenamento a curto prazo em armazém agrícola à temperatura ambiente.

Capítulo 2

REVISÃO DA LITERATURA

A qualidade e a transformação rentável da batata exigem que se cumpram as normas estabelecidas pela indústria transformadora em termos de tamanho e forma da batata, teor de matéria seca dos tubérculos, níveis de açúcares redutores e fenóis totais e cor das batatas. A literatura relevante relativa à presente investigação, intitulada **"Efeito de algumas práticas agronómicas nos parâmetros quantitativos e qualitativos de variedades de batata selecionadas"**, é analisada nos seguintes pontos

2.1. Efeito da época de plantação
2.2. Efeito do calendário de redução do volume de negócios
2.3. Efeito das variedades
2.4. Efeito do nível de azoto
2.5. Efeito da armazenagem

2.1 Efeito da época de plantação

O funcionamento rentável da unidade de transformação exige o fornecimento contínuo de batata fresca diretamente do campo durante a maior parte dos anos. A plantação escalonada parece ser útil para reduzir o excesso de batata no mercado e regular o fornecimento contínuo de batata crua às unidades de transformação durante um período de tempo mais longo. A perda de rendimento na plantação precoce e tardia de batata pode ser compensada pelo preço premium dado aos agricultores durante a época baixa (Kumar *et al.,* 2007a). A literatura relativa ao efeito da época de plantação é analisada como se segue:

2.1.1. Efeito da época de plantação no crescimento
2.1.2. Efeito da época de plantação no rendimento e nos caracteres contributivos
2.1.3. Efeito da época de plantação nos parâmetros de qualidade da estilha
2.1.3.1 Matéria seca
2.1.3.2 Reduzir o açúcar
2.1.3.3 Cor da pastilha
2.1.3.4 Sacarose
2.1.3.5 Aminoácidos livres
2.1.3.6 Fenóis totais

2.1.1 Efeito da época de plantação no crescimento

Gupta (1990) relatou uma diminuição significativa na população de plantas com o atraso no plantio de 22 de abril (8,9) a 2 de maio (8,2 plantas/m2) a 800 m e de 18 de maio (10) a 17 de junho (9,2 plantas/m2) a 2700 m acima do nível médio do mar em dois locais nas colinas de Shimla. A altura máxima da planta, o número de folhas e caules por planta após 60 dias de plantação foram registados na cultura plantada a 1 de novembro (plantação precoce) do que a 10, 20 e 30th de novembro (plantação tardia) nas condições do leste de Uttar Pardesh (Singh 1995). No Bangladesh, Rashid e Ali (1992) observaram uma emergência precoce (18,3 dias) e plantas mais altas (66,7 cm) quando a cultura foi plantada a 20th de novembro do que a 1st, 10th de novembro, 1st, 10th e 20th de dezembro. O stand da cultura foi melhor em 1st dezembro (88,7%) seguido de 20th novembro e 10th dezembro. A plantação da cultura em 10th dezembro mostrou uma iniciação precoce dos tubérculos em comparação com as plantações de 1st, 10th, 20^{th,} novembro, 1st e 20th dezembro. Apenas a cultura plantada em novembro produziu com sucesso uma maior cobertura foliar (>96%). O efeito da data de plantio foi significativo na emergência de tubérculos, iniciação de tubérculos, altura da planta e cobertura foliar.

Singh e Mangal (1990) constataram que os tubérculos plantados sob alta temperatura (primeira semana de setembro) produziram maior peso fresco e seco por colina em comparação com a plantação feita sob temperatura óptima (primeira semana de outubro) aos 60 dias após a plantação, mas aos 90 dias, a plantação feita sob temperatura óptima (primeira semana de outubro) ultrapassou a plantação de setembro e produziu mais 154,37 e 22,2 g em comparação com 78,6 g e 15,6 g de peso fresco e seco de haulms por colina sob alta temperatura, respetivamente.

Iritani *et al.* (1983) observaram um maior número de caules por semente à medida que a época de plantação se atrasava de 31 de março para 12 de maio, devido ao aumento da temperatura de germinação, mas a correlação entre a contagem de caules acima e abaixo do solo diminuiu. Além disso, registaram uma forte correlação entre o número de caules e de tubérculos na primeira plantação do que na terceira plantação. Uma maior população de caules produziu mais tubérculos subdimensionados à custa de tubérculos U.S. No.1 (mínimo de 5 cm).

Birhman e Verma (1988) relataram um aumento significativo no número de caules/m^2 com o atraso no plantio. O maior número médio de caules foi registado em 15 de outubro (41,7), seguido de 25 de outubro

(41,6) e 5 de outubro (37,2/m^2). A percentagem de emergência foi maior na batata de verão (>90%) do que na batata de outono (>85%) Singh e Lal (2001).

2.1.2 Efeito da época de plantação na produção de tubérculos e nos caracteres contribuintes

As cultivares de batata comportaram-se de forma variável com a alteração do calendário de plantação (White e Sanderson, 1983), dos locais (Mazza 1983 e Jewell e Stanley 1989) e das condições ambientais (Burton, 1989). A época ideal de plantação sincroniza o período de crescimento com factores ambientais favoráveis. Cada área de produção de batata do mundo tem que desenvolver uma relação marcante entre condições ambientais, produção, armazenamento e padrão de utilização (Mazza, 1983).

Kumar *et al.* (2003b), em ensaios realizados em vários locais, referiram que a época óptima de plantação variava consoante o local e sugeriram que o nível de produção de tubérculos numa localidade pode ser completamente diferente do de outra localidade. Da mesma forma, Singh *et al.* (2008a) registaram um elevado rendimento total de tubérculos, rendimento de tubérculos para transformação e percentagem de rendimento de tubérculos para transformação em Agra, possivelmente devido a temperaturas relativamente baixas do que na região de Indore, nas planícies do centro-oeste da Índia.

Uppal (2002) recomendou a plantação escalonada nas planícies do noroeste para o fornecimento contínuo de batata crua para alimentar as unidades de transformação situadas nas proximidades. Do mesmo modo, Pandey *et al.* (2003) referiram que nas planícies do centro-oeste da Índia podem ser cultivadas quatro culturas de batata: precoce, principal, no final do outono e no início da primavera. Pandey *et al.* (2004a) afirmaram que a indústria transformadora necessita de um abastecimento assegurado de batata crua proveniente da vizinhança durante a maior parte do ano, através de ajustamentos da plantação. Eles observaram maior produção total e de tubérculos processáveis quando a batata foi plantada em 15 de novembro (final do outono) do que em 15 de setembro (início do outono) e 10 de dezembro (início da primavera). Foi relatado que 25 de outubro produziu o máximo de tubérculos totais e processáveis em comparação com 5 de outubro, 15 de outubro e 5 de novembro (Singh *et al.,* 2004). Da mesma forma, Pandey *et al.* (2008) afirmaram que a cultura da batata plantada a 15 de outubro foi considerada superior em termos de produção total e de tubérculos processáveis do que a cultura plantada a 15 de dezembro e 15 de setembro nas planícies do centro-oeste da Índia. Nas planícies do noroeste da Índia, a melhor época de plantação foi 15 de outubro, seguida de 10 de dezembro e 15 de setembro (Kumar *et al.,* 2007a). Singh (1995) observou que a plantação de batata em 1 de novembro foi superior à plantação de 10 de novembro, 20 de novembro e 30 de novembro em Faizabad, no leste de Uttar Pradesh. Da mesma forma, o plantio tardio após 25 de outubro em Madhya Pradesh resultou em menor rendimento de tubérculos (Sharma *et al.*, 1995). Kawakami *et al.* (2005) concluíram que o atraso no calendário de plantação reduziu a produção de tubérculos principalmente devido ao encurtamento do período de crescimento. A plantação precoce foi mais importante para as cultivares de sessão mais longa do que para as de sessão mais curta. A plantação tardia causou uma depressão significativa na produção de tubérculos totais e de tamanho "A" da cv. Russet Burbank em comparação com a cv. Kennebc (White e Sanderson, 1983).

Kumar *et al.* (2007a) e Pandey *et al.* (2008) experimentaram a cultura da batata no início do outono (setembro) para alimentar continuamente as unidades de transformação, mas notaram uma menor produção de tubérculos devido à elevada temperatura prevalecente. Uppal (2000) e Kumar *et al.* (2004a) também relataram uma menor produção de tubérculos na cultura de batata plantada na primavera, em comparação com a cultura de outono, devido à temperatura mais elevada prevalecente na fase de enchimento dos tubérculos.

As temperaturas elevadas prejudicam a iniciação dos tubérculos (Burton 1989) e a capacidade de produção (Marvins e Bodlaender, 1975). Bushnell (1925) definiu 17°C como uma temperatura óptima para uma boa produção de batatas. Houve uma boa tuberização a 24°C do que a 27°C de temperatura diurna em combinação com 18°C (Kufri Chandermukhi) e 22°C (Kufri-Surya) de temperatura nocturna. Além disso, a temperatura nocturna foi mais crucial para a tuberização (Minhas e Kumar 2005 e Minhas *et al.*, 2006). A temperatura nocturna elevada leva a uma redução da taxa de exportação de carbono das folhas (Basu e Minhas 1991). Temperaturas elevadas e dias longos favorecem a utilização de fotossintatos na parte vegetativa das plantas acima do solo, em vez do crescimento de tubérculos (Nagarajan e Bansal 1990; Wolf e Rudich 1990 e Van Dam *et al.*, 1996).

A maioria das experiências relacionadas com a avaliação de variedades/híbridos de processamento foi realizada na quarta semana de outubro (Kumar *et al.*, 2007b e Kumar *et al.*, 2007d), em 10 de novembro em Modipuram (Gaur *et al.*, 1998 e Singh *et al*, 2003), 15 de outubro (Marwaha 2005b), 13 de outubro (Marwaha 1998a; Marwaha 1998b; Marwaha 2001 e Marwaha *et al.*, 2005a) nas planícies do noroeste, 3rd semana de outubro em Agra nas planícies do centro-oeste (Pandey *et al.*, 2004c), de novembro a março em Gujrat (Patel *et al.*, 2005) e 3rd semana de novembro em Bengala Ocidental (Roy *et al.*, 2002).

Evidentemente, a época óptima de plantação da batata de outono passou de meados de outubro para meados de novembro, uma vez que os locais de plantação mudaram de Punjab (planícies N-W) para Bengala

Ocidental (planícies N-E) Pandey *et al.*, 2002; Singh *et al.*, 2002 e Kumar *et al.*, 2003b.

Esta tendência para a plantação de batata é também apoiada por uma estimativa da área foliar da batata baseada na deteção remota por satélite nas planícies indo-gangéticas do norte da Índia. Os dados do NDVI (índice de vegetação da diferença normalizada) indicaram que os campos de batata estavam em plena fase de crescimento com área foliar máxima na primeira quinzena de dezembro em Punjab, Haryana e Uttar Pradesh Ocidental, enquanto esta fase ocorreu na última semana de dezembro ou na 1st semana de janeiro em Uttar Pradesh Oriental e Bihar. Em Bengala Ocidental, o crescimento máximo foi observado no final de janeiro (Singh *et al.*, 2004b).

Tendo em conta a variação da época de plantação, o desempenho das cultivares, a necessidade de um período de crescimento mais longo para as cultivares de transformação, a acumulação de açúcares redutores a baixas temperaturas e a incidência de geadas nas condições do Punjab, ofereciam uma boa margem para afinar o calendário de plantação das cultivares de transformação.

2.1.3 Efeito da época de plantação na qualidade da estilha

2.1.3.1 Matéria seca dos tubérculos

A matéria seca do tubérculo é um importante atributo de qualidade exigido na batata para processamento (Pandy *et al.*, 2002 e Haase *et al.*, 2007). Smith, (1987) concluiu que, para a transformação em estilhas, a matéria seca dos tubérculos deve ser superior a 20%. Em estudos posteriores, Grewal e Uppal (1989), Marawaha (1997) e Ezekiel *et al.* (1999) observaram que um elevado teor de matéria seca melhora a recuperação dos produtos fritos finais, a crocância e reduz os tempos de fritura e a energia necessária.

O ambiente durante o crescimento da batata, particularmente a duração do dia e as temperaturas, afectam grandemente o rendimento e as qualidades de processamento da batata (Es e Hartman, 1981; Haverkort e Harris, 1987 e Burton, 1989).

As temperaturas máximas e mínimas variaram com a mudança de local e mesmo de estação para estação no mesmo local. Isto foi apoiado por um ensaio multi-local em que a cultura (durante 90 dias) foi plantada em diferentes alturas de plantação em diferentes locais das planícies indo-gangéticas. As variações sazonais da matéria seca foram maiores em Jorhat e Dholi do que em Modipuram (Kumar *et al.,* 2003a). Além disso, foi observado um efeito significativo do local e da estação em todos os aspectos da qualidade dos tubérculos (Verma *et al.*, 1975; Jewell e Stanley, 1989; Uppal e Khurana, 2001; Singh *et al.*, 2005 e Singh *et al.,* 2008a).

Singh *et al.* (2004a) afirmaram que o teor de matéria seca dos tubérculos variava muito entre as cultivares num determinado local, dependendo da plantação precoce, normal e tardia. Eles observaram em Modipuram que o teor de matéria seca dos tubérculos da cv. Atlantic aumentou à medida que a plantação foi atrasada da primeira semana de outubro para a primeira semana de novembro. O plantio tardio (10th novembro) produziu o máximo (21,4%) de matéria seca média dos tubérculos, seguido pelo plantio na primavera (20,2%) e pelo plantio normal em outubro (20,3%), como observado por Singh *et al.* (2002). Da mesma forma, Singh *et al.* (2003) relataram que, nas planícies do noroeste, o teor de matéria seca dos tubérculos era satisfatório nas batatas plantadas em novembro, após a colheita do arroz Basmati de maturação tardia. Kumar *et al.* (2007a) observaram que, à medida que a temperatura baixava do início do outono para a plantação principal de outono em Modipuram, a matéria seca dos tubérculos e o teor de sacarose aumentavam. A cultura plantada a 10 de dezembro deu maior matéria seca de tubérculos (23,1%) do que a de 15 de outubro (21,5%) e 15 de setembro (18,6%). Além disso, Pandey *et al.* (2008) registaram um máximo de matéria seca de tubérculos de 23,3% no final do outono (15 de dezembro), seguido de 21,5% e 19,6% no outono principal (15 de outubro) e no início do outono (15 de setembro), respetivamente, nas planícies do centro-oeste da Índia.

A elevada matéria seca dos tubérculos nas colheitas normais (principais) e tardias do que nas precoces nas planícies do noroeste pode dever-se a uma grande cobertura de copa que leva a uma maior fotossíntese e partição de fotossintatos e à síntese de amido nos tubérculos (Ezekiel e Bhargava, 1997). A diminuição da matéria seca no início da cultura pode estar relacionada com uma menor partição dos fotossintatos para os tubérculos em crescimento devido a taxas de respiração mais elevadas em condições de temperatura elevada (Wolf e Rudich, 1990; Nagarajan e Bansal, 1990; Basu e Minhas, 1991 e Van Dam *et al.*, 1996). As temperaturas elevadas afectam a eficiência da enzima amido sintase solúvel, que é responsável pela conversão da sacarose (fotossintatos) em amido ou matéria seca nos tubérculos (Denyer *et al.*, 1994). Além disso, Westermann *et al.* (1994b) verificaram que a concentração de amido nos tubérculos estava altamente correlacionada com a matéria seca e a gravidade específica.

Há relatos de que temperaturas extremamente baixas também afectam negativamente as qualidades de transformação dos tubérculos (Davies e Viola, 1992 e Uppal & Khurana, 2001).

Ezekiel *et al.* (1999) concluíram que as áreas com temperaturas nocturnas mínimas inferiores a 10°C, especialmente nos últimos 30 dias de crescimento da cultura, produzem batatas de processamento pobre com baixa matéria seca e alto teor de açúcares redutores. Portanto, as batatas produzidas nas condições de baixa temperatura das planícies do noroeste da Índia não são adequadas para processamento e são usadas principalmente para fins de mesa e sementes.

A baixa temperatura, a atividade da enzima invertase aumenta, o que desencadeia a conversão de sacarose/amido em açúcares redutores (Yamaguchi *et al.*, 1964; Davies e Viola, 1992 e Uppal, 2002).

A enzima invertase está estreitamente associada ao nível de açúcares redutores (Uppal, 2002). Pressey (1969) e Kumar *et al.* (2007a) descobriram que a enzima invertase era responsável pela decomposição da sacarose em açúcares redutores (glucose e frutose) a baixa temperatura. Além disso, uma maior acumulação de açúcares redutores afecta negativamente a matéria seca do tubérculo (MS) (Sud el. al., 1992; Westermann *et al.*, 1994b e Peshin e Singh, 1999).

Pandey *et al.* (2002) relataram que a indústria de transformação localizada nas planícies do noroeste da Índia (Delhi e arredores) preferiu adquirir batatas cruas, mesmo com custos de transporte mais elevados, das planícies do noroeste e do centro-norte da Índia, que são caracterizadas por temperaturas relativamente mais quentes durante a época de colheita, resultando em matéria seca mais elevada e baixos açúcares redutores. Por conseguinte, no passado recente, o trabalho de investigação relacionado com os aspectos da transformação da batata limitou-se principalmente ao Uttar Pradesh ocidental e central (Modipuram, Agra, etc.) e ao Madhya Pradesh (Malwa Belt, Indore, Ujjan, regiões de Gavalier, etc.).

Embora Ezekeil *et al.* (1999) e Uppal e Khurana (2001) tenham declarado que as áreas com temperatura mínima inferior a 10°C (especialmente Punjab) um mês antes da maturidade ou da colheita não eram adequadas para uma maior acumulação de matéria seca de tubérculos, Marwaha *et al.* (2005a); Marwaha *et al.* (2005 b) e Marwaha *et al.* (2005c) apresentaram fortes contradições.

2.1.3.2 Reduzir o açúcar

A glicose e a frutose são os principais açúcares redutores (RS) nos tubérculos de batata, no entanto, a glicose domina (Anon., 1988 e Marwaha 1998a).

As batatas com baixo RS são consideradas ideais para o fabrico de batatas fritas de boa qualidade (Marquez e Anon, 1986; Pavlista e Ojala 1997; Marwaha, 1998 (b) e Marwaha *et al.*, 2005(a)). A qualidade de transformação das batatas fritas é largamente determinada pela cor após a fritura, que está estreitamente relacionada com o teor de açúcar redutor e de glucose dos tubérculos (Fuller e Huges, 1984; Roe *et al.*, 1990; Uppal, 2000; Marwaha, 2002 e Ezekiel *et al.*, 2003). O escurecimento excessivo e o desenvolvimento de um sabor desagradável devido ao elevado teor de açúcares redutores são inaceitáveis para os produtos transformados (Pritchard e Adam, 1994 e Marwaha, 1999).

A fritura a alta temperatura resulta numa reação típica de "Maillard" entre açúcares redutores de hexose e grupos de aminoácidos de compostos azotados, resultando num produto final de cor escura e sabor amargo (Shallenberger e Smith, 1959). O nível de açúcares redutores é uma caraterística específica da variedade, mas é grandemente influenciado pelo ambiente em que a cultura é cultivada (Burton, 1966; Miller *et al.*, 1975; Iritani e Weller 1977; Ezekiel *et al.*, 1999; Uppal, 2002; Marwaha 2001 e Uppal e Khurana, 2001).

Os tubérculos que contêm mais de 250 mg/100 g FW de açúcares redutores não são considerados adequados para a produção de batatas fritas (Es e Hartman, 1981 e Verma, 1991). No entanto, Ezekiel *et al.* (2003) observaram que, para a transformação de batatas fritas de cor aceitável, o teor de açúcares redutores da batata não deve exceder 160 mg/100 g FW. Mais tarde, porém, Marwaha *et al.*, 2005 (a) fixaram o limite máximo de açúcares redutores em 150 mg/100 g FW (0,15%) para uma cor aceitável das batatas fritas e em 100 mg/100 g FW (ou 0,10%) para uma qualidade de cor altamente aceitável das batatas fritas.

Os açúcares totais seguiram uma tendência semelhante à dos açúcares redutores e da sacarose nos tubérculos (Marwaha, 1998b). O teor de açúcar aumenta se o tubérculo for exposto a uma temperatura do solo inferior a 8 a 12°C (Arrenguin e Bonner, 1949 e Uppal e Khurana, 2001) ou superior a 25 a 30°C (Timm *et al.*, 1968). Em contraste com as condições prevalecentes nas nações temperadas, as batatas são predominantemente cultivadas nas planícies do norte da Índia durante os invernos com dias curtos de outubro/novembro a janeiro/fevereiro. Após a desfoliação, os tubérculos no campo (em janeiro) começam imediatamente a comportar-se como se estivessem armazenados a baixas temperaturas (Marwaha *et al.*, 2005a).

Yamaguchi *et al.* (1964) e Davies e Viola (1992) observaram que a baixa temperatura (<10°C), mesmo por um curto período de tempo, é conhecida por desencadear a conversão de sacarose em açúcar redutor devido ao aumento da atividade da invertase. Do mesmo modo, Sowokinos (1973) e Uppal (2002) registaram um aumento do teor de açúcares redutores associado a uma diminuição simultânea da sacarose durante a cura dos tubérculos, o que pode dever-se a um aumento da atividade da enzima invertase associada à baixa temperatura do solo em janeiro.

Esta é também a razão pela qual as batatas armazenadas a frio não são adequadas para a transformação devido à acumulação de grandes quantidades de açúcares livres (Es e Hartman 1981; Burton, 1989; Duplessis *et al.* 1996 e Edwards *et al.*, 2002). Na mesma base, Ezekiel *et al.* (1999), num estudo realizado, verificaram que as batatas provenientes de regiões mais frias não eram adequadas para uma transformação de qualidade.

Em todo o nordeste, centro-norte e algumas partes das planícies do noroeste, onde a temperatura mínima durante os invernos permanece amena (>10°C), a acumulação excessiva de RS não é uma restrição de qualidade (Ezekiel *et al.*, 1999; Uppal e Khurana, 2001; Kumar *et al.*, 2003b; Singh *et al.*, 2003 e Pandey *et al.*, 2004a). O nível de açúcar redutor em diferentes cultivares indianas e exóticas permaneceu dentro do limite permissível durante todo o período de plantio no oeste e centro de U.P. (Pandey *et al.*, 2004a) e em Dessa, Dholi, Jorhat e Kota do que em Hissar, Pantnagar e Modipuram (Kumar *et al.*, 2003b). Mesmo as variedades de mesa Kufri Jyoti, Kufri Sutlej e Kufri Pukhraj em áreas mais quentes *viz.* Kota, Patna e Chhindwara mostraram açúcares redutores dentro do limite prescrito para processamento (Uppal e Khurana, 2001). Pandey *et al.* (2002) registaram a existência de batatas transformáveis das variedades de mesa (Kufri Jyoti e Kufri Lauvkar) na região de Malwa, Madhya Pradesh, em prockets no centro de Uttar Pradesh e na zona de Nagrota, em Himachal Pradesh. Por outro lado, foi referido que a Kufri-Jyoti e outras variedades de mesa acumulavam um excesso de açúcar redutor nas condições de baixa temperatura do Punjab (Uppal, 2000; Marwaha, 2001; Uppal e Khurana, 2001 e Uppal, 2002).

No entanto, Kufri-Lauvkar entre as variedades de mesa consideradas adequadas para processamento em Punjab (Marwaha 1998a), mas o R.S. mínimo foi de 303mg/ 100 g FW aos 90 DAP, o que foi significativamente menor do que outras variedades e acima do limite mínimo prescrito para açúcares redutores (Marwaha, 1998b). Em Modipuram, Kufri-Lauvkar (130 mg) deu menos de 150 mg/100 g FW (limite prescrito) de açúcares redutores (Singh *et al.*, 2003). Além disso, Uppal e Khurana (2001); Kumar *et al.* (2003b); Singh *et al.* (2005) e Singh *et al.* (2008a) registaram uma variação significativa nos açúcares redutores em diferentes locais, diferindo nas temperaturas de cultivo. A sensibilidade da batata à variação da temperatura já foi registada (Arrenguin e Bonner 1949; Verma *et al.*, 1975; Krause e Marschner 1984; Denyer *et al.*, 1994 e Struik e Ewing 1995). A época de plantação pode afetar ou modificar o nível de açúcar redutor através de condições ambientais alteradas, especialmente a temperatura e a duração do dia (Miller *et al.*, 1975; Uppal, 2000; Uppal, 2002; Singh *et al.*, 2004a e Kumar *et al.*, 2004a).

Os açúcares redutores foram máximos na primavera (86,1 a 200 mg), seguidos pelo final do outono (35 a 181 mg), outono principal (40 a 75 mg) e início do outono (17 a 31 mg/ 100 g FW) em diferentes cultivares indianas e exóticas no oeste e centro de U.P. (Pandey *et al.*, 2004a). Com o plantio em 10 de dezembro, exceto Kufri Chipsona-2 e FL-1533, todas as outras variedades produziram açúcares redutores na faixa aceitável (<150 mg/100 g FW) em Modipuram, no oeste de Uttar Pradesh (Pandey *et al.*, 2004b). O teor médio de açúcares redutores aumentou desde o início do outono (18,8 mg) até à plantação no início da primavera (114,3 mg/ 100 g FW) na cultura ocidental de Uttar Pradesh (Kumar *et al.*, 2007a). Do mesmo modo, Pandey *et al.* (2008) também observaram um nível elevado de açúcares redutores na colheita à medida que a época de plantação se atrasava de 15 de setembro (17,4 mg) para 15 de dezembro (56,33 mg/100 g FW) em Modipuram, nas planícies do centro-oeste.

Singh *et al.* (2004a) encontraram açúcares redutores variáveis na estação do outono, uma vez que o teor de açúcares redutores diminuiu de 5th a 25th de outubro e aumentou após 5th de novembro, em Modipuram, nas planícies do Centro-Oeste. Mas algumas cultivares, como a Kufri Chipsona-1 (46 mg), Kufri Chipsona-2 (99,4 mg), Kufri Jyoti (81 mg), Atlantic (35 mg) e FL-1533 (77 mg), apresentaram um teor de açúcares redutores inferior ao limite prescrito quando plantadas mesmo em 10th de novembro, altura que coincidiu com a colheita do arroz Basmati de maturação tardia. De facto, a rotação arroz Basmati-batata de transformação pode ser possível e rentável no oeste de Uttar Pradesh (Singh *et al.*, 2003).

Ao contrário das planícies do nordeste e do centro-norte da Índia, os Invernos são rigorosos no Punjab. Não são raras as temperaturas negativas. As baixas temperaturas favorecem uma maior acumulação de RS no Punjab, em comparação com as zonas relativamente mais quentes (Ezekiel *et al.*, 1999; Marwaha 2001 e Kumar *et al.*, 2003b). Pandey *et al.* (2002) e Pandey *et al.* (2004a) consideraram que as regiões de Agra (U.P.) e Indore (M.P.) são propícias para o cultivo de batatas de qualidade para processamento (baixo teor de açúcares redutores e alto teor de matéria seca) devido aos invernos amenos. No Punjab, a cultura de outono (Kufri Chandermukhi e Kufri Jyoti) acumulou 230 por cento mais açúcares redutores do que a cultura de primavera. E a cultura de primavera foi considerada adequada para transformação (Uppal, 2000). O teor de açúcares redutores aumentou com a diminuição da temperatura, uma vez que a plantação foi adiada de 8 de setembro para 10 de novembro (Uppal, 2002). Da mesma forma, as batatas de Kufri Jyoti e Kufri Badshah cultivadas em Jalandhar, Hissar, Udham Singh Nagar e Muzaffarpur continham açúcares redutores acima do limite permitido (0,25%) em comparação com Deesa, Kota, Patna e Bhubaneshwar, onde a temperatura raramente descia abaixo de 10°C (Uppal e Khurana, 2001). Semelhantes foram as conclusões de Marwaha, (1999) e

Singh *et al.* (2008a).

Mas recentemente, Marwaha *et al.* (2005a) e Marwaha *et al.*, (2005b) registaram níveis de açúcares redutores FW inferiores a 100 mg/100 g altamente aceitáveis em Jalandhar em variedades indianas e exóticas específicas para processamento e contradizem as conclusões anteriores de Kumar *et al.* (2003b) e Ezekiel *et al.* (1999) de que esta região não é adequada para o cultivo de batatas para processamento.

2.1.3.3 Cor da pastilha

A cor das batatas fritas é um dos principais critérios de adequação da matéria-prima para o fabrico de batatas fritas (Singh *et al.*, 2008a). As batatas fritas com pigmentação de cor castanha e sabor amargo são inaceitáveis. Os transformadores de batata preocupam-se principalmente com a cor e o rendimento dos produtos transformados (Marwaha, 1998b). A pontuação da cor da batata frita é avaliada subjetivamente numa escala de cor crescente de 1 a 10, sendo a pontuação da cor da batata frita até 3 considerada altamente aceitável e entre 3 e 4 quase aceitável (Ezekiel *et al.*, 2003).

A cor das batatas fritas depende das quantidades de açúcar redutor e de aminoácidos livres (FAA) presentes nos tubérculos (Schallenberger *et al.*, 1959). A cor castanha escura e o sabor amargo das batatas fritas foram observados quando o nível de açúcares redutores excedeu 100 mg/100 g FW (Marwaha, *et al.*, 2005 a) e 160 mg/100 g FW (Ezekiel *et al.*, 2003).

Uma vez que as condições ambientais estão sujeitas a alterações em diferentes calendários ou épocas de plantação. A temperatura durante a colheita e a maturação afecta a acumulação de açúcares redutores (Uppal, 2000 e Uppal e Khurana, 2001 e Uppal, 2002), que tem uma correlação positiva (r=0,77) com a intensidade da cor da batata (Ezekiel *et al.*, 2003).

Além disso, as localizações e as estações do ano que diferem em termos de temperatura apresentaram um efeito significativo na cor das aparas. Nas planícies do centro-norte e do nordeste da Índia (zonas relativamente mais quentes do que o noroeste). Singh *et al.* (2004a) verificaram que a qualidade da cor das aparas era excelente nas plantações de 15th e 25th de outubro, mas era mais escura nas variedades de processamento plantadas no início (5th de outubro) e no final (5th de novembro). A pontuação média da cor das aparas aumentou do início do outono (1,86) para a plantação de primavera (3,52), no entanto, a plantação de outono precoce e principal produziu aparas de cor altamente aceitável (<3) do que a plantação de primavera (Kumar *et al.*, 2007a). Da mesma forma, Pandey *et al.* (2008) observaram uma pontuação de cor de cavacos altamente aceitável (1,5) na safra plantada em 15 de outubro em comparação com a safra plantada em 15 de setembro e 15 de dezembro.

A intensidade da cor das aparas aumentou com o atraso na plantação da batata de outono, porque a temperatura desce durante a estação de crescimento da batata de outono até dezembro/janeiro. E a baixa temperatura desencadeia a decomposição da sacarose em açúcares redutores através do aumento da atividade da enzima invertase (Uppal, 2002).

No Punjab, há relatos contraditórios no que respeita à cor das batatas fritas. Uppal (2000) registou uma cor escura das aparas de variedades de mesa no outono (>6) do que na primavera (2 a 3). Por outro lado, a pontuação média da cor das batatas fritas foi mais elevada (4,20) na primavera em comparação com o outono (3,72) Kumar *et al.* (2004a). Mais tarde, Marwaha *et al.* (2007) encontraram uma pontuação de cor de cavacos altamente aceitável (1,25) na cv. Kufri Chipsona-1 em áreas semi-hilli de Punjab (distrito de Hoshiarpur).

O maior índice de cor das batatas fritas na estação da primavera relatado por Kumar *et al.* (2007a); Kumar *et al.* (2004a); Pandey *et al.* (2004b) e Pandey *et al.* (2008) pode ser devido a i) Maior quantidade de sacarose (principal açúcar livre) na estação da primavera (Uppal, 2000), que foi submetida a hidrólise térmica durante a fritura e produziu açúcares redutores reagentes da reação de Millard (Schallenberger *et al.*, 1959 e Leszkowiat *et al.*, 1990). ii) Distribuição desigual dos açúcares redutores nos tubérculos (Kumar e Ezekiel, 2004 e Kumar e Ezekiel, 2006).

2.1.3.4 Sacarose

Embora a sacarose (um dissacárido) não esteja diretamente envolvida na "reação de Maillard", que produz o escurecimento após a fritura a altas temperaturas, actua como substrato para os açúcares redutores reagentes da reação de Maillard, tanto através da hidrólise térmica durante a fritura (Schallenberger *et al.*, 1959 e Leszkowiat *et al.*, 1990) como através da armazenagem pós-colheita, através da enzima invertase activada pela armazenagem (Pressey, 1969).

Os tubérculos são considerados quimicamente maduros quando contêm um teor mínimo de sacarose associado a um pico de matéria seca (Anon., 2002). Os tubérculos podem estar fisicamente maduros sem estarem quimicamente maduros ou a maturidade física e química podem não ocorrer necessariamente em simultâneo (Kumar *et al.*, 2003a).

De acordo com Sowokinos (1978) e Sowokinos e Preston (1988), o nível de sacarose nas batatas para consumo em condições de dias longos deve ser inferior a 150 mg/100 g FW para minimizar a acumulação de açúcares redutores durante o armazenamento. Mas em condições de dias curtos nas planícies do Norte da Índia, este nível de sacarose (150 mg/ 10 g FW) não foi alcançado, em vez disso, um nível mais elevado de sacarose (até 290 mg/100 g FW) produziu uma cor de batata frita altamente aceitável (<3) em Kufri Chipsona-1, Kufri Chipsona-2 e Atlantic (Kumar *et al.*, 2003b).

Sabba *et al.* (2007) afirmaram que as concentrações de sacarose e glicose aumentaram com a data de plantação mais tardia em todas as cultivares na fase de morte da videira, particularmente na extremidade do rebento.

A época de plantação afecta o nível de sacarose nos tubérculos (Uppal 2000; Uppal, 2002; Pandey *et al.*, 2004b; Sabba *et al.*, 2007 e Pandey *et al.*, 2008). Uppal (2002) observou um aumento significativo do nível de sacarose associado à descida da temperatura ambiente com o atraso da plantação do início do outono (setembro) para o outono principal (outubro/novembro). Kumar *et al.* (2007a), Pandey *et al.* (2008) e Pandey *et al.* (2004b) efectuaram observações semelhantes. Este aumento no nível de sacarose pode ser devido à elevada atividade da enzima de síntese de sacarose a baixa temperatura sob plantação tardia (Pattanayak, 1998) ou a taxas de respiração mais elevadas na cultura do início da estação (devido à temperatura prevalecente mais elevada) que possivelmente reduziu a partição de fotossintéticos para tubérculos em crescimento (Kumar *et al.*, 2007a).

O teor de sacarose foi significativamente mais elevado na colheita do início da primavera (dezembro) do que na colheita do início e das principais plantações de outono (Uppal, 2000; Pandey *et al.* 2004b; e Pandey *et al.*, 2004a; Kumar *et al.*, 2007a e Pandey *et al.*, 2008). A sacarose foi o principal açúcar livre na estação da primavera, porque, ao contrário das condições de baixa temperatura, a decomposição da sacarose não foi catalisada pela invertase devido à síntese de inibidores proteicos em condições de alta temperatura e dias longos (Yamaguchi *et al.*, 1964; Pressy e Shaw, 1966 e Uppal, 2000). Por outro lado, Kumar *et al.* (2007a) apreenderam que um nível muito elevado de sacarose na estação da primavera (temperatura elevada e dias longos) indica um maior fluxo de assimilados líquidos para os tubérculos ou uma utilização relativamente menor da sacarose (síntese lenta de amido) nos tubérculos (Krause e Marschner, 1984).

Contrariamente à batata da estação do outono, a cultura de primavera amadurece em condições de temperatura relativamente elevada nas planícies do Norte da Índia. As temperaturas elevadas afectam negativamente a atividade da enzima amido sintase solúvel, que catalisa a conversão da sacarose em amido (Denyer *et al.*, 1994 e Kumar *et al.*, 2007a).

2.1.3.5 Aminoácidos livres (FAA)

Os tubérculos das melhores cultivares de lascamento continham menor teor de FAA tanto em condições de dia curto (Marwaha, *et al.*, 2005a; Marwaha *et al.*, 2005b e Marwaha *et al.*, 2007) como de dia longo (Leszkowiat *et al.*, 1991).

Os FAA estão envolvidos na reação de "Millard" (Shallenberger *et al.*, 1959 e Leszkowiat *et al.*, 1990) e concentrações elevadas aumentam o risco de escurecimento não enzimático quando os açúcares redutores limitadores da taxa (reação de Millard) estão presentes em excesso (Roe *et al.*, 1990; Peshin e Singh, 1999; Marwaha, 1999 e Marwaha *et al.*, 2005a). Por conseguinte, um nível mais baixo de FAA é considerado um carácter desejável do ponto de vista da transformação (Marwaha *et al.*, 2005a e Marwaha *et al.*, 2005b).

É relatado que o nível de FAA variou com o tempo de plantio (Uppal, 2000; Uppal, 2002 e Pandey *et al.*, 2008) e localização (Marwaha, 2001; Singh *et al.*, 2005; Singh *et al.*, 2008a e Singh *et al.*, 2009). Os factores ambientais, ou seja, a temperatura e a duração do dia, estão sujeitos a alterações em função da localização e do calendário de plantação. Uppal (2000) registou um teor mais elevado de FAA na primavera (75 e 97 mg/100 FW) do que no outono (69,9 e 83,9 mg/ 100 g FW) em Kufri Chandermukhi e Kufri Jyoti, respetivamente. Do mesmo modo, Pandey *et al.* (2008) observaram uma média mais elevada de FAA total na plantação de dezembro, no início da primavera (925,7 mg), seguida da plantação de outubro, no outono principal (891,2 mg), do que na plantação do outono inicial (setembro) (161,7 mg/ 100 g FW). Na primavera, o aminoácido livre mais baixo em Kufri Chipsona-1 (28 mg) e o máximo em Kufri Jyoti (47,6 mg/100 g FW) foi observado em Jalandhar (Marwaha *et al.*, 2007).

A temperatura e a duração do dia podem ter afetado o teor de aminoácidos livres. Neste contexto, Marwaha (2001) reconheceu o efeito da temperatura e da localização, registando um teor significativamente mais elevado de aminoácidos livres em Jalandhar, que é uma localização mais fria do que Modipuram. Além disso, Singh *et al.* (2005) registaram que o nível médio de aminoácidos livres era mais baixo em Gujrat (zona mais quente) do que em Modipuram (local relativamente mais frio).

Por outro lado, em contradição direta com Uppal (2000) e Pandey *et al.* (2008), o teor de aminoácidos livres foi elevado (100 mg/100 g FW) na colheita inicial (8 de setembro) e diminuiu (15-20%) nas colheitas subsequentes de outono principal (10 de outubro) e de outono tardio (10 de novembro) (Uppal, 2002).

O nível médio de aminoácidos livres foi de 27,5 mg/100 g FW (Marwaha, 1998b) e 64,9 mg/100 g

FW (Marwaha, 2001) quando as culturas foram plantadas em meados de outubro durante 90 dias em Jalandhar. O teor de FAA variou de 308 (Kufri Pukhraj) a 602 mg/100 g FW (Kufri Ashoka) Marwaha *et al.*, 2005c; 40,9 (Kufri Chipsona-2) a 46,4 mg/100g (Kufri Jyoti) Marwaha *et al*, 2005b; 52,3 (FL-1625) a 73,7 mg/100 g FW (Kufri Jyoti) Marwaha *et al.* (2005a), quando a cultura foi plantada entre 13 e 15 de outubro em Jalandhar.

Talley *et al.* (1970) afirmaram que as batatas com maior teor de sólidos, geralmente encontradas no Idaho, têm um teor de azoto e de aminoácidos inferior ao das batatas com menor teor de sólidos do Maine. Da mesma forma, a tendência oposta de FAA em MP/97-583, MP/97-644, MP/97-921, MP/97-637, MP/97-625, Kufri-Chipsona-1, Kufri-Chipsona-2 e Atlantic em Agra e Indore indicou que a diferença de temperatura, localização e práticas culturais podem modificar o nível de FAA em tubérculos (Singh *et al.*, 2008a).

2.1.3.6 Fenóis totais

Os tubérculos de batata continham três antioxidantes, *nomeadamente* fenóis totais, ácido ascórbico e carotenóides. Sabe-se que os antioxidantes previnem a degeneração muscular (Brown, 2005 e Singh *et al.*, 2005).

Apesar das propriedades antioxidantes dos compostos fenólicos, ao contrário das variedades de mesa, a sua elevada concentração nos tubérculos das variedades de processamento não é considerada desejável (Marwaha *et al.*, 2005a e Marwaha *et al.*, 2009a). Os fenóis totais são os únicos responsáveis pelo escurecimento enzimático durante o descasque e o corte das batatas devido à sua oxidação pela enzima polifenol oxidase (Joslyn e Ponting, 1951; Sweeny e Simandale, 1968; Schaller e Amberger, 1974; Mondey *et al.*, 1977; Rhodes e Wooltarton, 1978; Mondy e Munshi, 1993 e Marwaha, 2001).

É referido que os fenóis totais nos tubérculos de batata mostraram uma reação ao calendário de plantação (Uppal, 2002 e Pandey *et al.*, 2008) e ao efeito da localização (Uppal e Khurana, 2001). Os fenómenos de descoloração enzimática devido à oxidação de compostos fenólicos variam consoante a variedade e as condições ambientais (Umaerus e Olsson, 1974).

Pandey *et al.* (2008) registaram teores médios de fenóis totais de 20,2, 23,5 e 16,0 mg/100 g FW, quando a cultura foi plantada a 15 de dezembro, 15 de setembro e 15 de outubro, respetivamente. Os fenóis totais variaram estreitamente entre 26 e 28 mg/100 g FW em culturas plantadas precocemente, normalmente e tardiamente, mas o teor mais baixo registou-se na plantação normal (10 de outubro) (Uppal, 2002). Mas os fenóis totais foram ligeiramente mais elevados no outono do que na primavera (Uppal 2000).

Joshi *et al.* (1978) registaram um escurecimento enzimático significativamente mais elevado nos tubérculos cultivados em Jalandhar em comparação com Patna (local relativamente mais quente). Da mesma forma, Marwaha (2001) observou fenóis totais 65% mais elevados num local relativamente mais frio (Jalandhar) do que em Modipuram. Contra a crença geral, Uppal e Khurana (2001) não observaram qualquer relação entre o escurecimento enzimático e os compostos fenólicos.

2.2 Efeito do corte do lanço

O momento do corte do lanço é crucial tanto para regular o fornecimento de batata crua às unidades de transformação como para determinar a capacidade de colheita da batata para transformação. A seguir é feita uma revisão da literatura sobre o efeito do corte do lanço: 2.2.1 Efeito do corte do lanço no peso do lanço

2.2.2 Efeito do corte do lanço no rendimento dos tubérculos e nos caracteres contribuintes

2.2.3 Efeito do corte do lanço nos parâmetros de qualidade da estilha

2.2.3.1 Matéria seca dos tubérculos

2.2.3.2 Reduzir o açúcar

2.2.3.3 Cor da pastilha

2.2.3.4 Sacarose

2.2.3.5 Aminoácidos livres

2.2.3.6 **Fenóis** totais

2.2.1 Efeito do corte do lanço no peso do lanço

Nandekar (2005) relatou que a altura da planta aumentou de 50 a 85 dias após o plantio (DAP). Da mesma forma, a altura da planta e o número de folhas por planta aumentaram à medida que a duração da cultura aumentou de 45 para 75 DAP (Kumar *et al.*, 2001b). Singh *et al.* (2007) observaram um aumento no índice de área foliar (LAI) até 40 DAP com N mais baixo (<50 kg/ha) e até 60 DAP com taxas de N mais altas (100 a 300 kg N/ha). Da mesma forma, a duração da área foliar (LAD) também aumentou entre 30 e 60 DAP até 60 DAP e na colheita (Saravance *et al.* 2008). Praharaj *et al.* (2001) concluíram que o rendimento médio a lanço aumentou de 70 (10,3) para 80 DAP (12,9 q/ha).

2.2.2 Efeito do corte do lanço no rendimento dos tubérculos e nos caracteres contribuintes

A unidade de processamento requer o fornecimento contínuo de batatas frescas durante a maior parte do ano a partir da vizinhança próxima para que a indústria funcione de forma suave e lucrativa (Pandey *et al.*,

2004a; Marwaha *et al.*, 2005 a; Marwaha *et al.*, 2005(b) e Pandey *et al.*, 2009).

Uma vez que as batatas armazenadas a frio não são adequadas para processamento (Uppal, 2000) e as batatas cruas podem ser armazenadas por um curto período de tempo (2 a 3 meses) à temperatura ambiente nesta parte do subcontinente (Ezekiel e Dalyia, 2004; Paul e Ezekiel, 2005 e Marwaha *et al.*, 2009a). Além disso, incorrer em despesas pesadas de transporte para alimentar a indústria, adquirindo batatas de lugares distantes, não é económico (Pandey *et al.*, 2004a e Pandey *et al.*, 2009). Por conseguinte, um programa abrangente de remoção de cascas no início, no início, no fim do outono e na primavera é o fator-chave para regular o fornecimento de batatas frescas diretamente do campo para as unidades de transformação e para determinar a maturidade química, o tamanho dos tubérculos, o rendimento transformável e o rendimento total dos tubérculos (Marwaha, 1998 (b) Alva *et al.*, 2002; Kumar *et al.*, 2003a; Marwaha *et al.*, 2005a; Marwaha *et al.*, 2005 (b); Kumar *et al.*, 2006 e Pandey *et al.*, 2008).

Para a transformação, a maturidade química é mais importante do que a maturidade física e ambas podem não ocorrer necessariamente em simultâneo (Santerre *et al.*, 1986 e Marwaha, 1998b). O momento do abate do lanço afecta a qualidade da transformação dos tubérculos através do grau de maturidade química (Kumar *et al.*, 2003a), do tamanho médio dos tubérculos e do total, bem como do PGTY (Kumar e Lal, 2006).

Quando os tubérculos são comercializados para processamento industrial, a porção de certos tamanhos ou graus de tubérculos desempenha um papel importante (Haase *et al.*, 2007). Ezekiel *et al.* (1999) descreveram a produção de tubérculos de qualidade para processamento (PGTY) como o diâmetro do tubérculo que se situa entre 40 e 60 mm. No entanto, para batatas fritas de tamanho uniforme, os tubérculos devem ter uma forma redonda a oval com um diâmetro de 45 a 80 mm, enquanto que um comprimento superior a 75 mm é desejável para as batatas fritas (Pandey *et al.*, 2009). Além disso, o tamanho grande associado a olhos pouco profundos resulta em menos perdas por descasque e numa maior recuperação dos produtos transformados (Marwaha, 1998a e Ezekiel *et al.*, 1999).

Quando o corte do lanço foi adiado de 75 para 90 DAP, a produção total e comercializável de tubérculos aumentou (Nandekar, 2002; Patel *et al.*, 2006; Kumar *et al.*, 2006 e Pandey *et al.*, 2008). Tendência semelhante no total e no PGTY foi observada quando o descasque foi adiado de 65 para 75 DAP (Kang *et al.*, 2005 e Minhas *et al.*, 2006), 60 para 90 DAP (Marwaha, 1998b; Marwaha *et al*, 2005a; Marwaha *et al.*, 2005b e Kumar *et al.*, 2009a), 65 DAP até a maturidade (Kushawah *et al.*, 2005), 70 a 80 DAP (Kumar & Lal, 2006); 75 a 85 DAP (Suman *et al*, 2003); 75 a 90 DAP (Kang *et al.*, 2007); 80 a 90 DAP (Kumar & Ezekiel, 2006); 80 a 100 DAP (Kumar *et al.*, 2003a); 90 a 105 DAP (Kumar *et al.*, 2004a); 90 a 110 DAP (Pandey *et al.*, 2006); 100 a 110 DAP (Kumar *et al.*, 2005a); 80 a 120 DAP (Chaurasia e Singh, 1995a) na estação do outono.

Da mesma forma, as cultivares de processamento plantadas na primavera deram maior rendimento médio de tubérculos aos 110 do que aos 90 DAP (Singh *et al.*, 2002). TY e PGTY melhoraram até 90 e 110 DAP no início do outono e na cultura principal de outono, respetivamente (Pandey *et al.*, 2008). A duração óptima da cultura depende da altura/época de plantação (Kumar *et al.*, 2004a e Pandey *et al.*, 2008) e da variedade (Kumar e Ezekiel, 2006). Além disso, Kumar *et al.* (2004a) indicaram uma duração óptima de 105 e 120 dias para o PGTY e de 120 e 105 dias para o rendimento total no outono e na primavera, respetivamente. Como o PGTY aumentou até 105 DAP, o rendimento total aumentou até 120 DAP na cultura de outono, o que indica a contribuição dos pequenos tubérculos para o rendimento total. Contrariamente a isto, Kumar *et al.* (2009a) observaram que o aumento do PGTY para além dos 70 DAP só se verificava à custa dos tubérculos pequenos (o aumento do PGTY para além dos 70 DAP estava associado à diminuição dos tubérculos pequenos). Embora o número de tubérculos não tenha aumentado para além dos 65 DAP, a produção de tubérculos por planta foi significativamente maior na colheita (Kusawah *et al.*, 2005).

Em condições de dias longos, as cultivares de maturação tardia *viz.* Russet Burbank, Belchip e Denali tiveram maior ganho de rendimento do que as cultivares de maturação precoce Atlantic, Monona e Norchip durante 85 a 145 DAP (Santerre *et al.*, 1986).

Um maior número e rendimento de tubérculos em cultivares de maturação tardia talvez seja um carácter varietal, tal como previsto por Kumar e Ezekiel (2006) ao observarem um aumento significativo no número de tubérculos dos 60 aos 75 DAP, que mais tarde podem ter ganho peso e resultado num maior número de tubérculos e rendimento em Kufri Lauvkar do que em Atlantic. O corte tardio do lanço até à maturidade aumentou progressivamente o rendimento devido à translocação contínua de fotossintatos durante um período mais longo (Banerjee *et al.*, 1982). Chaurasia e Singh (1995b) descobriram que a absorção de NPK pelos tubérculos aumentou com o aumento da duração da cultura de 80 para 120 DAP.

2.2.3 Efeito do corte do lanço nos parâmetros de qualidade da estilha

Matéria seca:

A matéria seca é um importante parâmetro de qualidade utilizado para prever a maturidade química óptima e a capacidade de colheita dos tubérculos para processamento (Halderson e Henning, 1993; Marwaha,

1998b; Pandey *et al.*, 2002 e Haase *et al.*, 2007). A maioria dos investigadores concluiu que mais de 20 por cento de matéria seca do tubérculo é essencial para um melhor rendimento e qualidade dos produtos de batata frita (Smith, 1987; Grewal e Uppal, 1989; Ezekiel *et al.*, 1999 e Pandey *et al.*, 2009).

Santerre *et al.* (1986) e Marwaha (1998b) sublinharam que o máximo de matéria seca/gravidade específica coincidia com o mínimo de açúcares redutores e de sacarose para uma maturidade química óptima.

É relatado que a MS do tubérculo melhorou gradualmente com o atraso na matança do lanço de 60 a 75 DAP no início da safra de outono Pandey *et al.*, 2004a; 60 (17,1%) a 90 DAP (20%) Marwaha, 1998a; 60 (17,9%) a 90 DAP (21,2%) Marwaha *et al*, 2005 a; 60 (17,5%) a 90 DAP (20,7%) Kumar e Ezekiel 2006; 70 (20,1%) a 90 DAP (20,8%) Pandey *et al.*, 2009; 70 (20%) a 90 DAP (20,6%) Marwaha *et al.*, 2005 b; 80 (20,5%) a 100 DAP (22,37%) Kumar *et al*, 2003a; 90 (20,8%) a 100 DAP (21,5%) a 110 DAP (22,11%) Pandey *et al.*, 2006; 60 (16,8%) a 75 DAP (18,6%) no início do outono Kumar *et al.*, 2007a; 90 (19,9%) a 105 DAP (20,2%) no outono e 90 (20%) a 105 DAP (20,7%) na primavera Kumar *et al*, 2004a; 100 (22,2%) a 120 DAP (22,4%) Kumar *et al.*, 2005a; 60 (18,7%) a 75 DAP (20,5%) e 90 (20,8%) a 110 DAP (22,14%) no início e no início do outono, respetivamente. Pandey *et al.*, 2008; 90 a 100/105 DAP (Gaur *et al.*, 1998); 130 a 161 DAP Jewell e Stanley, 1989; até 100 DAP Jeong *et al.*, 1996. Bizimungu *et al.* (2007) relataram que a gravidade específica de diferentes cultivares aumentou de 80 a 110 DAP no oeste do Canadá. A gravidade específica (matéria seca do tubérculo) aumentou de 12 a 16 semanas após a plantação. O maior ganho na Atlantic do que na Norchip mostrou uma interação significativa entre a variedade e a duração do crescimento no que diz respeito à gravidade específica (De Buchananne e Lawson 1991). A desfolha precoce resultou numa textura macia e numa cor escura na pontuação da avaliação sensorial das batatas fritas. Isto corresponde à baixa matéria seca e aos açúcares redutores elevados (Jewell e Stanley, 1989). Por outras palavras, Kumar *et al.* (2007a) referiram que o corte tardio do lanço no início ou na colheita principal de outono corresponde a uma descida da temperatura ambiente que aumenta a matéria seca dos tubérculos e a sacarose.

Antes da introdução das variedades de processamento, nenhuma das 10 variedades de mesa produzia mais de 20% de matéria seca de tubérculos até 70 DAP (Marwaha, 1998b). Marwaha *et al.* (2005a) também observaram que nenhuma variedade de processamento ultrapassou o limite crítico de 20% de matéria seca de tubérculos aos 60 DAP, mas aos 70 DAP este limite foi ultrapassado por todas as cultivares de processamento indígenas e exóticas.

A tendência da matéria seca/gravidade específica dos tubérculos não mostra uma consistência com o aumento da duração da cultura. É por isso que um pico de MS é considerado mais importante do que atingir a maturidade física dos tubérculos. Kumar *et al.* (2004a) observaram que a matéria seca média dos tubérculos aumentou de 90 para 105 DAP e depois diminuiu ligeiramente até 120 DAP. Do mesmo modo, após um aumento gradual da matéria seca, da gravidade específica e do amido até aos 100 DAP, Jeong *et al.* (1996) observaram uma tendência decrescente. Da mesma forma, Kumar *et al.* (2001a) observaram primeiro um aumento de 80 a 90 DAP e depois uma diminuição de 90 a 100 DAP no teor de matéria seca dos tubérculos de Kufri-Chipsona-1, Atlantic e FL-1533.

Santerre *et al.* (1986) verificaram uma interação significativa entre a época da colheita e a variedade no que diz respeito à gravidade específica. A Atlantic, de maturação precoce, manteve uma gravidade específica elevada até 100 do que 145 DAP, enquanto as cvs Denoli e Belchip, de maturação tardia, atingiram a gravidade específica mais elevada de 100 a 145 DAP.

A variação na acumulação de matéria seca em diferentes cultivares em relação à maturidade pode ser devida à diferença varietal na área foliar, área radicular, tempo de iniciação do tubérculo e taxa de transporte de fotossintatos (Burton, 1989).

Marwaha *et al.* (2005a) também observaram um ligeiro decréscimo na matéria seca dos tubérculos entre 80 e 90 DAP em Atlantic e FL 1291 em condições de inverno curto no Punjab.

Um ligeiro decréscimo na matéria seca após atingir o pico relatado na literatura pode ser devido a.

(a) a absorção de água pelos tubérculos como fonte de fotossíntese (videiras) foi removida (Jewell e Stanley, 1986).

(b) As plantas mortas pela videira sofreram uma perda líquida de sólidos totais dos tubérculos e as plantas de topo verde mantiveram o nível de matéria seca previamente atingido (Rowberry e Johnston, 1966).

2.2.3.2 Reduzir os açúcares

Kumar *et al.* (2003a) observaram uma tendência oposta entre o nível de açúcares redutores e a duração da cultura. O teor médio de açúcares redutores foi de 154,4, 103,7 e 99,2 mg/100 g FW aos 80, 90 e 100 dias após a morte do lanço após a plantação, respetivamente. A observação de Marwaha *et al.* (2005a) foi semelhante.

O nível de açúcar redutor diminuiu de 60 (235 mg) para 90 DAP (81 mg) Marwaha *et al.*, 2005a; 60 (34,11 mg) para 90 DAP (20,10 mg) Kumar e Ezekiel, 2006; 70 (549 mg) para 90 DAP (412 mg) Marwaha *et al.*, 1998b; 70 (136 mg) para 90 DAP (55 mg) Marwaha *et al.*, 2005b; 70 (129 mg) para 90 DAP (53 mg/100g FW) Pandey *et al*, 2009; 100 (54 mg) a 110 DAP (15,6 mg/100 mg FW) em Kufri Chipsona-2 (Kumar *et al.*, 2005a); 129 a 161 DAP (Jewell e Stanley 1989); 60 (22,7) a 75 DAP (12,0 mg) no início do outono e 90 (42,3 mg) a 100 (27,1 mg) a 110 DAP (32,3 mg /100 g FW) no outono principal (Pandey *et al.*, 2008).

A diminuição do teor de açúcares redutores com o abate tardio das videiras pode estar relacionada com a maturidade dos tubérculos (Jewell e Stanley 1989 e Marwaha *et al.*, 2005a). Jeong *et al.* (1996) também registaram uma tendência decrescente do teor de açúcares redutores em tubérculos mais maduros à medida que o descasque se atrasava de 80 para 100 DAP em seis cultivares testadas na Coreia. Uma vez que a cor dos chips depende do nível de açúcares redutores nos tubérculos, as cultivares que produzem chips de cor escura aos 60 DAP, começam a mostrar uma cor aceitável assim que o nível de açúcares redutores atinge menos de 0,15% na base F.W. a partir dos 70 dias (Marwaha *et al.*, 2005a).

Por outro lado, os açúcares redutores aumentaram de 60 a 75 DAP em Kufri Chipsona-2 (Pandey *et al.*, 2004a); 60 (18,8) a 75 DAP (25,3 mg/100 g FW) no início da colheita de outono (Kumar *et al.*, 2007a); 110 (16,26) a 120 DAP (18,98 mg) Kumar *et al.*, 2005a; 100 (27,1) a 110 DAP (32,3 mg/100 g FW) Pandey *et al.*, 2008.

2.2.3.3 Cor da pastilha

A cor das batatas fritas é observada visualmente e classificada subjetivamente numa escala de cores crescente de 1 a 10 adoptada na Índia (Ezekiel *et al.*, 2003).

A cor das aparas está sujeita a variações consoante o calendário de colheita. A cor clara das aparas de Atlantic e Norchip foi observada quando a colheita foi adiada de 12 para 16th semanas após a plantação nas condições de Iowa. (De Buchananne e Lawson, 1991). Da mesma forma, Marwaha *et al.*, 2005a relataram que a cor das batatas fritas melhorou (cor amarela alta) à medida que a estação de crescimento avançava.

Da mesma forma, o chip colour score (CCS) melhorou de 60 (1,97) para 75 DAP (1,86) no início da safra de outono (Ku mar *et al.*, 2007a); 70 a 90 DAP (Marwaha, 1998b), 60 (6,5) a 90 DAP (3,05) Marwaha *et al*, 2005a; 60 (3,37) a 90 DAP (2,75) Kumar e Ezekiel, 2006; 70 (3,9) a 90 DAP (3,0) Pandey *et al.*, 2009; 70 a 90 DAP em Atlantic, FL-1533 e Kufri Chipsona-2 Marwaha *et al*, 2005b; 80 a 110 DAP Bizimungu *et al.*, 2007; 90 (1.75) a 110 DAP (1.38) na cultura principal de outono Pandey *et al.*, 2008; 90 (1.75) a 100 (1.42) a 110 DAP (1.38) Pandey *et al*, 2006; 129 a 161 DAP (Jewell e Stanley, 1989); 90 (2) a 105 DAP (1) Kufri Chipsona-1 (Gaur *et al.*, 1998); 100 (2,52) a 120 DAP (1,70) Kumar *et al.*, 2005a; 80 (3,70) a 90 (2,94) a 100 DAP (2,91 CCS) Kumar *et al.*, 2003a.

A desfoliação precoce resultou numa cor escura das aparas (Jewell e Stanley, 1989 e Marwaha *et al.*, 2005a). Mas há também alguns relatórios contraditórios. Kumar *et al.* (2001a) observaram um escurecimento da cor das aparas de 80 a 90 DAP no caso de Atlantic, FL-1533 e Kufri Lauvkar, embora a cor das aparas estivesse numa gama de cores aceitável. Kumar *et al.* (2004a) observaram uma cor clara dos cavacos (menor CCS) aos 90 dias como
em comparação com 105 e 120 DAP em Atlantic, Kufri Chipsona-1, Kufri Chipsona-2 e FL-1533.

Curiosamente, a cor das aparas mostrou uma tendência oposta nas culturas iniciais e principais. A cor das aparas melhorou com o atraso no descasque até 110 DAP (1,38) na cultura principal de outono, enquanto que se deteriorou de 60 DAP (1,93) a 75 DAP (2,25 CCS) na cultura inicial de outono (Pandey *et al.*, 2008).

Para obter uma boa qualidade de cor das batatas fritas, é necessário que o teor de açúcares redutores nas batatas seja baixo (Marquez e Anon, 1986; Pavlista e Ojala 1997 e Marwaha *et al.*, 2005a). Já é conhecida uma correlação positivamente significativa entre a intensidade da cor das batatas e o nível de açúcares redutores (Kumar *et al.*, 2003a). A pontuação da cor das aparas segue a mesma tendência que no caso do açúcar redutor. Aumentou até aos 70 DAP e depois diminuiu até aos 90 DAP (Marwaha, 1998b). O nível de concentração de açúcar redutor varia de acordo com o grau de maturidade e o ambiente em que a cultura foi cultivada (Burton 1966; Miller *et al.*, 1975 e Iritani e Willer 1977). Geralmente, os tubérculos maduros contêm muita matéria seca, poucos açúcares redutores e sacarose (Jewell e Stanley, 1986 e Kumar *et al.*, 2003a). Simon *et al.* (2004) encontraram uma cor clara nas aparas de tubérculos mais maduros. No entanto, a cor das batatas fritas melhorou com a duração mais longa da cultura, porque os tubérculos mais maduros continham um elevado teor de matéria seca e um baixo teor de açúcares redutores e sacarose (Kumar *et al.*, 2003a; Marwaha *et al.*, 2005a e Pandey *et al*, 2006), mas esta tendência nem sempre foi consistente com o aumento da duração da cultura em todas as cultivares (Santerre *et al.*, 1986; Gaur *et al.*, 1988; Kumar *et al.*, 2001a; Kumar *et al.*, 2003a; Marwaha *et al.*, 2005b; Kumar e Ezekiel, 2006 e Pandey *et al.*, 2009) e ao longo da estação ou anos (Marwaha *et al.*, 2005b). Pelo contrário, os níveis de açúcares redutores e de sacarose sofreram alterações em função das condições ambientais prevalecentes. A tendência irregular da cor das aparas pode dever-se a:

(a) A baixa temperatura em direção à maturidade resulta num aumento tardio do açúcar redutor (Miller *et al.*, 1975). Kumar *et al.* (2003a) também observaram um nível elevado de sacarose à medida que a temperatura ambiente descia em direção à maturidade, no início e no início do outono, nas planícies indo-gangéticas. Além disso, a elevada precipitação antes ou durante a maturidade pode contribuir para o nível de sacarose pós-colheita (Santerre *et al.*, 1986).

(b) Para além das razões acima referidas, existem diferenças varietais no que diz respeito à cor das aparas e à duração da colheita nas variedades de transformação e de mesa. A cor das aparas melhorou dos 60 aos 90 DAP na Atlantic, enquanto a Kufri-Lauvakar mostrou deterioração (cor escura) dos 75 aos 90 DAP (Kumar e Ezekiel 2006). Da mesma forma, a cor dos chips melhorou significativamente nas cultivares de processamento do que nas cultivares de mesa até 90 DAP (Marwaha *et al.*, 2005a e Marwaha *et al.*, 2005b). Entre as variedades de processamento Atlantic, Belchip (precoce) e Norchip (média) produziram chips de cor óptima aos 87 DAP, enquanto Russet Burbank (maturidade tardia) aos 101 a 130 DAP (Santerre *et al.*, 1986).

2.2.3.4 Sacarose

Sowokinos e Preston (1988) sugeriram que o nível de sacarose nas batatas para consumo deveria ser inferior a 150 mg/100 mg FW para minimizar a acumulação de açúcares redutores. Um baixo nível de sacarose nas batatas antes da colheita revela uma qualidade superior de processamento (Sowokinos 1978). Santerre *et al.* (1986) observaram que os valores da taxa de sacarose (nível) variavam em relação às variedades, período de maturação e locais de cultivo. O nível mínimo de sacarose é freqüentemente atingido antes que o tamanho aceitável do tubérculo seja alcançado. Por conseguinte, a taxa de sacarose, a gravidade específica e o rendimento podem ser utilizados para determinar a capacidade de colheita (antes da maturidade física) dos tubérculos para transformação. De acordo com Kumar *et al.* (2003a), os tubérculos fisiologicamente maduros com baixos níveis de sacarose, açúcares redutores e que tenham atingido o pico do teor de matéria seca podem ser colhidos em datas precoces, antes da sua maturidade física, para satisfazer a procura industrial, comprometendo determinados rendimentos.

Marwaha (1998b) registou um decréscimo no teor médio de sacarose de 643 para 330 mg/100 g de peso fresco à medida que a remoção da casca se atrasava de 70 para 90 DAP. Kumar *et al.* (2003a) registaram um declínio significativo e constante no nível médio de sacarose com o atraso no abate da videira. O teor médio de sacarose foi de 300,4, 218,3 e 181,6 mg/100 g de peso fresco aos 80, 90 e 100 DAP, respetivamente. Marwaha *et al.* (2005a) registaram um decréscimo acentuado no teor de sacarose até aos 90 DAP. O teor médio de sacarose manteve-se acima de 300 mg/100 g de peso fresco em condições de dias curtos no Punjab. Da mesma forma, Marwaha *et al.* (2005, b) notaram que o nível de sacarose caiu 42 por cento de 70 (405 mg) para 90 DAP (237 mg/100 g FW).

Pandey *et al.* (2008) registaram uma tendência decrescente no nível médio de sacarose dos 90 aos 110 dias após a plantação na cultura principal de outono, mas aumentou dos 60 aos 75 DAP na cultura inicial de outono.

2.2.3.5 Aminoácidos livres

Sabe-se que os aminoácidos livres reagem com os açúcares redutores à temperatura de fritura, produzindo uma coloração acastanhada ou escura nas batatas fritas (Roe *et al.*, 1990). Shallenberger *et al.* (1959) verificaram que, para além da coloração escura, a reação de Mailllard entre os aminoácidos livres e os açúcares redutores é também responsável por um melhor sabor do produto final. Marwaha (1998b) não registou uma tendência definida para o teor de aminoácidos livres. O teor de aminoácidos livres foi máximo (29,6 mg) aos 60 dias, seguido de 80 (28 mg), 90 (27,5 mg) e 70 (24,9 mg/100 g FW) dias após a plantação. Pandey *et al.* (2008) referiram que o teor médio de aminoácidos livres diminuiu de 90 dias (911 mg) para 110 (852 mg/100 g de peso fresco) dias após a plantação na cultura principal de outono. Mas na cultura inicial de outono, aumentou de 156 mg aos 60 dias para 167 mg/100 g de peso fresco aos 75 DAP.

Por outro lado, Marwaha *et al.* (2005, a) registaram uma tendência crescente nos aminoácidos livres dos 60 (52 mg) aos 90 (67,8 mg/100g FW) dias após a plantação. Da mesma forma, Marwaha *et al.* (2005, b) observaram que a FAA aumentou de 70 (42,4 mg) para 90 DAP (47,0 mg/100 g FW).

2.2.3.6 Fenóis totais

Um nível mais elevado de compostos fenólicos tem sido associado à descoloração enzimática (Marwaha, 2001), que ocorre devido à oxidação destes compostos pela enzima polifenol oxidase (Schaller e Amberger, 1974).

Marwaha (1998b) não encontrou uma tendência definida na média dos compostos fenólicos totais durante as diferentes fases de desenvolvimento dos tubérculos. No entanto, os tubérculos colhidos aos 90 dias após a plantação continham uma quantidade mínima (65,5 mg/ 100 g FW) de fenóis totais.

Marwaha *et al.* (2005, a) observaram uma tendência crescente da média de fenóis totais de 60 (24,4 mg) a 90 (38,6 mg/100 g FW) dias após o plantio. Por outro lado, Pandey *et al.* (2008) observaram uma ligeira diminuição do nível de fenóis totais com o aumento da duração da cultura. Do mesmo modo, Marwaha (2005,

b) afirmou que os fenóis totais diminuíram de 70 (61,8 mg) para 90 DAP (57,3 mg/100 g FW).

2.3 Efeito das variedades

Todas as cultivares não são adequadas para transformação comercial. As cultivares anteriores foram criadas principalmente para fins hortícolas, que contêm menos matéria seca e açúcares redutores elevados. Recentemente, foram desenvolvidas e introduzidas na Índia algumas cultivares específicas para transformação. Uma revisão da literatura relativa ao efeito das cultivares é apresentada sob os seguintes títulos:

2.3.1 Efeito das variedades no crescimento
2.3.2 Efeito das variedades no rendimento e nos caracteres contribuintes
2.3.3 Efeito das variedades nos parâmetros de qualidade da estilha
2.3.3.1 Matéria seca dos tubérculos
2.3.3.2 Reduzir os açúcares
2.3.3.3 Cor da pastilha
2.3.3.4 Sacarose
2.3.3.5 Aminoácidos livres
2.3.3.6 Fenóis totais

2.3.1 Efeito das variedades no crescimento

Kumar e Kang (1998), entre os 7 grupos que incluíam 30 genótipos, atribuíram ao grupo VI a altura máxima da planta, ao grupo VII o peso máximo da folhagem, o número máximo de rebentos por planta e olhos por tubérculo. Birhman e Verma (1988) encontraram o maior número de caules por metro quadrado em Kufri Bahar (43,5), seguido de Kufri Chandermukhi (41,8) e Kufri Lalima (35,1)

Rahisd e Ali (1992) afirmaram que a Kufri Sindhuri (22,4 dias) apresentou uma emergência ligeiramente mais tardia do que a cardinal (20,9 dias) no Bangladesh. Além disso, a Kufri Sindhuri apresentava um estande de plantas mais elevado (86,5%) e uma altura de planta mais elevada (65,8 cm) do que a cardinal (85,8% e 58,1 cm, respetivamente). O número de caules por planta foi maior na cv. Cardinal (4,0) do que na cv. Kufri Sindhuri (3,5). A iniciação dos tubérculos foi mais precoce na cv. Cardinal (33,3 dias) do que na cv. Kufri Sindhuri (36,3 dias).

Singh e Sharma (2001) observaram uma variação significativa na percentagem de emergência aos 20, 30 e 40 DAP. Aos 40 DAP, a emergência máxima foi em Kufri Ashoka (75,7%), seguida por Kufri Badshah (61,3%), Kufri Pukhraj (53,7%) e Kufri Chandermukhi (46,7%). A altura da planta, o número de caules e a área foliar por planta foi maior em Kufri Pukhraj (60,2 cm, 3,84 e 53,9 cm^2) do que em Kufri Jyoti (56 cm, 3,56 e 52,1 cm^2), respetivamente (Kumar *et al.*, 2008). Kumar *et al.* (2007b) revelaram que a altura da planta, o número de caules e as folhas compostas eram mais elevados na Kufri Chipsona-2 (72,2 cm, 45,5/m^2 e 86,8/planta do que na Kufri Chipsona-1 (61,3 cm, 40,9/m^2 e 76,2/planta, respetivamente). No entanto, a Kufri Chipsona-1 apresentou uma emergência precoce dos tubérculos e uma maior produção de biomassa do que a Kufri Chipsona-1.

Kumar e Ezekiel (2006) observaram um número significativamente mais elevado de caules por planta na variedade de mesa Kufri Lauvkar (4,71) do que na Atlantic (2,54). De la Morena *et al.* (1994) concluíram que as diferenças de produção de tubérculos entre cultivares podem dever-se principalmente à variação da densidade de caules, seguida do número de tubérculos por planta e do peso médio dos tubérculos.

2.3.2 Efeito das variedades no rendimento e nos caracteres contributivos

Kumar e Kang (1988) encontraram variações na produção de tubérculos, no número de tubérculos e no peso médio dos tubérculos entre diferentes grupos de batatas andigena. Long *et al.* (2004) concluíram que o número de tubérculos pode determinar o tamanho dos tubérculos das cultivares de Michigan.

Nas planícies do centro-oeste da Índia:

Nadekar (2002) encontrou o maior rendimento registado nos híbridos JX-161 (355,7 q/ha) e OP-1 (283,4 q/ha) do que 3X-108, MS/87-1192, JX-214, 85-P-670, Kufri Ashoka, Kufri Sutlej e Kufri Badshah em Chhindwara em Madhya Pradesh.

Pandey *et al.* (2004c) observaram os valores mais elevados e mínimos de total e PGTY em MF-2 e Atlantic, respetivamente. No entanto, Kufri Chipsona-1, Kufri Chipsona-2, Kufri Jyoti e FL-1533 produziram rendimentos intermédios com menor variação entre si. Da mesma forma, Singh *et al.* (2004a) relataram que Kufri Chipsona-1, Kufri Jyoti e Kufri Chipsona-2 foram superiores a Atlantic no que diz respeito ao rendimento total e PGT.

Por outro lado, Kufri Chipsona-3 foi significativamente superior a Kufri Chipsona-1, Kufri Chipsona-2 e Atlantic em Jalandhar, Modipuram, Kota, Deesa, Indore, Agra, Raipur e Durgapure Pandey *et al.* (2006). Da mesma forma, Singh *et al.* (2008a) consideraram os híbridos MP/97-583 (Kufri-Chipsona-3) e MP/97-64 os mais produtivos do que Kufri Chipsona-1, Kufri Chipsona-2 e Atlantic em Agra e Indore. No entanto, o potencial de rendimento foi maior em Agra do que em Indore, possivelmente devido à temperatura relativamente baixa. Da mesma forma, a nova variedade Kufri Chipsona-3 produziu a maior média total (376 q/ha) e PGTY (294 q/ha). Kufri Chipsona-1 e Kufri Chipsona-2 produziram maior total, mas menos PGT do que Atlantic (Pandey *et al.*, 2008).

Região do Noroeste da Índia:

No Punjab, a maior parte das cultivares autóctones de mesa foram mais produtivas do que as cultivares exóticas. O rendimento total variou de 209 (FL-1291) a 294 q/ha (Atlantic) e de 210 (Kufri Deva) a 330 q/ha (Kufri-Badshah) em cultivares exóticas e indígenas, respetivamente (Marwaha 1998a). Além disso, Singh *et al.* (2003) observaram um rendimento máximo e mínimo de tubérculos totais e de processamento em Kufri-Anand (457,3 e 401,1 q/ha) e Atlantic (275,3 e 243,2 q/ha), respetivamente. No entanto, com exceção da cv. Anosta, Fresco, Mrofona Sante, Kufri Chipsona-1, Kufri Jyoti, Kufri Lauvkar, Atlantic e FL-1533, todas as outras cultivares deram mais de 300 q/ha de PGTY.

Gaur *et al.* (1998) relataram que a primeira variedade de processamento indiana, Kufri-Chipsona-1, apresentou melhor potencial de rendimento em Modipuram. Da mesma forma, Kumar *et al.* (2003a) verificaram que a produção média máxima e mínima de tubérculos em Kufri-Chipsona-1 e Kufri-Chipsona-2, sendo que a percentagem mais elevada de tubérculos de qualidade para transformação (PGT) foi registada em Atlantic (88,8%) e a mais baixa em Kufri-Chipsona-2 (58,8%). Além disso, entre as variedades de processamento cultivadas no outono em Jalandhar, o rendimento total médio foi mais alto em Kufri Chipsona-1 (36,55 t/ha), enquanto a Atlantic produziu o máximo (34,58 t/ha) de tubérculos de grau de processamento em comparação com Kufri Chipsona-1 (30,78 t/ha), FL-1533 (34,19 t/ha) e Kufri Chipsona-2 (27,48 t/ha). Mas mais tarde, Singh *et al.* (2005) relataram Kufri Chipsona-1 juntamente com HT/92-621 como as cultivares preferidas para o oeste de Uttar Pradesh por causa do melhor grau de processamento e da produção total de tubérculos.

Um maior número de tubérculos totais e processáveis leva a um maior rendimento de tubérculos totais (35,8 t/ha) e processáveis (28,8 t/ha) em Kufri-Chipsona-1 do que em Kufri-Chipsona-2 (Kumar *et al.*, 2007b).

Da mesma forma, Singh *et al.* (2002) registaram o maior rendimento total e de tubérculos para processamento em Kufri Chipsona-1 (350 e 238 q/ha) seguido de Kufri Chispona-2 (325 e 219 q/ha), Kufri Jyoti, (300 e 217 q/ha) e FL-1533 (296 e 225 q/ha), respetivamente em Modipuram. Da mesma forma, Marwaha *et al.* (2005b) observaram que Kufri-Chipsona-1 (400 q/ha) produziu mais do que Kufri-Chipsona-2 (352 q/ha), Kufri-Jyoti, Atlantic e FL-1533, no entanto, as diferenças de rendimento em todas as cultivares, exceto Kufri-Chipsona-1, não foram significativas.

Embora a Kufri Chipsona-1 tenha produzido o máximo (42,6 t/ha) de tubérculos e tenha sido significativamente superior a todas as variedades americanas (Atlantic, FL-1291, FL-1584, FL-1625 com 25 a 30 t/ha), manteve-se a par da variedade de mesa Kufri Jyoti (40 t/ha) Marwaha *et al.* (2005a). Da mesma forma, Kumar e Ezekiel (2006) registaram um maior número e peso de tubérculos de tamanho grande (745g) na Kufri Lauvkar, consequentemente maior rendimento total de tubérculos do que a Atlantic.

Marwaha *et al.* (2007) encontraram o máximo rendimento total de tubérculos em Kufri Chipsona-1 (294 q/ha com 46,8% PGT), seguido por Kufri Pukhraj (264,9 q/ha com 46,8% PGT), Kufri Chipsona-3 (258 q/ha com 46% PGT), Kufri Surya (240 q/ha com 50,3% PGT) e MP/98-172 (231,1 q/ha com 45,5% PGT) na safra de primavera nas condições de Punjab.

No início da plantação, a Atlantic produziu o máximo total e PGTY (46,3 e 28 q/ha), enquanto que na época principal o maior rendimento total (329 q/ha) e de processamento (296,2 q/ha) de tubérculos foi registado na cv. Kufri-Chipsona-1 e Kufri-Jyoti, respetivamente. Na estação da primavera, a cv. Kufri-Chipsona-1 (255,2 e 165,1 q/ha) produziu o maior e a cv. Atlantic (191,5 e 107,1 q/ha) o menor rendimento total e de PGT, respetivamente, em clima subtropical (Kumar *et al.*, 2007a).

Minhas *et al.* (2006) observaram que uma variedade de maturação precoce tolerante ao calor, Kufri-Surya (418 q/ha), produziu mais tubérculos do que as variedades de transformação indianas existentes, Kufri-Chipsona-1 (358 q/ha) e Kufri-Chipsona-2 (344 q/ha), após 90 dias na principal estação de cultivo em Modipuram. Da mesma forma, Pandey *et al.* (2006) consideraram a recém-lançada Kufri-Chipsona-3 superior à Kufri-Chipsona-1, Kufri-Chipsona-2 e Atlantic.

Pande *et al.* (2008) referiram que a Kufri Sadabhar produziu mais 6% em Modipuram e menos 5,9% em Jalandhar, em comparação com a Kufri Pukhraj.

Nas colinas do noroeste (Solan, H.P.), o peso médio máximo dos tubérculos e a produção de tubérculos por planta registaram-se na cv. Kufri Giriraj (49,9 g e 39 g), seguida de Kufri Jyoti (47,4 e 352,6 g), Kufri Chipsona-2 (45,1 e 269,4 g) e Kufri Chipsona-1 (42,8 e 236,1 g), respetivamente. No entanto, o número mais baixo de tubérculos por planta foi registado em Kufri Chipsona-2 (4,64) Ravikant e Chadha (2009).

Na região de Gujrat:

Patel *et al.* (2006) avaliaram quatro híbridos de batata juntamente com Kufri Ashoka e Kufri Pukhraj em Deesa. O híbrido MS/94-899 deu maior rendimento total (494,3) e comercializável (482,5 q/ha) do que os outros.

Patel *et al.* (2007) observaram um rendimento total máximo em Kufri Badshah (411,9 q/ha) seguido por Kufri Surya (362,5 q/ha) e Kufri Chipsona-1 (309,3 q/ha) e todas as outras cultivares ficaram entre 222,9 e 273,4 q/ha. Por outro lado, o maior rendimento de tubérculos para batatas fritas foi obtido em Kufri Surya (191,79 q/ha), seguido por Kennekec (135,3 q/ha) e Shepody (131,3 q/ha), enquanto as demais cultivares não ultrapassaram o nível de rendimento de 100 q/ha.

Singh *et al.* (2005) declararam o Kufri Badshah e o HT/92-621 promissores/melhores para as condições de Gujrat no que respeita ao total e ao PGTY.

Região do nordeste da Índia:

O Kufri Jyoti, em comparação com o Kufri Chipsona-1, teve um bom desempenho em Patna, Raipur e Faizabad (Gaur *et al.*, 1998).

Pande *et al.* (2008) observaram que Kufri Sadabhar permaneceu a par com Kufri Pukhraj em Kayani (Bengala Ocidental) e Jorhat (Assam), mas produziu 39% mais em Bhubneshwar (Orissa).

Marwaha *et al.* (2009a) afirmaram que a Kufri-Himsona (194 q/ha) produziu mais do que a Kufri Chipsona-1 (178,3 q/ha), a Kufri Chipsona-3 (155,3 q/ha), a Kufri Jyoti (179,6 q/ha) e a Atlantic (163,2 q/ha). No entanto, o maior rendimento de tubérculos para processamento foi produzido pela Atlantic (104,1 q/ha) nas condições das colinas do nordeste.

Região do Sul da Índia:

Nas condições das colinas de Nilgiris, no sul da Índia, Joseph *et al.* (2004) registaram o maior total e PGTY em Kufri Chipsona-1 (426 e 377,5) e Kufri Chipsona-2 (355,6 e 284,5 q/ha) do que em Kufri Jyoti (986 e 59,5), FL-1533 (62,4 e 45,7) e Atlantic (52,5 e 38,8 q/ha). Da mesma forma, o peso médio mais elevado dos tubérculos (54,3 g) e o número médio de tubérculos (12,0) também foram registados em Kufri Chipsona-1 e Kufri Chipsona-2, respetivamente. Para além disso, estas duas variedades foram consideradas resistentes ao míldio tardio.

Joseph *et al.* (2006) estudaram a viabilidade do cultivo de batatas em zonas altas de Kerla. Entre os três genótipos tolerantes ao calor, nomeadamente HT/92-621 (Kufri Surya), HT/92-731 e HT/92-829, apenas o HT/92-621 produziu o maior número de tubérculos (6,45), peso dos tubérculos (37,78 g) e rendimento total dos tubérculos (156,70 q/ha) em dois locais e anos.

2.3.3 Efeito das variedades nos parâmetros de qualidade da estilha

2.3.3.1 Matéria seca dos tubérculos

Nas regiões centro-oeste da Índia

As cultivares que produzem batatas com um elevado teor de matéria seca nos tubérculos são consideradas ideais para a produção de batatas fritas. O elevado teor de matéria seca dos tubérculos tem sido associado a um maior rendimento de processamento, crocância, redução da absorção de óleo e menor tempo de fritura em produtos amigos (Marwaha, 1997). Ezekiel e Shekhawat (2002) concluíram que pelo menos 20% de matéria seca do tubérculo é o requisito básico para uma variedade antes de a selecionar para fins de transformação. Singh *et al.* (2008a) observaram um aumento de 0,75 por cento no rendimento das aparas, bem como uma redução de 1 por cento no teor de óleo das aparas com um aumento de 1 por cento na matéria seca dos tubérculos.

Nandekar (2002) observou um teor de matéria seca do tubérculo superior a 22% no híbrido MS/87-1192 e considerou-o superior aos híbridos JX108, OP-1, JX-118, JX-118, JX-214, 85- p-670, Kufri Ashoka, Kufri Sutlej e Kufri Badshah na zona de Satpura de Madhya Pradesh. Minhas *et al.* (2006) registaram uma média de matéria seca de tubérculos de 18,9, 15,9 e 13,6 por cento em Kufri Surya, Kufri Bahar e Kufri Ashoka, respetivamente. Da mesma forma, Singh *et al.* (2004) estudaram quatro cultivares e registaram mais de 20% de matéria seca de tubérculos em Atlantic, Kufri Chipsona-1 e Kufri Chipsona-2, exceto Kufri Jyoti.

Pandey *et al.* (2004b) relataram que Kufri-Chipsona-1 (20,05%), Kufri-Chipsona-2 (24,8%), Atlantic (23,1%), FL-1533 (21,63%) e Kufri-Jyoti (20,6%) permaneceram acima do limite de 20% de matéria seca de tubérculos no início da primavera. Mas Pandey *et al.* (2004c) observaram mais de 20% de matéria seca de tubérculos apenas em Kufri-Chipsona-2, Atlantic e Kufri-Chipsona-1 em comparação com Kufri-Jyoti, FL-1533 e MF-2.

Pandey *et al.* (2008) avaliaram quatro variedades, a saber, Kufri Chipsona-3 (21,5%), Kufri Chipsona-1 (21,3%), Kufri Chipsona-2 (22,2%) e Atlantic (20,9%) e registaram mais do que o limite crítico de 20% de teor de matéria seca dos tubérculos nas planícies do centro-oeste.

Singh *et al.* (2008a) registaram que o teor de matéria dos tubérculos variava entre 21,1 em MP/97-583 e 24,1 por cento em MP/97-644 em Agra. Em Indore, esta variação foi de 23,2 em Kufri Chipsona-1 para 27,1 por cento em MP/97-644. Ele sugeriu que a região de Indore é melhor no que diz respeito à acumulação de matéria seca, predominantemente devido à temperatura ambiente relativamente mais elevada do que a região de Agra.

Na região noroeste da Índia

Marwaha (1998a) observou que todas as cultivares exóticas (i.e. Atlantic, FL-1291, FL-1533, FL-1584 e FL-1625) produziram mais de 20% de matéria seca de tubérculos, enquanto que, exceto Kufri Chandermukhi e Kufri Lalima, todas as outras cultivares indianas não ultrapassaram o limite crítico de 20% de matéria seca de tubérculos. Num outro estudo em Jalandhar, A-2235 mostrou o maior (23% e 1,087), enquanto SLB/Z 569 o menor (17,2% e 1,067) tubérculo de matéria seca e gravidade específica aos 90 dias após a plantação (Marwaha 1998b). Kumar *et al.* (2003 b) relataram que a cultivar Kufri Jyoti tinha maior teor de matéria seca em vários locais do que Kufri Pukhraj e Kufri Sutlej.

Kumar *et al.* (2003a) revelaram que as cultivares Kufri Chipsona-1, Kufri Chipsona-2, Atlantic e Fritolay-1533 produziram mais de 20% de teor médio de matéria seca de tubérculos. No entanto, o valor máximo (23,39%) e mínimo (18,66%) foi registado em Atlantic e Kufri Jyoti, respetivamente. Da mesma forma, Singh *et al.* (2003) registaram variações no teor de matéria seca dos tubérculos de diferentes variedades de batata indianas e exóticas. As cultivares Kufri Chipsona-1, Kufri Chipsona-2, Atlantic, Frito lay-1533 e Cardinal produziram com sucesso mais de 21% de matéria seca de tubérculos. Por outro lado, a matéria seca mais baixa foi observada em 'Morfona'.

Kumar *et al.* (2004a) observaram mais de 21% de matéria seca de tubérculos na cv Atlantic, Kufri Chipsona-1, Kufri Chipsona-2 e Frito lay 1533 em comparação com menos de 17% em Kufri Jyoti e Kufri Pukhraj em Jalandhar. Marwaha *et al.* (2005a) relataram que, com exceção de Kufri Jyoti (17%), todas as outras cultivares *viz.* Atlantic (21,8%), FL-1291 (21,5%), FL 1584 (21,2%), FL 1533 (21,1%), FL 1625 (21%) e Kufri Chipsona-1 (20,4%) apresentaram mais do que o padrão mínimo de 20% de matéria seca de tubérculos. No entanto, a Kufri Chipsona-1 produziu o máximo (8,86 t/ha) de matéria seca de tubérculos por unidade de área, apesar de ter um teor de matéria seca 1 a 1,8% inferior em comparação com as cultivares exóticas. De acordo com Marwaha *et al.* (2005b), Kufri Chipsona-2 (21,9%) produziu o máximo de matéria seca de tubérculos, seguida por Atlantic (21,3%), Kufri Chipsona-1 (20,7%) e FL 1533 (20,4%). Neste caso, a Kufri Chipsona-1 (20,7%) mostrou-se superior à FL 1533 (20,4%), o que está em contradição com os resultados de Marwaha *et al.* (2005a). Da mesma forma, em Modipuram Kufri Chipsona-2 (1,090) teve uma gravidade específica significativamente maior do que K Chipsona-1 (1,087), mas a porcentagem de matéria seca do tubérculo foi estatisticamente igual em ambas as cultivares Kumar *et al.* (2007b).

Pandey *et al.* (2006) encontraram o maior teor médio de matéria seca de tubérculos em Kufri Chipsona-2 (22,18%) seguido por Kufri Chipsona-3 (21,48%), Kufri Chipsona-1 (21,28%) e Atlantic (20,97%) durante 2003-2005. Mas durante 2001-2003, depois de Kufri-Chipsona-2 (23,48%), o máximo de matéria seca de tubérculo foi em Atlantic (22,31%), Kufri-Chipsona-3 (22,24) e Kufri-Chipsona-1 (21,48%) em Modipuram (U.P).

Kumar e Ezekiel (2006) referiram que a Atlantic continha um teor de matéria seca de tubérculo mais elevado em todos os estádios de desenvolvimento (60, 75 e 90 DAP) do que a Kufri-Lauvkar. Provavelmente mais do carbono importado é investido em matéria seca e isto é apoiado por uma maior atividade de sacarose sintase nos tubérculos do Atlântico.

Na primavera, no Punjab, a cv. Kufri Chipsona-3 (23,8%), MP/98-172 (23,5%), Kufri Chipsona-2 (23,2%) e Kufri Chipsona-1 (22,2%) produziram significativamente mais matéria seca de tubérculos (>20%) do que Kufri Pukhraj (17,4%), Kufri Jyoti (19,3%) e Kufri Surya (19,2%) Marwaha *et al.* (2007).

Pande *et al.* (2008) encontraram um máximo de matéria seca de tubérculos em Kufri Sadabahar (20,8%), Kufri Bahar (19,9%) e Kufri Pushkar (17,5%) em Jasoda (Kannauj) do que nas zonas de Agra, Modipuram e Karnal nas planícies do noroeste da Índia.

Kumar *et al.* (2007a) corroboraram o teor médio mais elevado de matéria seca de tubérculos em Kufri Chipsona-2 (21,71%), Atlantic (20,8%) e Kufri Chipsona-1 (19,7%) em comparação com Kufri Jyoti (17,8%) em Modipuram sob clima subtropical.

Marwaha *et al.* (2009a) concluíram que as variedades diferiam significativamente no teor de matéria seca. Tanto as indianas (Kufri Chipsona-1, Kufri Chipsona-2) como as americanas (Atlantic e Fritolay-1533) continham mais de 22% de matéria seca, enquanto a Kufri Jyoti (Controlo) apresentava menos matéria seca (17,2%) antes da escassez.

Na região centro-norte da Índia

Singh *et al.* (2005) confirmaram que Kufri Chipsona-1 e o híbrido HT/92-621 tinham mais de 20% de matéria seca em todos os locais de Gujrat, enquanto outras variedades tinham um teor de matéria seca desejável

(>20%) apenas num ou dois locais. Em Modipuram, no oeste de Uttar Pradesh. A variedade Kufri Chipsona-1 sozinha deu mais de 20% de matéria seca, seguida pela HT/92-621 (19,2%).

Diversos

Gaur *et al.* (1998) relataram que, exceto em Raipur, a Kufri Chipsona-1 (MP/90-83) apresentou 2 a 4 por cento mais matéria seca de tubérculos do que a Kufri Jyoti em Modipuram, Patna, Faizabad e Midnapore. Da mesma forma, Joseph *et al.* (2004) observaram que Kufri Chipsona-1 (23,7%) e Kufri Chipsona-2 (22,6%) produziram significativamente mais matéria seca de tubérculos do que Kufri Jyoti (15,7%), bem como FL-1533 (17%) e consideraram-na adequada para processamento nas condições do sul da Índia.

Kumar *et al.* (2008) observaram uma maior produção de matéria seca de tubérculos em Kufri Pukhraj (1,19 e 33,6 g/planta) do que em Kufri Jyoti (1,04 e 32,4 g/planta) aos 45 e 60 DAP, respetivamente, em Deccan Plateau, Dharwad (Karnataka).

Singh *et al.* (2009) descobriram que Kufri Chipsona-1, Kufri Chipsona-2, Kufri Chipsona-3 e Atlantic produziam mais de 19% de matéria seca em diferentes locais de Bengala Ocidental. No entanto, o teor de matéria seca mais elevado registou-se na Lady Rosette (23,3%) e o mais baixo na Kufri Jyoti (13,3%).

Marwaha *et al.* (2009b) referiram que a MP/97-644 (24,1%) continha um teor de matéria seca dos tubérculos inferior ao da Kufri Chipsona-1 e da Kufri Chipsona-3 (25%) e superior ao da Atlantic (22,1%) e da Kufri Jyoti (17,3%) nas condições das colinas do nordeste.

2.3.3.2 Reduzir os açúcares

Marwaha (1999) concluiu que o teor mais elevado de açúcares livres nas variedades cultivadas em Jalandhar tornava os tubérculos impróprios para transformação. O escurecimento excessivo e o desenvolvimento de um sabor desagradável devido ao elevado teor de açúcares redutores são inaceitáveis nos produtos transformados (Talburt e Smith, 1987). Ezekiel e Shekhawat (1999) sugeriram que uma boa variedade para processamento deve ter pelo menos 20% de matéria seca e açúcares redutores abaixo de 0,25% quando cultivada em qualquer zona de cultivo de batata da Índia. Mais tarde, vários trabalhadores foram da opinião de que o conteúdo de açúcares redutores não deveria exceder 0,16 por cento para um Chip Colour altamente aceitável (Ezekiel *et al.* 2003 e Marwaha *et al.* 2005a). Gaur *et al.* (1998) relataram um comportamento variável das cultivares no que respeita ao nível de açúcares redutores. Esta variação nos açúcares redutores entre cultivares é atribuída à sua composição genética (Marwaha, 1998a) e à resposta às condições ambientais (Uppal e Khurana, 2001; Pandey *et al.*, 2002 e Singh *et al.*, 2008a).

Nas regiões centro-oeste da Índia

Singh *et al.* (2004a) verificaram que duas cultivares de processamento indianas e uma americana apresentavam um nível de açúcares redutores inferior ao da Kufri Jyoti nas planícies do centro-oeste. Da mesma forma, Pandey *et al.* (2004c) observaram menos de 50 mg/100 g FW de açúcares redutores em Kufri Chipsona-1, Kufri Chipsona-2, Kufri Jyoti, Atlantic e FL-1533, exceto no híbrido local MF-2 (75 mg) nas planícies do centro-oeste. Da mesma forma, Pandey *et al.* (2008) observaram que, entre as quatro variedades, o nível máximo (38,4 mg) e mínimo (25,6 mg/100 g FW) de açúcar redutor foi registado na Atlantic e Kufri Chipsona-1, respetivamente. As Cvs. Kufri Chipsona-3 e Kufri Chipsona-2 apresentaram um nível intermédio.

Singh *et al.* (2008a) referiram que os seis híbridos (MP/97-583, MP/97-644, MP/97- 921, MP/97-637, MP/97-699 e três variedades (Kufri Chipsona-1, Kufri Chipsona-2 e Atlantic) continham mais açúcares redutores (<50 mg) em Agra do que em Indore (<20 mg/100 g FW) devido às condições de temperatura mais elevada (inverno ameno) em Indore. Na região noroeste da Índia

Marwaha (1998b) registou que o teor médio de açúcares redutores era mais elevado (567 mg) na EMC/1021 e mais baixo (406 mg/100g FW) na A-2235. Marwaha (1998 a) verificou que as cultivares exóticas de batata continham um baixo nível de açúcares redutores (72 a 112 mg) em comparação com as cultivares indígenas (164 a 332 mg/100 g FW). Da mesma forma, Kumar *et al.* (2003a) confirmaram que a cv. Kufri Chipsona-1 (89,3 mg), Kufri Chipsona-2 (94,1 mg) e Atlantic (65,1 mg/100 g FW) tinham menos de 100 mg/100 g FW de açúcares redutores, enquanto Kufri Jyoti e Kufri Lauvkar (ambas não processadas) produziam mais de 100 mg/100 g FW de açúcares redutores, mas a cultivar Fritolay-1533 tinha um comportamento intermediário nas condições do oeste de Uttar Pradesh. Mas Marwaha *et al.* (2005b) descobriram que a cv. Atlantic (76 mg) e FL 1533 (70 mg) continham significativamente mais açúcares redutores do que Kufri Chipsona-1 (42 mg) e Kufri Chipsona-2 (60 mg/100 g FW) em Jalandhar. Pandey *et al.* (2006) também concluíram que a Kufri Chipsona-1 era melhor do que a Atlantic com base no nível mais baixo de açúcares redutores em Modipuram. Da mesma forma, Marwaha *et al.* (2005a) também relataram em Jalandhar que todas as variedades de processamento indianas e americanas continham menos (< 100 mg/100 g FW) nível médio de açúcar redutor do que duas variedades de mesa indianas populares (> 212 mg/100 g FW). No entanto, aos 90 DAP, Kufri Chipsona-1, Kufri Chipsona-2 e todas as cultivares americanas de processamento não ultrapassaram o nível de 65 mg/100 g FW de açúcar redutor. Além disso, também foi registada uma correlação positiva entre o açúcar redutor e a cor das aparas. Kumar e Ezekiel (2006) confirmaram que o teor médio de açúcares redutores era mais elevado na Kufri Lauvkar (variedade popular de mesa) do que na cultivar Atlantic de processamento americano em Modipuram. Em Modipuram, Kufri Chipsona-1 e Kufri Chipsona-2 não diferiram no seu teor de açúcar redutor, que era inferior a 31 mg/100 g FW (Kumar *et al.* 2007b). Na razão primaveril, a cv. Kufri-Chipsona-1 (76 mg), MP/98-172 (89 mg), Kufri-Chipsona-3 (90 mg) e Kufri-Chipsona-2 (103 mg/100 g FW) foram superiores a Kufri-Jyoti (198 mg), Kufri-Pukhraj (183 mg) e Kufri-Surya (177 mg/100 g FW) em Jalandhar (Marwaha *et al.* 2007). Kumar *et al.* (2007a) também notaram que Kufri Chipsona-1 (47,5 mg) e Atlantic (49,9 mg) produziram significativamente menos açúcares redutores do que Kufri Jyoti (80,1 mg) e Kufri Chipsona-2 (83,5 mg/100 g FW).

Kumar *et al.* (2003b) afirmaram que o Kufri Jyoti, em comparação com o Kufri Pubhraj e o Kufri Sutlej, apresentava açúcares redutores mais baixos em vários locais.

O teor de açúcares redutores das variedades de processamento indianas e americanas era mais baixo (91 a 108 mg/100 g FW), enquanto a Kufri Jyoti continha o máximo de açúcares redutores (246 mg/100 g FW) antes do armazenamento em (Marwaha *et al.* 2009a).

Regiões diversas

Gaur *et al.* (1998) registaram menos de metade do nível de açúcares redutores na primeira variedade de transformação indiana, Kufri Chipsona-1, em comparação com a Kufri Jyoti (uma variedade de mesa) em Modipuram, Patna, Faizabad e Midnapore. Singh *et al.* (2009) consideram que as variedades Kufri Chipsona-1, Kufri Chipsona-3, Kufri Surya, Atlantic e Lady Rosetta são adequadas para transformação devido à baixa acumulação de açúcares redutores (<100 mg/100 g FW) nas condições agro-climáticas de Bengala Ocidental.

Joseph *et al.* (2004) observaram que, exceto a cv. Kufri Jyoti, todas as outras cultivares (Kufri Chipsona-2, Kufri Chipsona-1, FL1533 e Atlantic) não ultrapassaram o limite prescrito de 160 mg/100 g FW de açúcares redutores nas condições montanhosas do sul da Índia.

Tendo em conta as conclusões anteriores de Kumar *et al.* (2003b) e Ezekiel *et al.* (1999), sabe-se que as zonas relativamente mais quentes produzem tubérculos com baixo teor de açúcares redutores, independentemente das cultivares. Singh *et al.* (2005) também observaram que os açúcares redutores mínimos se encontravam em HT/92-621 (10,5 mg) em Deesa em Gujrat e os mais elevados em Kufri Anand (277 mg/100 g FW) em Modipuram (U.P). De facto, locais com climas diferentes resultaram em níveis variáveis de açúcares redutores nos tubérculos aquando da colheita. Além disso, nas condições de baixa temperatura em Modipuram, a variedade Kufri Chipsona-1 (20,7 mg) e o híbrido HT/92-621 (34,6 mg/100 g de peso fresco) apresentaram níveis de açúcares redutores altamente aceitáveis. Em Shiraz, no Irão, a cv. Agria continha a menor quantidade de açúcares redutores (1,28/100 g MS) do que Cosima, Herta e Picaso (Ramezani e Aminlari, 2004).

2.3.3.3 Cor da pastilha

Marwaha (1998b) observou que, de entre as diferentes cultivares de mesa, apenas duas, a Kufri Lauvkar e a A-2235, produziam batatas fritas que apresentavam o último limite de aceitação de cor (5), devido ao facto de o nível de açúcar redutor ser mais elevado. Gaur *et al.* (1998) referiram que a primeira variedade de transformação indiana, Kufri Chipsona-1, lançada pelo Central Potato Research Institute, Shimla, produzia batatas fritas de melhor cor.

É referido que a cor das batatas fritas tem uma correlação positiva com os açúcares redutores. Em geral, as cultivares com tubérculos com baixo nível de açúcares redutores produziram chips de cor amarela clara altamente aceitáveis (Ezekiel *et al.*, 2003).

Nas regiões centro-oeste da Índia

Singh *et al.* (2004a), com exceção da variedade de mesa Kufri Jyoti, todas as outras cultivares de transformação com baixo nível de açúcares redutores produziram batatas fritas de cor clara (grau <3).

Pandey *et al.* (2004c) avaliaram diferentes cultivares de processamento e encontraram a cor das batatas fritas das cultivares Atlantic e Kufri Chipsona-1 apenas numa gama de cores aceitável (<3).

Pandey *et al.* (2008) relataram nas planícies do centro-oeste que a cv. Kufri chipsona-3 (1.48), Kufri Chipsona-2 (2.02) e Atlantic (1.43) mostraram uma cor de chip altamente aceitável (<3).

Singh *et al.* (2008a) observaram uma cor aceitável das batatas fritas de diferentes cultivares de transformação na região de Agra e Indore. A qualidade da cor foi melhor em Indore, com temperaturas relativamente mais quentes do que em Agra. No entanto, a pontuação mais baixa de cor das batatas fritas foi de 1,6 (Kufri Chipsona-1) e 1,0 (Kufri Chipsona-1), enquanto a mais alta foi de 2,7 (MP/97-921) e 1,8 (Atlantic) em Agra e Indore, respetivamente.

Planícies do noroeste da Índia

Kumar *et al.* (2003 a) notou que, exceto Kufri Jyoti (4.58) e Kufri Lauvkar (4.22), todas as quatro cultivares de processamento i.e. Kufri Chipsona-1 (2.42), Kufri Chipsona-2 (2.86), Atlantic (2.09) e Frito Lay

(FL)-1533 (2.93) exibiram uma cor altamente aceitável (<3) de batatas fritas. Da mesma forma, Kumar *et al.* (2004a) relataram batatas fritas de cor clara aceitáveis (< 3 graus) em Atlantic, Kufri Chipsona-1, Kufri Chipsona-2 e FL-1533 em comparação com Kufri Pukhraj e Kufri Jyoti.

Singh *et al.* (2003) descobriram que das dezassete variedades indianas e holandesas, apenas a Kufri Chipsona-1 (3.0) e a Atlantic (3.5) produziram batatas fritas com uma gama de cores aceitável e quase aceitável em condições de sementeira tardia (10 de novembro), apesar dos níveis relativamente baixos de açúcares redutores.

Marwaha (1998b) observou que, entre as diferentes cultivares de mesa, apenas duas, ou seja, Kufri Lauvkar e A-2235, produziam batatas fritas que apresentavam o último limite de aceitação de cor (5), devido ao maior nível de açúcar redutor. Por outro lado, Marwaha (1998a) verificou que as batatas fritas preparadas a partir de todas as cultivares exóticas (Atlantic, FL-1291, FL-1533, FL-1584 e FL-1625) tinham uma cor clara, enquanto a cor das batatas fritas das cultivares de mesa indianas (Kufri Badshah, Kufri Bahar, Kufri Chandermukhi, Kufri Jyoti, Kufri Lalima, Kufri Lauvkar e Kufri Sinduri) variavam entre o amarelo claro, o amarelo dourado, o castanho claro e o castanho médio, todos dentro de uma gama aceitável. Nenhuma das cultivares (indianas e exóticas) produziu batatas fritas inaceitáveis de cor escura. Noutro estudo, todas as cultivares indianas e exóticas produziram batatas fritas de cor aceitável (<4 CCS). No entanto, Kufri Chipsona-1 (3,02) e Kufri Chipsona-2 (3,26) apresentaram melhor qualidade de cor em comparação com a cor escura inaceitável (>5 CCS) em Kufri Chandermukhi, Kufri Jyoti e Kufri Lauvkar (Marwaha *et al.*, 2005a). A observação de Kumar e Ezekiel (2006) foi semelhante. Mas Marwaha *et al.* (2005b) relatou que apenas Kufri Chipsona-2 deu consistentemente excelente (2.27ccs) qualidade de cor durante 2001-02 a 2002-03 em comparação com Kufri Chipsona-1, Atlantic, FL-1533 e Kufri Jyoti. A cor não foi aceitável na Atlantic aos 70 DAP durante 2001-02 e na FL-1533 aos 80 DAP durante 2002-03, portanto não teve um desempenho consistente em Jalandhar nas planícies do Noroeste. Mas Kumar *et al.* (2007b) concluíram que a Kufri Chipsona-1 apresentou uma pontuação de cor estaladiça altamente aceitável (2,9) do que a Kufri Chipsona-2 (3,1), apesar da diferença insignificante no seu teor de açúcar redutor em Modipuram.

Pandey *et al.* (2006) observou chips de cor clara em Kufri Chipsona-3 (1.48) seguido por Kufri Chipsona-1 (1.57), Atlantic (2.11) e Kufri Chipsona-2 (2.16) no noroeste e centro-norte das planícies durante 2004-05. Da mesma forma, Marwaha *et al.* (2007) relataram que as cultivares Kufri Chipsona-1 (1,25), Kufri Chipsona-2 (2,75), Kufri Chipsona-3 (1,5), Kufri surya e MP/98-172 deram chips de cor aceitável (<3 CCS) na estação da primavera. Da mesma forma, Marwaha *et al.* (2009a) Kufri Chipsona-1, Kufri Chipsona-2 e Fritolay-1533 produziram batatas fritas de cor mais clara do que a variedade de mesa comummente cultivada Kufri Jyoti.

Minhas *et al.* (2006) verificaram que a qualidade da cor da Kufri Surya era tão boa como a da Kufri Chipsona-1, Kufri Chipsona-2, Atlantic e Kufri Jyoti em testes "em linha" para batatas fritas na M/s Fritolay India Ltd, Sangarur, em 2003 e 2004.

Diversos

A qualidade da cor das aparas variou de uma região para outra. Uppal e Khurana (2001) verificaram uma interação entre variedades e locais. Observaram uma cor boa/aceitável das aparas de Kufri Pukhraj em Deesa e Kota, enquanto que Kufri Sutlej em Kota e Chhindwara. Contrariamente a isto, a Kufri Pukhraj (Kumar *et al.*, 2004a), a Kufri Jyoti (Marwaha *et al.*, 2005a e Marwaha *et al.*, 2005b), a Kufri Chandermukhi e a Kufri Lauvkar (Marwaha *et al.*, 2005a) são conhecidas pela sua cor escura e inaceitável das suas batatas fritas a baixas temperaturas nas planícies indo-gangéticas do noroeste.

Joseph *et al.* (2004) observaram que a FL-1533 e a Kufri Jyoti, apesar de terem um baixo nível de açúcar redutor, não conseguiram produzir uma cor aceitável para as aparas nas colinas de Nilgiri, no sul da Índia.

Singh *et al.* (2005), num estudo comparativo, concluíram que, à exceção da Kufri Anand em Modipuram, todas as variedades/híbridos produziram batatas fritas de cor aceitável em Gujrat e no Oeste de Uttar Pradesh. No entanto, a Kufri Chipsona-1 e o híbrido HT/92-621 apresentaram uma cor consistentemente melhor do que a Kufri Sutlej e a Kufri Badshah, evidenciando a sua superioridade genética.

Singh *et al.* (2009) verificaram que apenas as variedades Kufri Chipsona-1, Atlantic e Lady Rosetta apresentavam uma pontuação aceitável (<3) na cor das aparas nas condições de Bengala Ocidental.

Marwaha *et al.* (2009b) verificaram que Kufri Chipsona-1, Kufri Chipsona-3, MP/97- 644 e Atlantic produziam batatas fritas de cor aceitável nas condições das colinas do nordeste.

2.3.3.4 Sacarose

O teor de sacarose nas batatas para processamento deve ser inferior a 150 mg/100 g FW para minimizar a acumulação de açúcares redutores (Sowokinos e Preston (1988), quer pela enzima invertase activada pelo armazenamento (Pressey, 1969), quer pela hidrólise da sacarose induzida pelo calor durante a fritura (Schallenberger *et al.*, 1959).

Leszkowiat *et al.* (1990) referiram que a sacarose e o aminoácido podiam produzir um escurecimento dos produtos fritos comparável ao dos açúcares redutores. Também postularam que a sacarose entra na "reação de Millard" (reação de escurecimento) por hidrólise térmica para produzir glucose e frutose (açúcares redutores). As cultivares diferem largamente no que diz respeito ao seu nível de sacarose nos tubérculos devido a um controlo genético e ambiental significativo (Burton, 1966; Davies e Viola, 1994 e Kumar *et al*,. 2003a).

Na região centro-oeste da Índia

A variedade Kufri Chipsona-1 (139,5 mg) continha a menor quantidade de sacarose, seguida das variedades MP/97-921 (140,9 mg) e MP/97-583 (149,9 mg/100 mg FW), enquanto as variedades Kufri Chipsona-2 (175,9 mg), Atlantic (174,1 mg) e outros híbridos ultrapassaram o limite mínimo prescrito (<150 mg/100 g FW) de sacarose em Agra. Em Indore, exceto MP/97-644 (155,2 mg) e MP/97-699 (186 mg/100 g FW), todas as outras variedades e híbridos tinham mais de 200 mg/100 g FW de nível de sacarose (Singh *et al.*, 2008a). Na principal cultura de outono dos planos do centro-oeste, exceto a Kufri Chipsona-2, todas as outras variedades (Kufri Chipsona-1, Kufri Chipsona-3 e Atlantic) continham menos de 200 mg/100 g de peso fresco de nível médio de sacarose (Pandey *et al.* 2008).

Na região noroeste da Índia

Marwaha (1998b) registou um teor máximo (709 mg) e mínimo (389 mg/100 g FW) de sacarose na cv. JC-6415 e SLB/2-569, respetivamente, em condições de dia curto. Kumar *et al.* (2003 b) registaram, entre as variedades de mesa, um teor de sacarose inferior na Kufri Jyoti em comparação com a Kufri Pukhraj e a Kufri Sutlej. Em culturas tardias nas planícies do Noroeste, o teor de sacarose variou de 144 mg em Frito Lay-1533 a 328,5 mg/100 g FW em Kufri Chipsona-1 (Singh *et al.*, 2003).

Pandey *et al.* (2006) observaram um nível de sacarose ligeiramente mais elevado em Kufri Chipsona-1 e Atlantic do que em Kufri-Chipsona-3 e Kufri-Chipsona-2 em Modipuram durante 2003-05.

Kumar e Ezekiel (2006) observaram um teor de sacarose mais elevado em Kufri Lauvkar devido a uma menor atividade da enzima sacarose sintase do que em Atlantic.

As cultivares Atlantic (229,3 mg) e Kufri Chipsona-1 (248,1 mg) produziram um teor de sacarose significativamente mais baixo do que Kufri Jyoti (258,8 mg) e Kufri Chipsona-2 (291,1 mg/100 g FW) em Modipuram, no oeste de Uttar Pradesh (Kumar *et al.*, 2007a). Também Marwaha *et al.* (2005b) registaram um teor máximo de sacarose na Kufri Chipsona-2 (450 mg) seguido da Kufri Chipsona-1 (352 mg), Atlantic (334 mg), Kufri Jyoti (319 mg) e FL-1533 (273 mg/100 g FW) em Jalandhar. Do mesmo modo, o nível mais elevado de sacarose registou-se na Kufri Chipsona-2 (428 mg), seguida da Kufri Chipsona-1 (396 mg), Atlantic (379 mg), FL-1625 (328 mg), FL-1533 (274 mg), FL-1291 (260 mg) e FL-1584 (257 mg). Mas, em contradição com Marwaha *et al.* (2005b), a cultivar de mesa Kufri Jyoti continha sacarose significativamente mais elevada (>494 mg/100 g FW) do que as cultivares de processamento (Marwaha *et al.*, 2005a). Marwaha *et al.* (2009a), em Jalandhar, avaliaram as cultivares Kufri Chipsona-1, Kufri Chipsona-2, Atlantic, FL-1533 e Kufri Jyoti e verificaram que o teor de sacarose variava entre 184 mg na FL-1533 e 234 mg/100 g FW na Kufri Chipsona-2 após a colheita, mas antes do armazenamento.

Diversos

Joseph *et al.* (2004), em condições montanhosas do sul da Índia, observaram que a cv. Kufri Chipsona-2 apresentou o menor valor (177,4 mg) e Kufri Jyoti o máximo de sacarose (317,3 mg/100 g FW), enquanto que Kufri Chipsona-1, Atlantic e FL-1533 apresentaram níveis intermediários de sacarose.

Singh *et al.* (2005) observaram que a variedade de mesa Kufri Sutlej produziu um nível mínimo e máximo de sacarose em Gujarat e Western Uttar Pradesh, respetivamente, devido à temperatura relativamente mais quente em Gujarat. No entanto, em condições de baixa temperatura no Uttar Pradesh Ocidental, a HT/92-621 apresentou o nível mais baixo (170 mg) de sacarose do que a Kufri Sutlej (208,9 mg/100 g de peso fresco).

Singh *et al.* (2009) registaram um baixo nível de sacarose em Lady Rosetta, Kufri Chipsona-3, Kufri Chipsona-1 e Atlantic e consideraram-nas adequadas para transformação em comparação com Kufri Jyoti nas condições agro-climáticas de Bengala Ocidental.

Marwaha *et al.* (2009b) observaram que a MP/97-644 (90 mg) continha um teor de sacarose inferior ao da Kufri Chipsona-1 (112 mg) e da Kufri Chipsona-3 (96 mg), mas superior ao da Kufri Jyoti (72 mg) e da Atlantic (75 mg/100 g FW) nas condições das colinas do nordeste.

2.3.3.5 Aminoácidos livres

Na região centro-oeste da Índia

Gaur *et al.* (1998) verificaram que o Kufri Chipsona-1 continha menos quantidade de aminoácidos livres do que o Kufri Jyoti.

Pandey *et al.* (2008) revelaram que a cv. Kufri Chipsona-1 e Kufri Chipsona-2 continham mais aminoácidos livres totais (926 mg) do que Kufri Chipsona-3 e Atlantic (<853 mg/100 g de peso fresco). MP/97-

644 (730,4 mg), MP/97-625 (752 mg), Kufri
A Chipsona-1 (747,5 mg), a MP/97-637 (761,2 mg) e a MP/97-699 (773,3 mg), que estavam ao mesmo nível, continham significativamente menos aminoácidos livres do que a Kufri Chipsona-2 (938,5 mg), a MP/97-583 (812,5 mg) e a Atlantic 797,3 mg/100 g de matéria seca em Agra. Em Indore, as espécies MP/97-644 (696 mg), MP/97-637 (675 mg), MP/97-699 (660 mg), Kufri Chipsona-2 (647 mg) e MP/97-921 (722 mg) estavam ao mesmo nível, mas eram significativamente superiores às espécies Kufri Chipsona-1 (893 mg), Atlantic (890 mg) e MP/97-625 (878,6 mg/100 g FW). Na região noroeste da Índia

Marwaha (1998 b) afirmou que havia variação entre diferentes cultivares no que respeita ao teor de aminoácidos livres. A cultivar Kufri Jyoti continha o máximo (31,8 mg) e a JC-3046 o mínimo (18,6 mg/100 g de peso fresco) de aminoácidos livres.

Marwaha *et al.* 2005a Marwaha *et al.* 2005b concluíram que as variedades de mesa continham aminoácidos livres significativamente mais elevados (>68 mg) do que as cultivares de transformação indianas e exóticas. Entre as cultivares de processamento, a FL-1625 (52,3 mg) tinha os aminoácidos livres mais baixos, seguida da Kufri Chipsona-1 (54,7 mg), Kufri Chipsona-2 (55,1 mg), Atlantic (56,8 mg), FL-1584 (59,8 mg), FL-1291 (64,9 mg) e FL-1533 (66,1 mg/100 FW). Por outro lado, Marwaha *et al.* (2005b) encontraram o menor teor de aminoácidos livres em Kufri Chipsona-2 (40,9 mg), seguido por Atlantic (43,4 mg), Kufri Chipsona-1 (45,6 mg), FL-1533 (45,7 mg) e Kufri Jyoti (46,4 mg/100 g FW). Além disso, Kumar *et al.* (2007c) relataram que as cultivares (Kufri Chipsona-1, Kufri Chipsona-2, Kufri Jyoti, Kufri Sinduri, Kufri Pukhraj, Kufri Bahar e Kufri Anand) diferiam significativamente no teor absoluto de aminoácidos livres dos tubérculos. O teor mais elevado de aminoácidos livres foi de 623,4 mg e o mais baixo de 481 mg/100 g de peso fresco foi observado em Kufri Jyoti e Kufri Chipsona-1, respetivamente. Da mesma forma, Marwaha *et al.* (2009a) registaram um teor máximo (589 mg) e mínimo (336 mg/100 g de peso fresco) de aminoácidos livres em Kufri Jyoti e Kufri Chipsona-2, respetivamente. No entanto, as cvs. Kufri Chipsona-1 (354 mg), Atlantic (374) e FL - 1533 (358 mg/100 g FW) permaneceram estatisticamente iguais em condições de dias curtos.

Região diversa

Singh *et al.* (2005) concluíram que não existe uma tendência fixa nos aminoácidos livres totais (FAA) em diferentes genótipos. No entanto, Kufri Chipsona-1 e HT/92-621 (Kufri Sutlej) apresentaram um nível mínimo de FAA do que Kufri Anand, Kufri Badshah. O valor médio da FAA foi mais baixo em Gujarat (mais quente) do que em Modipuram, na região ocidental do Uttar Pradesh (relativamente mais fresca).

Singh *et al.* (2009) verificaram que a Kufri Chipsona-1 de Jalpaiguri continha menos aminoácidos livres (408 mg), enquanto a Kufri Jyoti de Hooghly apresentava o nível mais elevado (809 mg/100 g de peso fresco) em Bengala Ocidental. Além disso, confirmaram também que as variedades de transformação continham níveis mais baixos de aminoácidos livres.

Marwaha *et al.* (2009b) afirmaram que os aminoácidos livres eram mais elevados no Kufri Jyoti (1210 mg) e no MP/97-644 (1180 mg) e mais baixos no Kufri Chipsona-1 (928 mg), no Kufri Chipsona-3 (775 mg) e no Atlantic (757 mg/100 g FW) nas condições das colinas do nordeste.

2.3.3.6 . Fenóis totais

Na região centro-oeste da Índia

Pandey *et al.* (2008) descobriram que a cv. Kufri Chipsona-3 continha fenóis totais médios mais elevados (17,6 mg) do que Kufri Chipsona-1 (15,3 mg), Kufri Chipsona-2 (15,1 mg) e Atlantic (15,6 mg/100 g de peso fresco).

Na região noroeste da Índia

Marwaha (1998 b) avaliou dez cultivares e registou um teor máximo (31,8 mg) e mínimo (18,6 mg/100 g FW) de fenóis totais em Jyoti e JC-3046, respetivamente.

Gaur *et al.* (1998) referiram que a primeira variedade de transformação indiana, Kufri Chipsona-1, continha aproximadamente menos 33% de fenóis totais em comparação com a variedade de mesa comum, Kufri Jyoti. Do mesmo modo, a Kufri Chipsona-1 (52,8 mg) continha os fenóis totais mais baixos, seguida da Kufri Chipsona-2 (53,5 mg), Atlantic (62,1 mg), FL 1533 (62,6 mg) e Kufri Jyoti (67,8 mg/100 g FW) em Jalandhar (Marwaha *et al.* 2005b). Da mesma forma, Marwaha *et al.* (2009a) e Kumar *et al.* (2007c) relataram 37 e 52 por cento menos fenóis totais em Kufri Chipsona-1 do que em Kufri Jyoti, respetivamente. Mas Marwaha *et al.* (2005a) encontraram a menor quantidade de fenóis totais em FL-1625 (52,3 mg), seguido por Kufri Chipsona-1 (54,7 mg), Kufri Chipsona-2 (55,1 mg), Atlantic (56,8 mg), FL-1584 (59,8 mg), FL-1291 (64,9 mg) e FL-1533 (66,1 mg/100 g FW).

Diversos

Singh *et al.* (2009) explicaram que as variedades de processamento, *nomeadamente* Atlantic, Kufri Chipsona-1 (43,3 a 58,9 mg) e lady Rosetta (23,6 mg/100 g FW), continham fenóis totais mais baixos do que a variedade popularmente cultivada Kufri Jyoti (55,1 a 92,4 mg/100 g FW) em vários locais de Bengala

Ocidental.

Foi amplamente observado que os tubérculos das variedades de mesa tinham um teor mais elevado de fenóis totais do que as variedades de processamento (Gaur *et al.*, 1998; Marwaha *et al.*, 2005b; Kumar *et al.*, 2007c; Marwaha *et al.*, 2009a e Singh *et al.*, 2009).

Marwaha *et al.* (2009b) encontraram o maior e o menor teor de fenóis totais em Kufri Jyoti (107 mg) e Atlantic (40 mg/100 g, FW), respetivamente. Enquanto a MP/97-644, a Kufri Chipsona-1 e a Kufri Chipsona-3 permaneceram intermédias nas condições das colinas do nordeste.

2.4 Efeito do azoto

A aplicação de azoto desempenha um papel fundamental no crescimento e desenvolvimento das culturas, como a melhoria do tamanho e do rendimento total dos tubérculos. O fornecimento inadequado de azoto pode limitar o tamanho e o rendimento comercial dos tubérculos, por um lado, e o excesso de azoto tende a atrasar a maturidade da cultura, por outro. Assim, a dose óptima de azoto para as variedades de transformação é importante para produzir tubérculos uniformes e de qualidade máxima para transformação. Uma revisão da literatura relevante é mencionada sob os seguintes títulos:

2.4.1 Efeito do azoto no crescimento
2.4.2 Efeito do azoto no rendimento e nos caracteres contributivos
2.4.3 Efeito do azoto nos parâmetros de qualidade da estilha
2.4.3.1 Matéria seca dos tubérculos
2.4.3.2 Reduzir o açúcar
2.4.3.3 Cor da pastilha
2.4.3.4 Sacarose
2.4.3.5 Aminoácidos livres
2.4.3.6 Fenóis totais

2.4.1 Efeito do azoto no crescimento

Chu *et al.* (1984) verificaram que a fertilização excessiva com azoto reduziu significativamente o número total de plantas emergidas. Da mesma forma, Sahota e Singh (1986) relataram que a população de plantas mostrou uma tendência decrescente e a altura da planta e o número de caules por planta aumentaram com o aumento das taxas de N através da CAN. Singh (1995) registou a altura máxima das plantas, o número de folhas e o número de caules/m^2 aos 60 DAP com 200 kg do que com 80,120 e 160 kg N/ha. Da mesma forma, Rai (2002) observou um aumento significativo da altura das plantas e do número de rebentos por planta (14,9) com uma taxa de aplicação de azoto mais elevada (120 kg/ha) em comparação com o controlo. Sood e Sharma (2001) revelaram que a altura das plantas e o número de folhas por planta melhoravam à medida que o nível de NPK aumentava de 0 para 100% do nível recomendado. Também, a aplicação de N sozinho e em combinação com biofertilizantes melhora o número de folhas até 75 DAP (Kumar *et al.* 2001b).

Nandekar (2005) disse que a altura da planta aos 85 DAP e o número de caules por planta aos 50 DAP eram mais elevados a 100 e 150 por cento do nível NPK (i.e. 60+50+50 kg/ha NPK, respetivamente). Zebarth *et al.* (2006) relataram que a aplicação de nitrogénio aumentou o número de caules por colina. Mas De la Morena *et al.* (1994) referiram que o número de caules por metro quadrado diminuía com o aumento do nível de azoto.

Kumar *et al.* (2007b) relataram que a altura da planta, o número de folhas por planta e a produção de biomassa foram máximos, enquanto o índice de colheita foi mínimo ao nível mais elevado de azoto (360 kg N/ha). Também encontraram uma variação não significativa na emergência de tubérculos.

Khalak e Kumaraswamy (1992) encontraram um aumento significativo na altura da planta, LAI, LAD e acumulação de matéria seca em todas as partes da planta, exceto na matéria seca do tubérculo na colheita. A aplicação de 225 kg N+50 kg P/ha. produziu o maior peso seco médio, LAI e teor de clorofila do que 75 kg N+150 kg P/ha (Shahi *et al.* 2003). Singh *et al.* (2007) disse que a fertilização com 'N' aumentou o índice de área foliar (LAI) até 300 kg N/ha em Kufri Ashoka, Kufri-Badshah e Kufri Sinduri aos 40 e 60 DAP. Da mesma forma, a aplicação de 100 por cento de NPK deu a maior duração da área foliar (37,7 e 55,6 dias) e taxa média de crescimento (1,69 e 0,66 g/planta/dia) entre 30 a 60 e 60 DAP até a colheita, respetivamente (Saravanane *et al.* 2008). Sarkar *et al.* (2007) concluíram que a acumulação total de matéria seca foi máxima (749,9 g/m^2) com 150 por cento da dose recomendada de fertilizante. Sarkar *et al.* (2011) também observaram um efeito positivo do azoto na altura das plantas, no índice de área foliar e na produção de matéria seca.

2.4.2 Efeito do azoto no rendimento dos tubérculos e nos caracteres contribuintes

A produção total e de tubérculos para processamento aumentou com a aplicação de azoto. Vários trabalhadores em diferentes locais referiram que as taxas de aplicação de azoto, ou seja, 120 kg N/ha (Choudhary *et al.*, 1996; Trawezynski, 2001; Rai *et al.*, 2002 e Nandekar, 2005), 150 kg N/ha (Chaurasia e

Singh, 1995a; Tamayo e Hincapie, 2001 e Jablonski, 2004), 160 kg N/ha (Sahota e Singh, 1986, Sharma *et al.*, 1995 e Singh *et al*, 2008b), 180 kg N/ha (Somani *et al.*, 2003; Sarkar *et al.*, 2007; Mehdi *et al.*, 2008; Ravikant e Chadha, 2009), 200 kg N/ha (Guarda *et al.*, 1994; Singh, 1995 e Zebarth *et al*, 2004), 202 kg de N/ha (White e Sanderson, 1983), 224 kg de N/ha (Westermann *et al.*, 1994a), 225 kg de N/ha (Shahi *et al.*, 2003) e 240 kg de N/ha (Kumar *et al.*, 2006) para o ganho máximo de produção de tubérculos. A dose de N para a produção máxima de tubérculos calculada a partir da curva de resposta quadrática foi de 237, 219 e 273 kg/ha para a cv. Kufri Ashoka, Kufri Badshah e Kufri Sindhuri, respetivamente (Singh *et al.*, 2007).

Jablonski (2004) referiu que a eficiência da utilização de fertilizantes (FUE) oscilou entre 68 e 135 kg de tubérculos/ kg de azoto aplicado. Num estudo semelhante, Kumar *et al.* (2007b) observaram uma diminuição da eficiência agronómica da utilização do azoto (NUE) de 144 para 63 kg de tubérculos com 90 e 360 kg de N/ha, respetivamente. Foi observada uma tendência semelhante de NUE com uma taxa de aplicação de 0 a 100 kg (Zebarth *et al.*, 2006) e de 80 a 240 kg N/ha (Singh, 1995). Além disso, Zebarth *et al.* (2006) revelaram que o índice de colheita de azoto (NHI) diminuiu com o aumento da taxa de fertilização com azoto, enquanto a eficiência de absorção de azoto (NupE) variou consoante as cultivares e os anos.

O tamanho do tubérculo é muito importante quando considerado em conjunto com defeitos externos e internos do tubérculo (Long *et al.*, 2004) e diferentes perdas, como o descascamento durante o processamento (Ezekiel *et al.*, 1999). O tamanho dos tubérculos entre 40 e 60 mm de diâmetro é o preferido para o processamento comercial. A proporção de tubérculos de tamanho grande/transformação melhorou o rendimento total com o aumento da taxa de aplicação de azoto (Chamberland e Scott, 1968; White e Sanderson, 1983; Singh, 1995; Pandey *et al.*, 2004c; Zebarth *et al.*, 2004; Kumar *et al.*, 2006; Kumar *et al.*, 2007b e Ravikant e Chatha, 2009). A maior produção de tubérculos de tamanho grande (processáveis) foi registada com a taxa de aplicação de azoto i.e., 200 kg/ha (Singh, 1995; Arsenault *et al.*, 2001 e Zebarth *et al.*, 2004), 240 kg/ha. (Sud *et al.*, 1992; Kumar *et al.*, 2006 e Bizimungu *et al.*, 2007), 200 a 300 kg/ha (Vitosh, 1990; Snapp *et al.*, 2002 e Long *et al.*, 2004) e 360 kg/ha (Kumar *et al.*, 2007b). Além disso, Bizimungu *et al.* (2007) observaram o máximo de tubérculos grandes (>88 mm), comercializáveis (<48 mm) e por cento comercializáveis na cv. Northstar e Atlantic com 200 kg N/ha.

A aplicação de azoto melhora os caracteres que contribuem para o rendimento, como o número de tubérculos por planta (Sahota e Singh, 1986; Goswami, 2002; Kumar *et al.*, 2007b; Mehdi *et al.*, 2008 e Ravikant e Chada, 2009), o peso dos tubérculos por planta (Sahota e Singh, 1986 e Kumar *et al*, 2007b), o peso médio dos tubérculos (Sahota e Singh, 1986; Mehdi *et al.*, 2008 e Ravikant e Chadha, 2009), o tamanho dos tubérculos (Zebarth *et al.*, 2004 e Long *et al.*, 2004) e a taxa de enchimento dos tubérculos (Goswami, 2002 e Sarkar *et al.*, 2007), que conduzem a uma maior produção de tubérculos e lucro líquido (Chaurasia e Singh, 1995a; Singh, 1995 e Mehdi *et al.*, 2008).

O peso médio dos tubérculos aumentou significativamente até 160 kg de N/ha (Sahota e Singh, 1986), 180 kg de N/ha (Mehdi *et al.*, 2008 e Ravikant e Chadha, 2009) e 200 kg de N/ha (Zebarth *et al.*, 2004), enquanto o aumento do número de tubérculos por planta foi significativo apenas até 120 kg de N/ha (Mehdi *et al.*, 2008), 180 kg de N/ha (Ravikant e Chadha, 2009) e 270 kg de N/ha (Kumar *et al.*, 2007b). De la Morena *et al.* (1994) sugeriram que o peso médio dos tubérculos era o único componente de rendimento com um efeito direto significativo no rendimento dos tubérculos afetado pela fertilização com azoto. Por outro lado, a aplicação excessiva de azoto (>160 kg N/ha) afecta negativamente a produção de tubérculos (Sharma *et al.*, 1995). A taxa de aplicação mais elevada pode contribuir para o crescimento excessivo da videira em detrimento da produção de tubérculos (Alva, 2004 e Nandekar, 2005). A diminuição do índice de colheita em Atlantic e shepody (Zebarth *et al.*, 2006) e o aumento do rendimento biológico fresco (FBY) em Kufri Chipsona-1 e Kufri chipsona-2 (Kumar *et al.*, 2007b) com o aumento das taxas de 'N' indicou um maior crescimento da videira (wt) à custa da produção de tubérculos. Além disso, uma dose excessiva de azoto tende a atrasar a formação dos tubérculos, a maturação e afecta a qualidade dos tubérculos através da matéria seca, do açúcar redutor, do teor de sacarose, da gravidade específica e da qualidade da cor das aparas, bem como da capacidade de armazenamento (Sattelmacher e Marschner, 1979; Talburt e Smith, 1987; Peshin e Singh, 1999 e Belanger *et al.*, 2002;) No entanto, Kumar *et al.* (2007b) recomendaram 270 kg N/ha para as variedades Chipsona sem deteriorar os caracteres de qualidade nas condições do oeste do Uttar Pradesh, onde a geada não é um fator limitante. Da mesma forma, Upadhya *et al.* (2007) encontraram atributos de processamento de massa com uma dose de azoto mais elevada (270 kg N/ha) do que a dose normal recomendada (150 kg N/ha) para batatas de mesa.

As geadas não são invulgares e raramente estão disponíveis mais de 100 dias sem geadas para a batata de outono nas condições agro-climáticas do Punjab. Por outro lado, Painter *et al.* (1977) concluíram que é necessária uma estação de crescimento completa para obter o máximo benefício de uma dose mais elevada de azoto para a cultura da batata. Chaurasia e Singh (1995b) observaram uma maior absorção de 'N' e 'P' à medida que a dose de azoto aumentava de 0 para 150 kg/ha. Enquanto que a absorção de "K" foi máxima a 100 kg N/ha.

Uma vez que as cultivares de batata diferem no seu potencial de rendimento, nos caracteres de qualidade (Belanger *et al.*, 2002) e no desempenho em diferentes locais (Talley *et al.*, 1970; Raxen, 1976 e Davies, 1977). Por conseguinte, a gestão óptima de 'N' para cada cultivar, sistema de cultivo e localização é extremamente importante para o rendimento e a qualidade dos tubérculos (Chamberland & Scott, 1968; Joern e Vitosh, 1995 e Kumar *et al.*, 2007b). ***2.4.3 Efeito do azoto nos parâmetros de qualidade da estilha*** 2.4.3.1 Matéria seca dos tubérculos

O teor de matéria seca dos tubérculos e a gravidade específica dos tubérculos estão positivamente correlacionados entre si (Marwaha e Kumar, 1987). Do mesmo modo, foi registada uma forte relação entre a matéria seca, o teor de amido, a gravidade específica e o peso dos tubérculos debaixo de água na cultura de montanha indiana. (Ezekiel *et al.*, 2003).

Sparrow e Chapinan (2003) referiram que o fertilizante azotado diminuiu a gravidade específica dos tubérculos em vários locais e o teor de matéria seca dos tubérculos (Caliskan *et al.*, 2004). A taxa de aplicação de azoto até 200 kg/ha (Zebarth *et al.*, 2004), 300 kg/ha (Guarda *et al.*, 1994 e Pandey *et al.*, 2004c) resultou numa diminuição da matéria seca dos tubérculos. Peshin e Singh (1999) observaram uma diminuição significativa do teor de matéria seca dos tubérculos mesmo com 450 kg N/ha. Num estudo semelhante, verificou-se que taxas elevadas de fertilizantes com 'N' estavam associadas a uma gravidade específica ligeiramente reduzida e a defeitos externos melhorados (Long *et al.*, 2004) e a um teor de amido mais baixo (Dmowski *et al.*, 2004). O 'N' é capaz de aumentar a capacidade de troca catiónica da raiz que, por sua vez, ajuda as plantas a absorver outros nutrientes do solo (Elagabaly, 1962), por exemplo 'K', e a utilização de 'K' para o crescimento das plantas foi associada a um fornecimento concomitante de N (Sharma e Arora, 1988). Um teor elevado de 'K' na presença de N reduziu a concentração de amido (DM) na base de FW porque o K está associado a um aumento do teor de água para manter a pressão de turgor contra um potencial de soluto altamente negativo (Westermann *et al.*, 1994b). Também Westermann *et al.* (1994a) e Sattelmacher e Marschner (1979) constataram que a disponibilidade excessiva de N estimula o crescimento da copa, atrasa a formação e a maturidade dos tubérculos. Os tubérculos colhidos relativamente imaturos terão uma menor concentração de MS e de amido em ambas as extremidades do tubérculo. Além disso, o N deprimiu a gravidade específica, mais do que o K. Por conseguinte, desencorajar a fertilização excessiva com azoto na batata (Painter *et al.*, 1977).

Por outro lado, existem alguns relatórios contraditórios (Sarkar *et al.*, 2007). A aplicação de 'N' e 'K' pode aumentar a matéria seca se houver uma resposta de rendimento da aplicação. A resposta específica à combinação de N e K também depende parcialmente da variedade e do ambiente de campo (Schippers, 1968). Sud *et al.* (1992) sugeriram 120 kg N/ha para obter a matéria seca mais elevada dos tubérculos (19,30%) e o teor de amido; um aumento adicional do azoto até 240 kg/ha tem efeitos adversos.

Kumar *et al.* (2007b) observaram que, nas planícies do noroeste da Índia, a matéria seca dos tubérculos aumentou de 0 (21,9%) para 180 kg N/ha (23,1%). A partir daí, as diferenças não foram significativas. Lauer, (1986) e Joern e Vitosh (1995) também obtiveram resultados semelhantes. O desempenho de uma cultivar apresentou variações consideráveis em diferentes locais de cultivo (Jewell e Stanley, 1989; Kumar, 2003b; Singh *et al.*, 2005; Singh *et al.*, 2008a e Pandey *et al.*, 2008). Por conseguinte, as recomendações de azoto para a batata podem diferir muito consoante o local e a cultivar cultivada (Timm *et al.*, 1963; Chamberland e Scott, 1968).

É claramente mencionado que, embora a aplicação de "N" melhore a proporção de tubérculos de tamanho grande, o excesso de N pode afetar os atributos bioquímicos relacionados com a transformação. Uma vez que os benefícios da aplicação de N dependem da localização, da cultivar e da estação do ano, uma dose de N cuidadosamente concebida é crucial para satisfazer as expectativas técnicas e económicas da indústria transformadora, bem como dos produtores.

2.4.3.2 Açúcares redutores (RS)

O aumento dos níveis de azoto provocou um aumento altamente significativo do teor de RS dos tubérculos de batata. Foi observada uma correlação positiva do azoto com o RS e do RS com a cor das batatas fritas em Kufri Chandermukhi e Kufri Jyoti (Sud *et al.*, 1992 e Peshin e Singh, 1999). Além disso, os açúcares redutores (glicose e frutose) são importantes na determinação da coloração indesejável de batatas fritas e fench-fries (Roe *et al.*,1990 e Ezekiel *et al.*, 2003). A indústria de processamento prefere tubérculos de 42-85 mm de tamanho (os genótipos de batata variam marcadamente em resposta à fertilidade 'N'. Cultivares de estação mais longa tendem a requerer taxas mais altas de N para a proporção máxima de tubérculos de tamanho grande e rendimento total (White e Sanderson, 1983; Arsenault *et al.*, 2001; Rai *et al.*, 2002 e Kumar *et al.*, 2007b). A disponibilidade excessiva de "N" pode atrasar a maturidade dos tubérculos (Hope *et al.*, 1960), o que afecta negativamente a qualidade e a capacidade de armazenamento dos tubérculos (Westermann *et al.*, 1994b; Peshin e Singh, 1999 e Belanger *et al.*, 2002). Os tubérculos imaturos continham açúcares redutores caraterísticos mais elevados e um baixo teor de matéria seca, e quimicamente os tubérculos com maturidade tardia não são susceptíveis de serem de alta qualidade para transformação (Marwaha, 1998b; Peshin e Singh, 1999). É bem conhecida uma correlação positiva entre o azoto e os açúcares, por um lado, e uma correlação negativa entre os açúcares redutores e a matéria seca, por outro (Sud *et al.*, 1992; Westermann *et al.*, 1994b; Peshin e Singh, 1999).

Os açúcares redutores aumentaram significativamente até 240 kg N/ha (Sud *et al.*, 1992) e 480 kg N/ha (Peshin e Singh, 1999). Do mesmo modo, Tamayo e Hincapie (2001) referiram que o teor de açúcar aumentou até 10%, o que torna o tubérculo inadequado para transformação com níveis mais elevados de N (100 e 150 kg/ha) e P (150, 200 e 250 kg/ha). Por outro lado, Kumar *et al.* (2007b); Zebarth *et al.* (2004) não observaram qualquer efeito adverso significativo dos níveis de azoto no teor de açúcar redutor. No entanto, este aumentou ligeiramente até 270 kg N/ha (36,5 mg/100g FW). Embora as novas linhas de processamento de batatas fritas e de mesa tenham necessidades moderadamente elevadas de fertilizante N e a gestão do N possa influenciar a qualidade dos tubérculos e interagir com o genótipo (Long *et al.*, 2004), o genótipo determina em grande parte a qualidade dos tubérculos (Harman *et al.*, 1996)

Sarkar *et al.* (2007) registaram que o teor de açúcares redutores diminuiu de 348,2 para 298,1 mg/100 g com 150 por cento da dose recomendada de fertilizantes (120:100:100 kg N, P2O5 e K2O ha, respetivamente) em relação ao controlo. Num estudo semelhante, plantas adequadamente fertilizadas com 'N' tinham tubérculos com menor teor de açúcares redutores na colheita e durante o armazenamento (Kunkel e Holstad, 1972).

Nas planícies do centro-oeste da Índia e no oeste do Uttar Pradesh, onde a duração da estação de crescimento não é um constrangimento, Kumar *et al.* (2004b) recomendaram 270 kg N/ha para as variedades Chipsona sem comprometer os aspectos de qualidade da transformação. Mas onde a baixa temperatura limita a estação de crescimento, como o requisito de 140 dias de Russel Burbank não é atingível na área Atlântica, pode ser necessário menos 'N' com um período de crescimento mais curto (Timm *et al.*, 1963; Munro *et al.*, 1977 e Painter *et al.*, 1977). Os benefícios de um azoto e densidade mais elevados (sp.gr) requerem o período de crescimento completo (Painter *et al.*, 1977).

Além disso, Joern e Vitosh (1995) sugeriram que a gestão óptima do 'N' para cada cultivar e sistema de cultivo é extremamente importante para a produção e qualidade dos tubérculos. Além disso, as recomendações de 'N' para a batata podem diferir muito consoante o local e a cultivar cultivada (Timm *et al.*, 1963 e Chamberand e Scott, 1968).

A qualidade dos tubérculos é um carácter controlado pelo genótipo (Harman *et al.*, 1996). No entanto, foi observado um desempenho quantitativo e qualitativo variável de diferentes cultivares em diferentes locais com condições ambientais caraterísticas (Pandey *et al.*, 2002). Além disso, Long *et al.* (2004) observaram uma interação entre o genótipo e a gestão do "N" para aspectos de qualidade dos tubérculos.

2.4.3.3 Cor da pastilha

A qualidade de processamento das batatas fritas é largamente determinada pela cor após a fritura, que está estreitamente correlacionada com o nível de açúcares redutores (Fuller e Huges, 1984 e Roe *et al.*, 1990). Isto também é apoiado por Peshin e Singh (1999) que relataram uma correlação linear altamente significativa entre o azoto e a cor das batatas fritas (r=0,84), bem como entre o azoto e os açúcares redutores (r=0,96). Além disso, observou-se que o Kufri Jyoti e o Kufri-Chandermukhi apresentavam uma cor escura inaceitável até 450 kg N/ha. Ezekiel *et al.* (2003) sugeriram que a pontuação de cor das aparas até 4 (numa escala de 1 a 10, aumentando a cor escura) era aceitável e é equivalente ao grau 3 da norma de cor SFA (Gould *et al.*, 1979).

Existem relatórios que mostram a tendência de diferentes cultivares produzirem uma cor escura ou clara e estaladiça a taxas de aplicação de fertilizantes mais elevadas. Por exemplo, exceto MP/97-573, MP97-567, MP/97-946 e MP/97-1025, todos os outros híbridos e cultivares apresentaram cor clara com doses mais elevadas de fertilizante (Upadhyay *et al.*, 2007). A escolha de cultivares foi um fator agronómico mais importante do que os fertilizantes do ponto de vista da qualidade da transformação (Haase *et al.*, 2007).

A taxa de azoto mais baixa (120 kg N/ha) associada a uma densidade de plantação mais elevada produziu a melhor qualidade das aparas durante o armazenamento (Simon *et al.*, 2004). A cor das batatas fritas foi altamente aceitável (<3) em Kufri Chipsona-1 e Atlantic sob a dose recomendada (250 kg N/ha) e mais elevada (300 kg N/ha) de azoto (Pandey *et al.*, 2004c). Kumar *et al.* (2007b) relataram uma cor estaladiça altamente aceitável (<3) em variedades de chipsona mesmo até 360 kg N/ha, no entanto, a pontuação da cor do chip aumentou ligeiramente (2,5 a 2,9) à medida que o nível de azoto aumentou de 0 a 180 kg/ha. Da mesma forma, o aumento da taxa de azoto (0 a 200 kg/ha) teve pouco efeito na qualidade da cor, mesmo com a diminuição da matéria seca dos tubérculos (Guarda *et al.*, 1994 e Zebarth *et al.*, 2004). Sparrow e Chapinan (2003) observaram que os efeitos do azoto na cor estaladiça, nos tubérculos disformes e no coração oco eram inconsistentes e frequentemente sem importância prática. Em Michigan, mesmo o azoto mais elevado A taxa de aplicação de 'N' de 400 kg/ha deu com sucesso uma boa gama de cores de aparas (1,2 a 1,3, numa escala crescente de cor de 1 a 5 de SAF) (Long *et al.*, 2004).

2.4.3.4 Sacarose

O aumento da aplicação de 'N' resultou num maior crescimento da cultura, levando a uma maior síntese e translocação de fotossintatos para os tubérculos através da folhagem, resultando numa maior proporção de tubérculos de grandes dimensões no rendimento total (Shah *et al.*, 1996; Lanker *et al.*, 2000; Kumar *et al.*, 2007b e Mehdi *et al.*, 2008).

O excesso de azoto prolonga o período de crescimento, atrasa a tuberização ou a maturação e as batatas não amadurecem física ou quimicamente para uma colheita precoce (Sattelmacher e Marschner, 1979; Westerman *et al.*, 1994b; Belanger *et al.*, 2002 e Alva, 2004).

Tanto a maturidade da cultura (Miller *et al.*, 1975; Iritani, 1977 e Burton, 1978) como a taxa de fertilização com azoto (Sub *et al.*, 1992; Tamayo e Hincapie, 2001 e Long *et al.*, 2004) influenciaram o teor de açúcar nos tubérculos de batata. Os níveis de açúcar total e redutor determinam a qualidade dos tubérculos criados para processamento e a cor estaladiça do produto final (Peshin e Singh, 1999). Os tubérculos imaturos contêm mais açúcares e açúcares redutores devido à sua conversão incompleta em amido ou matéria seca. A maturidade química dos tubérculos refere-se a um pico de teor de matéria seca que coincide com o nível mínimo de açúcares (Anon., 2002).

O nível de sacarose nas batatas para consumo deve ser inferior a 150 mg/100 g FW (Sowokinos e Preston, 1988). Somekinos (1978) observou uma qualidade superior de processamento de tubérculos com baixo nível de sacarose antes da colheita. Santerre *et al.* (1986) relataram uma maior taxa de sacarose até que o excesso de N seja dissipado (até 85 dias de colheita). Da mesma forma, a extremidade apical da batata continha mais sacarose do que a extremidade do caule na colheita devido à relativa imaturidade. A matéria seca, a gravidade específica e o teor de amido têm uma correlação positiva (r=>0,90) entre si, mas têm uma correlação negativa com o teor de sacarose nos tubérculos (Westermann *et al.*, 1994b). Além disso, Long *et al.* (2004) relataram um teor elevado de sacarose com taxas mais elevadas de fertilizantes azotados no Michigan, EUA. Quimicamente, os tubérculos com maturidade atrasada não são susceptíveis de ser de alta qualidade para transformação devido à sacarose mais elevada, açúcares redutores e baixa matéria seca, gravidade específica, bem como amido (White e Sanderson, 1983; Westermann *et al.*, 1994 b; e Peshin e Singh, 1999).

O azoto não proteico solúvel (NPN), composto por aminoácidos livres, principalmente amidas (asparagina e glutamina), contém até 60 por cento do 'N' total nos tubérculos de batata (Burton, 1966). Além disso, Mc Dale e McMaster (1978) concluíram que a maior parte do 'N' do tubérculo estava provavelmente nas proteínas, aminoácidos e amidas. No entanto, algum NO3-'N' acumula-se nos tubérculos à medida que a disponibilidade de N aumenta. As batatas continham em média 1,07 e 1,38 por cento de azoto proteico e azoto total (base de peso seco). Além disso, foram encontradas correlações significativas entre o azoto total e o azoto proteico com o total de aminoácidos (r=0,83) e o total de aminoácidos essenciais (r=0,74), respetivamente (Cieslik e Praznik, 1997).

Mulder e Bakema (1956); Hoff *et al.* (1971); Rexen (1976) e Gabr *et al.* (1984) referem um aumento concomitante do teor de proteínas (aminoácidos livres) e de não-proteínas dos tubérculos pela aplicação de azoto. Talley *et al.* (1984) referiram que as diferenças no teor de aminoácidos entre cultivares eram aproximadamente proporcionais às diferenças no teor de azoto total. Verificaram que apenas cerca de metade ou menos do azoto nas batatas se encontra sob a forma de proteínas verdadeiras, estando o restante em moléculas muito mais pequenas, tais como amidas e aminoácidos livres e mesmo compostos não relacionados com as proteínas. Peshin e Singh (1999) relataram uma correlação linear altamente significativa entre o azoto e os aminoácidos livres.

Embora o teor de açúcares redutores tenha mostrado uma correlação positiva significativa (a P=0,01) com a cor das batatas fritas, o teor de açúcares redutores por si só não pode explicar completamente as diferenças na cor das batatas fritas, especialmente em concentrações mais baixas (Rodriguez e Wrolstad, 1997 e Ezekiel *et al.*, 2003). As observações de que diferentes cultivares com níveis de açúcar semelhantes podem produzir batatas fritas com caraterísticas de cor bastante diferentes (Habis e Brown, 1956) levam a pensar que os açúcares não são os únicos constituintes envolvidos nas reacções de escurecimento. Existem vários outros constituintes da batata que participam em reacções de escurecimento não enzimáticas. Os aminoácidos (lisina, glicina, glutamina e argimina) foram identificados como os principais componentes responsáveis pelo desenvolvimento da cor nas batatas fritas (Roe *et al.*, 1990; Roe e Faulks, 1991; Brierly e Cobb, 1992; Khanbari e Thompson, 1993 e Brierley *et al.*, 1996).

As batatas cultivadas com taxas de azoto mais elevadas apresentaram mais cor por unidade de açúcar, indicando que os aminoácidos podem estar a desempenhar um papel sinérgico. A análise de regressão mostrou que 90 e 98 por cento da variação da cor das batatas em pedaços foi controlada por açúcares e açúcares mais aminoácidos, respetivamente (Role *et al.*, 1990).

O teor de aminoácidos livres dos tubérculos é afetado pelas cultivares, estação do ano, localização, tipo de solo, clima e aplicação de fertilização (Talley *et al.*, 1970; Rexen, 1976; Davies, 1977 e Pandey *et al.*, 2002). O teor de proteínas dos tubérculos aumenta com o aumento da fertilização azotada até 450 kg N/ha (Anand e Krishnappa, 1988 e Peshin e Singh, 1999).

O aumento da FAA deve-se principalmente a duas amidas, asparaginas e glutamina, enquanto os restantes aminoácidos sofrem uma diminuição. O N aplicado é diretamente utilizado na síntese de aminoácidos que promovem a síntese de proteínas (Hukkeri, 1968). Varis (1973) obteve o menor teor de proteínas e rendimento proteico em batatas não fertilizadas.

Shallenberger *et al.* (1959) observaram que os aminoácidos livres e os açúcares redutores reagem entre si a altas temperaturas e produzem uma coloração escura através da reação "Millard", que é considerada indesejável pelas indústrias de batatas fritas.

2.4.3.6 Fenóis totais

Os tubérculos da batata contêm vários compostos fenólicos, *nomeadamente* tirosina, ácido clorogénico, ácido cafeico, ácido protocatecuico, ácido ferúlico e vanílico, ácido cumárico, escopoletina e esculetina, tal como referido por Craft *et al.* (1958); Johnson e Schaal (1957) e Talburt e Smith (1987). Embora os compostos fenólicos apresentem propriedades anti-oxidantes (Brown, 2005 e Kumar *et al.*, 2007c), também estão implicados na descoloração enzimática (Sweeny e Simandale, 1968). Um nível mais elevado de fenóis totais é considerado desejável em variedades de mesa, mas não em variedades de processamento (Marwaha *et al.*, 2005a e Marwaha *et al.*, 2009b). Os tubérculos descascados ou cortados apresentam uma descoloração enzimática quando expostos ao ar durante um curto período de tempo (Rhodes e Wooltarton, 1978). Joslyn e Ponting, (1951) explicaram a descoloração enzimática com base na oxidação da tirosina em 3,4-dihidrofenilalanina catalisada pela enzima polifenol oxidase. A di-hidroxi-fenil-alanina é posteriormente oxidada em pigmentos de melanina negra através de uma série de reacções de polimerização e oxidação não enzimáticas.

O nível de tirosina (um composto fenólico), bem como a sua oxidação pela polifenil oxidase em 3,4-dihidroxi-fenil-alanina, está diretamente relacionado com o escurecimento enzimático. Esta relação varia consoante a variedade e as condições ambientais (Joslyn e Ponting, 1951 e Umaerus e Olsson, 1974). Schaller e Amberger (1974) observaram que a descoloração enzimática depende não só da tirosina e da polifenol oxidase, mas também dos fenóis totais, aminoácidos, ácido clorogénico e favanóis e do teor de matéria seca dos tubérculos.

A descoloração enzimática dos tubérculos aumentou com aplicações pesadas de azoto (Rinno *et al.*, 1972 Mondy e Koch, 1978) com um fornecimento limitado de 'K' (Rinno *et al.*, 1972 e Mondy e Munshi, 1993). A fertilização azotada aumentou a atividade da enzima poli fenol oxidase (Werner, 1961) que estava envolvida na oxidação da tirosina em 3,4- dihidroxi fenil alanina, a fonte do pigmento melanina negra (Joslyn e Ponting, 1951).

Peshin e Singh (1999) também relataram que os fenóis totais aumentaram significativamente até 240 kg N/ha. O teor de fenólicos mostrou uma relação linear direta com os níveis de azoto, no entanto, o valor de r^2 não foi muito elevado (0,52).

A aplicação de NP e NK aumentou significativamente o conteúdo de fenóis dos tubérculos na colheita em relação ao 'N' sozinho (Mehta, 2000). Ao contrário, Werner, (1961) observou um aumento no teor de tirosina e fenóis totais com a fertilização com N apenas se o 'K' fosse deficiente.

2.5 Efeito da armazenagem

As batatas são colhidas em fevereiro/março, coincidindo com o aumento da temperatura ambiente. Por conseguinte, as batatas são consumidas/vendidas num curto espaço de tempo ou mantidas em câmaras frigoríficas (Bhutani e Khurana, 2005). O armazenamento a frio das batatas resultou na acumulação de açúcares, tornando-as impróprias para processamento (Uppal, 2000). Mehta e Ezekiel (2003) concluíram que é viável armazenar batatas por métodos tradicionais em montes e covas nas planícies do noroeste do Punjab. O desempenho da armazenagem em covas foi melhor do que em montes e igual ao da armazenagem ECS. A temperatura ambiente permaneceu mais alta nos montes do que nos poços (Paul e Ezekiel, 2005). Das *et al.* (2004) e Ezekiel *et al.* (2007a) observaram que a perda de peso dos tubérculos aumentava com o aumento da temperatura ambiente e da duração do armazenamento. Ezequiel e Dahiya (2004) referiram que uma perda de peso superior a 10% afecta a comercialização e a qualidade de transformação das batatas, uma vez que provoca o enrugamento dos tubérculos e dificuldades nas operações de descasque.

2.5.1 *Efeito do armazenamento na perda de peso*

Sharma *et al.* (2001) verificaram que a perda de peso fisiológico em tubérculos da cv. Kufri Giriraj, HB/83-39 e HB/82-372 aumentou quando armazenados à temperatura ambiente de dezembro (4,05%) a junho (22,04%) e observada mensalmente. O mesmo foi observado por Kang *et al.* (2001) em relação à perda de peso total de 90 a 120 DAS.

A perda de peso dos tubérculos aumentou dos 30 aos 90 DAS e variou do mínimo em Kufri Chandermukhi (10%) ao máximo em Kufri Sutlej (14%) e Kufri Arun (14%) aos 90 DAS (Luthra *et al.* 2006). Da mesma forma, Naidu e Nandehar (2005) concluíram que a perda de peso percentual dos tubérculos aumentou de 30 (<4,2%) para 75 DAS (11 a 14,5%). Além disso, registaram a menor perda de peso dos tubérculos no híbrido tolerante ao calor HT/92-621 devido à baixa intensidade de germinação (%) e à podridão.

Pandey *et al.* (2006) registaram uma perda de peso total máxima na Kufri Chipsona-2 (44,6%) seguida da Atlantic (36,4%), Kufri Chipsona-1 (27,9%) e Kufri Chipsona-3 (25,1%), enquanto que a perda de peso fisiológica máxima e mínima foi observada na Kufri Chipsona-3 (23,6%) e Atlantic (12,6%) aos 90 DAS, respetivamente. As cultivares Kufri Chipsona-1 (14,9%) e Kufri Chipsona-2 (19%) tiveram um comportamento intermédio.

Kumar e Minhas (2003) afirmaram que a perda de peso dos tubérculos aumentou continuamente dos 30 aos 75 DAS. Além disso, confirmaram uma menor perda de peso nos híbridos tolerantes ao calor devido a uma menor germinação e apodrecimento do que em Kufri Jyoti e Kufri Bahar.

Kumar *et al.* (2009b) afirmaram que a percentagem fisiológica e o peso total eram significativamente mais baixos na variedade recém-lançada Kufri Khyati do que na Kufri Ashoka e na Kufri Pukhraj 90 dias após o armazenamento à temperatura ambiente.

Pande *et al.* (2008) observaram que o Kufri Sadabahar apresentava uma perda de peso equivalente à do Kufri Bahar e um tubérculo de aspeto firme após 90 dias de armazenamento em condições ambientais. A perda de peso total dos tubérculos foi de 9,7 por cento após 75 dias de armazenamento na exploração agrícola à temperatura ambiente e de 9,8 por cento em armazém refrigerado por evaporação após 90 dias (Marwaha, 2009a).

Das *et al.* (2004) relataram que o percentual de perda de peso total (podridão e perda de peso fisiológico) variou entre as variedades e híbridos. A perda de peso total (podridão e perda de peso fisiológica) variou entre as variedades e os híbridos, variando de 14,6 (Kufri Chipsona-1) a 18,9 por cento (Kufri Chamatkar) após 90 dias de armazenamento à temperatura ambiente. A perda de peso fisiológica variou de 9,13 (JW-160) a 15,22% (Kufri Sutlej) com base na média de quatro anos, indicando diferenças varietais em sua respiração (Bhutani e Khurana, 2005). A perda de peso dos tubérculos depende não apenas da porcentagem de brotamento, mas também do vigor e da intensidade dos brotos, que se dá principalmente pelo aumento da utilização de alimentos e da respiração (Mehta e Kaul, 1990).

Ezekiel *et al.* (2007a) associaram o aumento da perda de peso durante o armazenamento ao crescimento dos rebentos, uma vez que o crescimento dos rebentos aumentou a área de superfície do tubérculo e a elevada permeabilidade da parede dos rebentos, o que levou a uma elevada perda de água. Além disso, a correlação entre brotos mais longos e perda de peso do tubérculo foi significativa ($r = 0,84$, $R^2 = 0,71$)

Marwaha *et al.* (2005a) registaram uma maior perda de peso no Kufri Chandermukhi (8,5%) e no Kufri Chipsona-2 (12,5%) após 90 dias de armazenamento refrigerado por evaporação do que no armazenamento a frio (<2%). A maior perda de peso em temperatura quente (em ECS) foi devido ao aumento da evaporação, respiração e brotamento (Mehta e Kaul, 1988 e Mehta e Singh, 2002).

2.5.2 *Efeito da armazenagem na germinação*

Singh *et al.* (2001) observaram uma percentagem máxima e mínima de germinação em JX- 161 (97,5%) e JW-160 (49,7%), respetivamente, após 120 dias de armazenamento à temperatura ambiente. A percentagem de germinação aumentou significativamente à temperatura ambiente de dezembro (<1%) a junho (99%) do período de armazenamento (Sharma *et al.*, 2001). Também, Kang *et al.* (2001) relataram um aumento da percentagem de germinação e do peso dos rebentos de 90 a 120 DAS à temperatura ambiente. Naidu e Nandekar (2005) disseram que a germinação (%) foi maior aos 60 (<95%) em todos os híbridos exceto HT/92-621 do que aos 30 (35-70%) e 75 DAS (55-95,3%). No entanto, a intensidade de brotação variou de 8,75 (Kufri Lauvkar) a 1,80 g/ kg de tubérculo FW (HT/92-621) aos 60 DAS à temperatura ambiente.

Mehta e Ezekiel (2003) registaram um aumento da percentagem de germinação e do peso dos rebentos de 4 (50,7 e 0,49%) a 16 semanas após o armazenamento na exploração (100 e 2,93%), respetivamente. Do mesmo modo, Pandey *et al.* (2006) encontraram uma percentagem de germinação mais elevada aos 60 (>96%) do que aos 90 (92 a 97%) e aos 30 DAS (67,2 a 70,7%) à temperatura ambiente nas condições de Western Uttar Pradesh (Modipuran). Da mesma forma, a germinação máxima aos 60 (5597%) do que aos 75 (43-92%) e 30 DAS (10-78%) também foi observada por Kumar e Minhas (2003). Ezekiel *et al.* (2007a) observaram o broto mais longo em Kufri Sinduri e Kufri Anand em Jalandhar e Modipuram, respetivamente.

2.5.3 Efeito da armazenagem no apodrecimento

Mehta e Ezekiel (2003) não detectaram podridão até 12 semanas, mas esta era de 1,34% após 16 semanas de armazenamento na exploração. Das *et al.* (2004) opinaram que a podridão por peso aumentava com a duração do armazenamento em pilha. Ela variou de 9,12 (Kufri Chandermukhi) a 11,10 por cento (híbrido avançado JX-214) aos 90 dias. Da mesma forma, Naidu *et al.* (2005) observaram um aumento da percentagem de apodrecimento dos tubérculos entre 30 e 75 DAS à temperatura ambiente nas condições do planalto de Satpura.

Pandey *et al.* (2006) relataram que o percentual de apodrecimento foi maior na Atlantic (28,3%) e Kufri Chipsona-2 (27,6%) do que na Kufri Chipsona-1 (17,5%) e Kufri Chipsona-3 (18,6%) à temperatura ambiente aos 90 DAS, sendo maior do que aos 30 e 60 DAS. A perda percentual de podridão, tanto em número como em peso, foi significativamente menor na variedade recém-lançada Kufri Khyati (0,6 e 0,5%) em comparação com Kufri Ashoka (2,4 e 2,3%) e Kufri Pubkhrej (3,5 e 3,3%), quando armazenada à temperatura ambiente durante 90 dias (Kumar *et al.*, 2009b).

Singh *et al.* (2001) registaram um máximo de 6,43 por cento (85-P-670) e 38,15 por cento (Jx-230) e um mínimo de 1,44 por cento (Kufri Sutlej) e 22,67 por cento (JW-160) de podridão em número e em peso, respetivamente, após 120 dias de armazenamento à temperatura ambiente.

2.5.4 Efeito do armazenamento na matéria seca dos tubérculos

O teor de matéria seca aumentou com o aumento da duração do armazenamento em tubérculos armazenados a 10°C com inibição de brotos (CIPC) Ezekiel *et al.* (2007a).

Ezekiel e Dahiya (2004) registaram um teor de matéria seca mais elevado (25,2%) após 135 dias de armazenamento em pilha do que na colheita (22,3%). O teor médio de matéria seca dos tubérculos aumentou após 105 dias de armazenamento em cova (18,4%) e em pilha (20,1%) do que na colheita (17,5%) Uppal (2003). O teor de matéria seca dos tubérculos de quatro variedades (Kufri Chipsona-1, Kufri Chipsona-2, Kufri Jyoti, Atlantic e FL-1533) aumentou durante o armazenamento em 1,4% no armazenamento agrícola (Marwaha *et al.* 2009a). Marwaha *et al.* (2005a) concluíram que o teor de matéria seca dos tubérculos aumentou de 45 (22,3%) para 90 (23,2%) dias e diminuiu de 45 (21,0%) para 90 (20,6%) dias após o armazenamento em condições de arrefecimento evaporativo e armazenamento a frio, respetivamente. Ezekiel *et al.* (2007b) observaram que a matéria seca dos tubérculos diminuiu a 4°C (18,7%) e aumentou a 8 (20,6%), 12 (22,1%), 16 (22,4%) e 20°C (21,5%) após 150 dias de armazenamento, em comparação com antes do armazenamento (20,3%). Linnemann *et al.* (1985) também observaram um aumento no teor médio de matéria seca (2 a 4%) após 10 semanas de armazenamento a alta temperatura. O aumento da matéria seca deveu-se ao aumento da desidratação dos tubérculos a altas temperaturas, como resultado do aumento da evaporação, da respiração e da germinação. ***2.5.5 Efeito do armazenamento no rendimento em estilhas***

Das *et al.* (2001) relataram que o rendimento em estilhas diminuiu ligeiramente dos 30 aos 60 DAS. Esta diminuição pode ser devida a maiores perdas de casca aos 60 DAS. Da mesma forma, o rendimento em estilhas caiu de 30,5 por cento antes do armazenamento para 25,7 por cento após 75 dias de armazenamento em armazém agrícola (temperatura ambiente) e 26,8 por cento após 90 DAS em armazenamento refrigerado por evaporação (ECS), apesar da melhoria da matéria seca dos tubérculos durante o mesmo período de armazenamento Marwaha *et al.* (2009a). Mas Uppal (2003) revelou que o rendimento médio em estilhas melhorou ligeiramente após 105 dias de armazenamento em cova (31,9%) e pilha (33,8%) do que na colheita (31,4%). A percentagem máxima de melhoria no rendimento de estilha foi em montes (7%). Entre as cultivares, com exceção da Kufri Badshah, todas as outras cultivares apresentaram melhorias no rendimento em estilhas com a duração do período de armazenamento (0 a 105 dias). Aos 105 dias, o rendimento máximo (35,7%) e mínimo (32,1%) de estilha foi alcançado em Kufri Chandermukhi e Kufri Ashoka, respetivamente (Ezekiel *et al.*, 2007b).

2.5.6 Efeito da armazenagem nos açúcares redutores

Guar *et al.* (1998) concluíram que o nível de açúcares redutores aumentou mais do dobro (88 a 208 mg/100 g FW) após 45 dias de armazenamento à temperatura ambiente do que na colheita. Da mesma forma, foi observado um aumento no nível de açúcares redutores de 25,1 para 36,7 mg/100 g FW após 135 dias de armazenamento em pilha (Ezekiel e Dahiya, 2004). Mas Marwaha *et al.* (2009a) relataram uma queda no nível de açúcares redutores em 27 e 29 por cento após o armazenamento em armazém agrícola e em armazém refrigerado por evaporação, respetivamente.

Por outro lado, Uppal (2003) referiu que o nível médio de açúcares redutores diminuiu na cova (268 mg) e aumentou no armazenamento em pilha (383 mg) após 105 dias do que na colheita (309 mg/100 g FW). Do mesmo modo, Marwaha *et al.* (2005a) afirmaram que o teor de açúcares redutores diminuiu 42% em armazéns arrefecidos por evaporação e aumentou 11,5% em armazéns frigoríficos após 90 e 45 dias de armazenagem, respetivamente. Ezekiel *et al.* (2007a) observaram uma tendência crescente de açúcares redutores durante o armazenamento de 0 a 55 e de 55 a 145 dias após o armazenamento a 4, 10 e 12°C. No entanto, a taxa de aumento dos açúcares redutores foi menor a temperaturas mais elevadas.

2.5.7 Efeito da armazenagem na cor das aparas

A cor média dos cavacos melhorou em todas as cultivares após 90 dias de armazenamento na fazenda e resfriado por evaporação (Marwaha *et al.,* 2009a). Da mesma forma, a cor das aparas de diferentes variedades melhorou após 105 dias de armazenamento em poço (4,9) e pilha (5,3) do que na colheita (7,8) Uppal (2003). Da mesma forma, Ezekiel e Dahiya (2004) afirmaram que, apesar do aumento do nível de açúcar redutor, a pontuação da cor das aparas melhorou de boa (3,3) para excelente (1,0) após 135 dias de armazenamento em pilha. No entanto, a cor das batatas fritas de diferentes cultivares escureceu durante o período de um mês de pré-armazenagem, mas a cor das batatas fritas melhorou após 45 e 90 dias em armazém refrigerado por evaporação (Marwaha *et al.*, 2005a). Por outro lado, Gaur *et al.* (1998) relataram que a cor das batatas fritas se deteriorou após 45 DAS (3) à temperatura ambiente do que na colheita (2). Da mesma forma, a cor dos cavacos de diferentes cultivares mostrou deterioração com o tempo de armazenamento em temperatura controlada (4, 10 e 12°C) Ezekiel *et al.* (2007a). Das *et al.* (2001) também observaram chips desidratados de cor escura aos 60 dias do que aos 30 DAS nas cvs. Kufri Jyoti e Kufri Sinduri.

2.5.8 Efeito do armazenamento na sacarose

Gaur *et al.* (1998) referiram que o teor de sacarose aumentou nos tubérculos da cultivar Kufri Chipsona-1 durante o armazenamento à temperatura ambiente durante 45 dias. Da mesma forma, observou-se um aumento do nível médio de sacarose no armazenamento em cova (268 mg) e em pilha (383 mg) após 105 dias do que na colheita (143 mg/100 g FW) Uppal, 2003. Além disso, Marwaha *et al.* (2009a) revelaram que o teor de sacarose de diferentes cultivares aumentou durante o armazenamento em 117 e 30 por cento em armazéns agrícolas durante 75 dias e em armazéns refrigerados por evaporação durante 90 dias, respetivamente. Além disso, observou-se um teor máximo de sacarose em Kufri Chipsona-2 (562 mg), seguido por Atlantic (558 mg), FL-1533 (510 mg), Kufri Chipsona-1 (377 mg) e Kufri Jyoti (220 mg/100 g FW) após 70 dias em armazém agrícola.

Por outro lado, o conteúdo médio de sacarose diminuiu aos 40 dias (142,8 mg) do que na colheita (214,83 mg/100 g FW). Entre as cultivares, exceto a Kufri Chipsona-1, a tendência de diminuição da sacarose não foi consistente na Kufri Chipsona-2 e Atlantic (Kumar *et al.*, 2003c). De acordo com Ezekiel e Dahiya (2004), o teor de sacarose diminuiu significativamente após 135 dias de armazenamento em pilha (24,7 mg) em comparação com o momento da colheita (94,7 mg/100 g FW). O período de conservação antes da armazenagem é considerado um fator importante para conhecer as alterações reais da sacarose durante a armazenagem. Embora o teor médio de sacarose das cultivares tenha aumentado durante o armazenamento em cerca de 17,5 e 473 por cento após 90 dias em armazéns refrigerados por evaporação e em armazéns frigoríficos, respetivamente, Marwaha *et al.* (2005a) observaram uma diminuição da sacarose associada a um aumento do açúcar redutor, possivelmente devido a uma maior atividade da invertase associada a uma temperatura ambiente mais baixa durante o período de um mês de armazenamento prévio.

2.5.9 Efeito da armazenagem nos aminoácidos livres

Gaur *et al.* (1998) observaram uma diminuição do teor de aminoácidos livres aos 45 DAS (62 mg) do que na colheita (82 mg/100 g FW) quando os tubérculos foram armazenados à temperatura ambiente. Da mesma forma, Marwaha (2002) registou uma queda de 24% no nível de aminoácidos livres durante o armazenamento a alta temperatura. Por outro lado, Marwaha *et al.* (2009a) referiram que o teor de aminoácidos livres nos tubérculos aumentou após 90 e 75 dias de armazenamento refrigerado por evaporação e armazenamento agrícola à temperatura ambiente, respetivamente. Além disso, as cultivares apresentaram uma variação significativa no seu nível de aminoácidos livres, mas Kufri Jyoti (685 mg/100 g FW) continha os aminoácidos livres mais elevados.

Por outro lado, Marwaha *et al.* (2005a) observaram uma tendência crescente (72,9 a 85,7 mg) e decrescente (72,9 a 68 mg/100 g FW) no conteúdo de aminoácidos livres até 90 DAS em armazenamento a frio e evaporativamente frio, respetivamente.

2.5.10 Efeito da armazenagem nos fenóis totais

Marwaha *et al.* (2005a) observaram uma diminuição de 25% e um aumento de 15% no nível de fenóis totais em tubérculos armazenados durante 90 dias em armazéns refrigerados por evaporação e em armazéns frigoríficos, respetivamente. Do mesmo modo, Uppal (2003) também observou uma descida de 24% no teor de fenóis totais de 8 variedades após 105 dias de armazenamento a alta temperatura do que aquando da colheita.

Pelo contrário, Ezekiel e Dahiya (2004) observaram um aumento acentuado (de 6,6 mg para 33,7 mg/100 g FW) nos fenóis totais após 135 dias de armazenamento em pilha. Do mesmo modo, Gaur *et al.* (1998) observaram um aumento do nível de fenóis totais de 30,1 para 48,2 mg/100 g FW após 45 dias de armazenamento à temperatura ambiente do que aquando da colheita. Do mesmo modo, Marwaha *et al.* (2009a) referiram que o teor médio de fenóis totais aumentou 23,3 e 12,6 por cento após 75 e 90 dias em armazém agrícola e em armazém refrigerado por evaporação, respetivamente. Além disso, confirmaram que as variedades com baixo teor de fenóis totais também apresentavam baixa descoloração enzimática, enquanto a Kufri Jyoti, uma variedade de mesa com o máximo de fenóis totais, apresentava a maior descoloração enzimática.

Capítulo 3

Materiais e métodos

Para atingir o objetivo da presente investigação, intitulada **"Efeito de algumas práticas agronómicas em parâmetros quantitativos e qualitativos de variedades de batata selecionadas"**, foi conduzida em solo irrigado da quinta de investigação dos estudantes, Khalsa College, Amritsar, durante o outono e o início da primavera de 2006-07 e 2007-08. Amritsar está situada a 30°-37'N de latitude e 74°-55'E de longitude, a uma altitude média de 236 metros acima do nível médio do mar.

3.1 Clima

Este território tem três estações distintas por ano, a saber: início do verão quente e seco (março-junho), período das monções de verão quente e húmido (julho-setembro) e Invernos rigorosos (dezembro-janeiro). No verão, a temperatura do ar mantém-se acima dos 40°C, enquanto nos Invernos a temperatura abaixo de zero, associada a períodos de geada, é bastante comum nos meses de dezembro e janeiro. A precipitação média é de cerca de 50 cm e restringe-se geralmente ao período das monções, ou seja, de julho a setembro, com poucos aguaceiros nos meses de inverno.

3.2 Clima durante a época de colheita

Os dados meteorológicos registados no observatório meteorológico do aeroporto Raja Sansi, Amritsar, durante a época de cultivo de 2006-07 e 2007-08 são apresentados nos quadros 3.2 e 3.3, respetivamente.

O início dos invernos foi um pouco tardio durante o ano 2006-07 em comparação com 2007-08. Em janeiro de 2006-07 e 2007-08, ocorreu uma geada evidente, o que provocou um fraco nível de colheita no final de dezembro.

Quadro 3.1: Historial de culturas do campo experimental

Anos	**Rabi/primavera**	**Quaresma**
2003-04	Trigo	Arroz de Corse
2004-05	Trigo	Arroz de Corse
2005-06	Trigo	Arroz de Corse
2006-07	Batata (Experimental)	Arroz de Corse
2007-08	Batata (Experimental)	Arroz de Corse

Quadro 3.2: Dados meteorológicos semanais registados em Amritsar durante a época de cultivo da batata em 2006-2007.

Data	**Semana Meteorológica**	**Temperatura (°C)**		**Humidade relativa (%)**		**Sol (horas)**	**Queda de chuva (mm)**
		Maxi.	**Mini.**	**Maxi.**	**Mini.**		
25.09.06 -01.10.06	39	34.2	19.0	76.0	44.0	8.2	
02.10.06 -08.10.06	40	34.5	19.4	81.4	49.1	8.6	
09.10.06 -15.10.06	41	33.6	18.9	79.0	53.4	8.3	10.8
16.10.06 -22.10.06	42	29.0	15.7	82.0	66.0	5.9	51.3

23.10.06 -29.10.06	43	30.0	14.6	85.3	56.8	8.4	
30.10.06 -05.11.06	44	29.5	14.7	83.1	47.0	6.4	
06.11.06 - 12.11.06	45	28.8	14.7	88.0	49.1	6.9	
13.11.06 - 19.11.06	46	26.3	12.4	92.6	47.3	6.1	2.9
20.11.06 -26.11.06	47	24.0	8.6	98.3	52.1	7.5	9.0
27.11.06 -03.12.06	48	22.0	6.1	93.8	37.3	3.7	
04.12.06 - 10.12.06	49	18.2	6.8	80.0	70.1	3.3	16.4
11.12.06 - 17.12.06	50	18.8	5.2	97.8	49.4	5.3	0.6
18.12.06 -24.12.06	51	21.4	3.5	94.6	45.7	2.3	
25.12.06 - 31.12.06	52	18.9	4.4	94.3	59.7	1.8	1.0
01.01.07 -07.01.07	1	16.1	0.6	98.0	47.7	6.3	
08.01.07 - 14.01.07	2	17.9	-1.5	97.1	45.4	7.3	
15.01.07-21.01.07	3	17.7	0.9	96.3	46.4	7.9	
22.01.07 -28.01.07	4	20.6	1.9	89.3	47.1	5.9	
29.01.07 -04.02.07	5	23.5	6.1	88.4	40.0	6.0	
05.02.07 - 11.02.07	6	21.6	8.5	92.3	65.0	2.9	25.7
12.02.07 - 18.02.07	7	17.6	7.9	91.3	70.0	3.1	56.8
19.02.07 -25.02.07	8	21.0	6.0	90.4	51.0	7.1	0.2
26.02.07 -04.03.07	9	21.7	8.0	92.0	57.6	5.5	14.4
05.03.07 - 11.03.07	10	24.5	8.2	93.0	49.0	7.4	16.0
12.03.07 - 18.03.07	11	22.6	9.2	89.0	54.0	6.4	34.8
19.03.07 -25.03.07	12	27.2	11.5	87.0	42.3	7.4	21.6
26.03.07 -01.04.07	13	31.5	14.6	85.0	35.0	8.5	

* **Fonte:** Departamento Metrológico da Índia, Lodhi Road, Nova Deli.

Quadro 3.3: Dados meteorológicos semanais registados em Amritsar durante a época de cultivo da batata em 2007-2008

Data	Semana Meteorológica	Temperatura (°C)		Relativo Humidade (%)		Sol (horas)	Queda de chuva (mm)
		Maxi.	Mini.	Maxi.	Mini.		
27.09.07 - 01.10.07	39	35.0	19.0			8.7	
02.10.07 - 08.10.07	40	34.0	18.0	92.0	37.1	8.6	
09.10.07 - 15.10.07	41	33.6	13.7	93.4	33.0	7.5	
16.10.07 - 22.10.07	42	32.4	14.2	85.6	39.1	1.8	
23.10.07 - 29.10.07	43	31.6	13.9	94.0	26.0	7.7	
30.10.07 - 05.11.07	44	31.8	11.8	92.0	26.1	6.1	6.1
06.11.07 - 12.11.07	45	30.2	11.6	90.0	34.0	4.5	
13.11.07 - 19.11.07	46	27.3	9.1	83.0	39.6	3.4	

20.11.07 - 26.11.07	47	26.6	5.6	93.0	44.6	6.1	
27.11.07 - 03.12.07	48	24.0	6.5	92.6	50.8	4.0	13.6
04.11.07 - 10.12.07	49	22.1	5.6	87.8	48.3	5.9	
11.12.07 - 17.12.07	50	18.5	4.5	91.0	54.0	3.2	4.0
18.12.07 - 24.12.07	51	19.1	1.4	95.4	51.0	3.1	T
25.12.07 - 31.12.07	52	21.2	0.74	93.6	38.7	5.3	T
01.01.08 - 07.01.08	1	18.1	1.3	92.0	50.7	5.7	0.4
08.01.08 - 14.01.08	2	18.5	3.7	92.3	52.7	5.2	17.5
15.01.08 - 21.01.08	3	17.3	2.7	86.3	50.0	5.3	14.4
22.01.08 - 28.01.08	4	16.3	-1.33	94.0	58.7	7.7	
29.01.08 - 04.02.08	5	17.0	1.03	95.0	57.1	5.8	7.6
05.02.08 - 11.02.08	6	15.3	1.0	84.3	56.7	4.7	0.4
12.02.08 - 18.02.08	7	19.6	1.6	93.4	41.4	7.9	
19.02.08 -25.02.08	8	23.8	6.4	84.4	46.6	5.1	
26.02.08-03.03.08	9	25.8	6.9	86.3	36.3	8.2	
04.03.08 - 10.03.08	10	28.7	9.1	84.6	44.6	6.11	
11.03.08 - 17.03.08	11	30.3	10.6	79.4	40.0	7.4	
18.02.08 -24.03.08	12	32.4	13.6	73.4	35.3	5.1	
25.03.08 - 31.03.08	13	33.4	13.4	73.6	37.3	6.1	

* **Fonte:** Departamento Metrológico da Índia, Lodhi Road, Nova Deli.

3.3 Solo

Antes do início da experiência, foram colhidas amostras compostas de solo a 015 cm de profundidade do campo selecionado para a experiência I e a experiência II, que foram submetidas a análises físico-químicas para determinar a textura e o estado de fertilidade do solo. Os resultados mostraram que o solo do campo experimental apresentava um baixo teor de azoto disponível, um teor médio de fósforo disponível e um teor elevado de potássio disponível. A sua textura era franco-arenosa e a sua reação ligeiramente alcalina.

3.3.1 Recolha de amostras de solo

As amostras de solo foram colhidas com um trado de 0 a 20 cm de profundidade em cinco locais selecionados aleatoriamente no campo. As amostras de solo foram misturadas para obter uma amostra composta para o sítio experimental e as amostras representativas foram analisadas quanto às propriedades físicas e químicas.

Tabela 3.4: Análise físico-química do solo do campo experimental

Propriedade do solo	Valor de propriedade	Método utilizado
Análise mecânica Areia (%)	68.7	Método internacional de pipetas
Silte (%)	14.1	(Piper, 1966)

Argila (%)	17.2	
Aula de textura	Argila arenosa	
Análise química Condutividade eléctrica	0.23	Em suspensão 1:2 solo: água com solubridge
(dSm^{-1}) a 25°C		medidor de condutividade (Jackson, 1967)
pH	7.6	Medidor de pH de elétrodo de vidro de Blackman em suspensão 1:2 de água no solo (Jackson 1967)
Carbono orgânico (%)	0.30	(Método de titulação rápida de Walkley e Black (Jackson, 1967)
Azoto disponível (kg/ha)	146.2	Método do permanganato de potássio alcalino modificado (Subbiah e Asija, 1956)
Fósforo disponível (kg/ha)	24.6	0,5 N NaHCO3 P extraível pelo método de Olsens (Olsen et al, 1954)
Potássio disponível (kg/ha)	275	IN Método do K extraível com acetato de amónio (Jackson, 1967)

3.4 Disposição : O presente estudo foi efectuado em três conjuntos diferentes de experiências.

3.4.1 Experiência I: Efeito da época de plantação, variedades e calendário de descasque no crescimento, rendimento e qualidade de transformação da batata.

Tratamentos : Os pormenores das combinações de tratamentos incluídos na experiência foram os seguintes

A) **Trama principal 3 x 4** : **12**

Data de plantação : Símbolos
1 de outubro : (D1)
15 de outubro : (D2)
25 de dezembro : (D3)

Cultivares
Atlântico : (V1)
Lady Rosetta : (V2)

Kufri Chipsona-1	:	(V3)
Kufri Pukhraj	:	(V4)

B) Subparcelas

Calendário de remoção de escórias (dias)

70 DAP (dias após a plantação)	:	(HC1)
80 DAP (dias após a plantação)	:	(HC2)
90 DAP (dias após a plantação)	:	(HC3)
Número de tratamentos	:	12 x 3 = 36
Desenho da experiência	:	Parcela dividida
Número de réplicas	:	3
Número total de parcelas	:	108
Dose de fertilizante	:	200 N-100 P2O5-150 K2O kg/ha
Dimensão bruta da parcela	:	4,20 x 3,0 = 12,6 m^2
Dimensão líquida da parcela	:	3,0 x 2,8 = 8,4 m^2

3.4.2Experimento-II : Efeito de variedades e níveis de azoto no crescimento, rendimento e qualidade de transformação da batata.

Tratamentos

A) Níveis de azoto (kg N/ha)

0	:	N0
100	:	N1
200	:	N2
300	:	N3

B) Cultivares

Atlântico	:	V1
Lady Rosetta	:	V2
Kufri Chipsona-1	:	V3
Kufri Pukhraj	:	V4
Número de tratamentos	:	4 x 4 = 16
Conceção da experiência	:	Fatorial em RBD
Número de repetições	:	Três
Número total de parcelas	:	16 x 3 =48
Dimensão bruta da parcela	:	4,20 x 3,0 = 12,6 m^2
Dimensão líquida da parcela	:	3,0 x 2,8 = 8,4 m^2

3.4.3Experimento III: Estudo do comportamento de armazenamento de variedades de batata à temperatura ambiente em armazéns agrícolas.

Tratamentos

Atlântico	:	V1
Lady Rosetta	:	V2
Kufri Chipsona-1	:	V3
Kufri Pukhraj	:	V4
Número de réplicas	:	5
Conceção da experiência	:	RBD

3. 5Operações culturais

As práticas agronómicas seguidas para a produção da cultura em 2006-07 e 2007-08 são descritas em pormenor a seguir:

3.5.1 Lavoura preparatória

Imediatamente após a colheita do arroz, foi efectuada a rega de pré-sementeira. Quando o campo atingiu o nível de humidade adequado (Watter), foi lavrado duas vezes, seguido de plantação e novamente lavrado uma vez com cultivadores puxados por um trator, seguido de plantação.

3.5. 2Aplicação de fertilizantes

Experiência-I A taxa de aplicação de fertilizantes foi de 200 N-100 P2O5-150 K2O kg/ha. A dose completa de 'P' e 'K' foi aplicada na forma de super fosfato simples e Muriato de potássio no momento do plantio, enquanto metade da dose de nitrogênio foi aplicada como CAN no momento do plantio e outra metade através de uréia aos 30 DAP. Além disso, FYM @ 50 t/ha também foi aplicado 15 dias antes do plantio.

Experimento-II- Além da dose universal de 100 kg P2O5/ha e 150 kg K2O/ha no momento do plantio, quatro níveis de nitrogênio, (0, 100, 200 e 300 kg/ha) foram aplicados em duas partes iguais, ou seja, a primeira metade da respectiva dose de nitrogênio como CAN no momento do plantio e a metade restante através de ureia em cobertura aos 30 DAP. Também foi aplicado FYM @ 50 t/ha 15 dias antes do plantio.

3.5.3 Recondicionamento das sementes e tratamento das sementes

Depois de retirados do armazém frigorífico durante a segunda semana de setembro, os tubérculos-semente foram mergulhados numa solução de 0,5 de fungicida de largo espetro (cloreto de metoxi etil mercúrio) e deixados durante duas semanas à temperatura ambiente (à sombra) para germinarem. Os tubérculos doentes ou não germinados foram separados e deitados fora diariamente durante duas semanas.

FIG. 3.1: ESQUEMA DA EXPERIÊNCIA-I

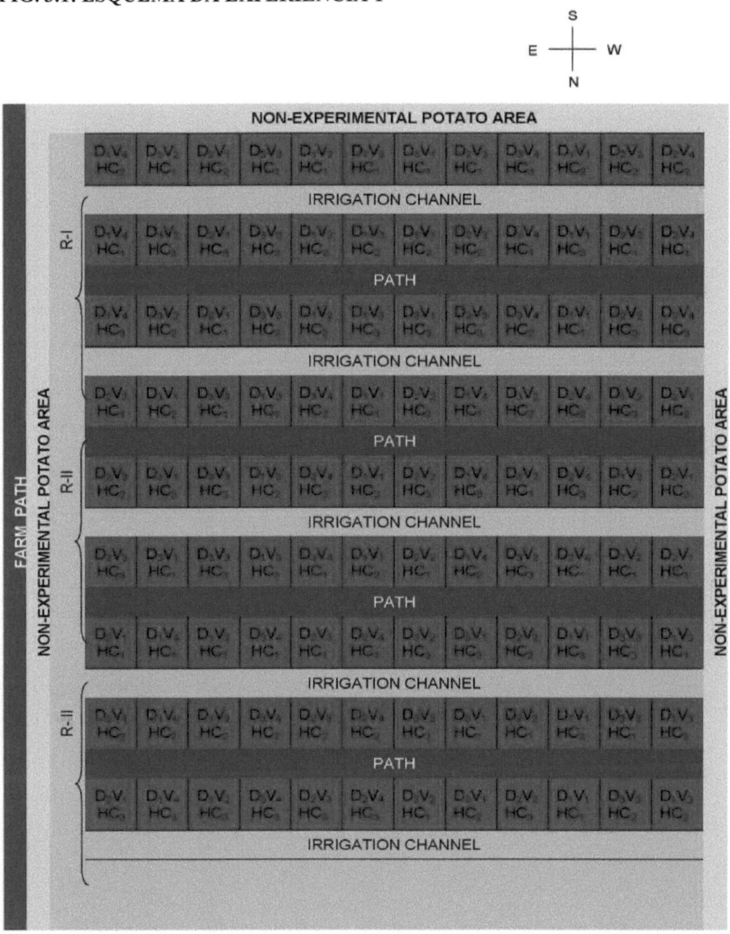

Fig. 3.2: Plano de implantação da experiência-II

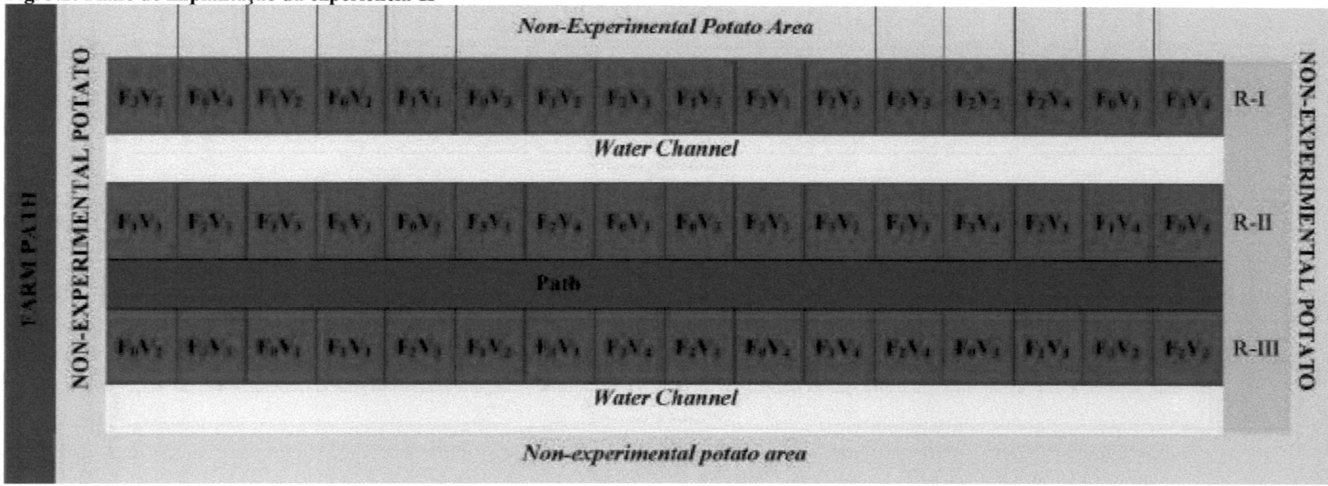

3.5.4 *Método e época de plantação*

Experiência I: Tubérculos de tamanho de semente bem germinados de quatro variedades de batata (Atlantic, Lady Rosetta, Kufri Chipsona-1 e Kufri Pukhraj) @ 30-35 q/ha. foram plantados em camalhões com espaçamento de 60 cm entre linhas e 20 cm entre linhas em 5, 20 de outubro e 30 de dezembro e 1, 15 de outubro e 25 de dezembro durante 2006-07 e 2007-08, respetivamente.

Experiência-II: A plantação de culturas (quatro variedades) foi concluída com a primeira data de plantação da experiência-I em cada ano, ou seja, 5 de outubro em 2006-07 e 1 de outubro em 2007-08. Após a colocação de tubérculos-semente à taxa de 30-35 q/ha em linhas com o espaçamento recomendado de 60 x 20 cm, foram cobertos com uma camada suficiente (5-7 cm) de solo de ambos os lados, de modo a colocar toda a parcela em configuração de sulco.

3.5.5 Irrigações

A primeira irrigação foi efectuada imediatamente após a plantação. As irrigações subsequentes foram aplicadas de acordo com as necessidades da cultura.

3.5.6 Controlo de ervas daninhas com ligação à terra

Uma monda manual com ligação à terra foi efectuada 3 semanas após a plantação.

3.5.7 Dehaulming

Experiência I. A debulha foi efectuada manualmente aos 70, 80 e 90 DAP em cada data de plantação.

Experiência-II. Foi efectuada uma única descasca aos 90 DAP.

3.5.8 Colheita

A escavação manual e a classificação do tamanho das batatas foram efectuadas duas semanas após o descasque em cada parcela. O intervalo de duas semanas entre o descasque e a colheita foi considerado suficiente para a cura da pele dos tubérculos.

3.6 Observações registadas

Foram efectuadas as seguintes observações e registados os dados relativos a diferentes aspectos do inquérito.

3.6.1 Observações biométricas

3.6.1.1 Emergência de tubérculos

O número total de dias necessários para a emergência completa dos tubérculos foi contado em cada parcela.

3.6.1.2 Contagem de emergência

O número total de plantas que sobreviveram após 30 DAP foi contabilizado e expresso em percentagem do número total de tubérculos plantados.

3.6.1.3 Iniciação dos tubérculos

O número total de dias necessários para a iniciação dos tubérculos foi contado (a partir dos 20 DAP) em três plantas de cada parcela, escavando o solo perto da base da planta sem perturbar os rebentos. A formação de um tubérculo por planta e por parcela foi considerada como iniciação do tubérculo.

3.6.1.4 Número de caules por colina

O número de caules por planta foi contado em três plantas selecionadas aleatoriamente aos 60 DAP na experiência I e aos 30, 60 e 90 DAP na experiência II.

3.6.1.5Número de folhas compostas por planta

O número de folhas compostas por planta foi contado em três plantas selecionadas aleatoriamente.

3.6.1. 6Altura da planta

A altura de três plantas de cada parcela, selecionadas aleatoriamente e permanentemente marcadas, foi medida do nível do solo até à base da folha mais aberta do topo, aos 60 DAP na experiência I e aos 30, 60 e 90 DAP na experiência II.

3.6.1. 7Área foliar

A área foliar da cultura foi registada na fase de crescimento vegetativo máximo, ou seja, 60-65 DAP na experiência I e a 30, 60 e 90 DAP na experiência II. Os dados registados foram utilizados para calcular o índice de área foliar (LAI) de acordo com a fórmula dada por Watson (1947).

$$LAI = \frac{\text{Leaf area}}{\text{Land area}}$$

3.6. 2Caracteres que contribuem para o rendimento e rendimento

3.6.2.1Número de tubérculos por planta

O número total de tubérculos de três plantas selecionadas aleatoriamente em cada parcela foi contado na colheita e aos 30, 60 e 90 DAP na experiência I e na experiência II, respetivamente, e a média foi considerada para análise.

3.6.2. 2Peso médio dos tubérculos

O peso dos tubérculos de três plantas selecionadas aleatoriamente e permanentemente marcadas foi retirado de cada parcela e a média foi considerada para análise.

3.6.2. 3Rendimento total de tubérculos

A produção total de tubérculos de cada parcela da rede foi registada separadamente para calcular a produção total de tubérculos/ha.

3.6.2. 4Classificação do tamanho do tubo

Com base no diâmetro dos tubérculos, a produção total foi dividida em duas categorias:

a) Grau de transformação: Tubérculos com 45-85 mm de diâmetro.
b) Categoria não transformada: Tubérculos com um diâmetro inferior a 45 mm ou superior a 85 mm.

3.6.2. 5Rendimento de haulm

O peso do lanço de cada parcela de rede foi medido no momento do corte do lanço e os dados foram utilizados para calcular o rendimento do lanço (q/ha).

3.6.2. 6Taxa de enchimento do tubérculo (q/ha/dia)

A taxa de tuberização foi calculada dividindo a produção de tubérculos pelo número de dias decorridos desde a iniciação dos tubérculos até ao corte do lanço.

3.6.2.7Rentabilidade (Rs/ha)

Rendibilidade= Rendimento bruto - custo de cultivo.

3. 6.3 Atributos de qualidade da estilha

No momento da descasca, foram selecionados aleatoriamente oito tubérculos de cada tratamento, descascados à mão e cortados perpendicularmente do caule à extremidade do rebento. O centro exposto de cada metade de cada tubérculo foi utilizado para cortar lascas de 1,5 mm de espessura com um cortador rotativo elétrico para avaliar as qualidades sensoriais (cor das lascas) e o rendimento das lascas.

3.6.3.1 Matéria seca dos tubérculos (%)

Na altura da remoção da casca, foram selecionados aleatoriamente outros quatro tubérculos, cortados perpendicularmente do caule até à extremidade do rebento, finalmente cortados em cubos e bem misturados. Em seguida, três amostras de 100 g de tubérculos cortados foram retiradas e secas em estufa até peso constante a 70°C e expressas em percentagem (Marwaha, 1987).

3.6.3.2 Rendimento das pastilhas

Um total de 30 batatas fritas foram pesadas imediatamente antes e depois da fritura em óleo de amendoim. A percentagem de recuperação do rendimento foi calculada da seguinte forma :

Recuperação do rendimento das aparas (%) $= X - \left(X \times \frac{\text{Peel weight}}{\text{Tuber weight}} \right)$

Onde, $\text{'X'} = \frac{\text{Weight of 30 fried chips}}{\text{Weight of 30 raw chips}} \times 100$

3.6.3.3 Análises bioquímicas

Tomou-se uma amostra de 5 g de tubérculos de cada tratamento, cortados em cubos finos e misturados perpendicularmente do caule até à extremidade do rebento, em três repetições, e refluxou-se duas vezes durante duas horas cada com 50 ml de álcool isopropílico a 80%. O sobrenadante foi filtrado (Wat man's no. 1) de cada vez e o volume total foi completado para 200 ml com água destilada. O extrato foi armazenado no frigorífico para a estimativa de açúcares redutores, sacarose, aminoácidos livres e fenóis totais.

3.6.3.3.1 Açúcares redutores (Nelson, 1944)

Reagente A: A composição do reagente A envolveu 25 g de sódio anidro carbonato de sódio, 25 g de tartarato de sódio e potássio, 20 g de bicarbonato de sódio e 200 g de sulfato de sódio anidro dissolvidos em 800 ml de água destilada. O volume total é de 1 litro.

Regente B: 15 g de sulfato de cobre (CuSO4 5H2O) foram dissolvidos em 50 ml de água destilada e, em seguida, foram adicionadas 2 a 3 gotas de ácido sulfúrico concentrado (H2SO4). O volume final foi completado até 100 ml com água destilada.

Reagente C: O reagente C, recentemente preparado, continha o reagente A e o reagente B em de 25:1, respetivamente.

Reagente de arsenomolibdato de Nelson

a) Dissolver 25 g de molibdato de amónio [(NH4)6MO7O24.4H2O] em 450 ml de água destilada e adicionar 21 ml de ácido sulfúrico concentrado (H2SO4).

b) Dissolver separadamente 3 g de arseniato de sódio (Na2HASO4.7H2O) em 25 ml de água destilada. Em seguida, esta solução (b) foi adicionada, sob agitação contínua, à solução de molibdato de amónio (a) previamente preparada e armazenada num frasco arrolhado de cor âmbar.

Procedimento

i) Colocou-se um ml de cada extrato (amostra) e de água destilada (como amostra em branco) em tubos de ensaio.

ii) Adicionar 1 ml de reagente C recentemente preparado em cada tubo de ensaio.

iii) Início do aquecimento dos tubos de ensaio num banho de água a ferver durante 20 minutos e depois arrefecimento.

iv) Após arrefecimento, adicionou-se a cada tubo 1 ml do reagente de arsenomolibdato de Nelson.

v) O conteúdo do tubo de ensaio foi então diluído para 13 ml com água destilada.

vi) Em seguida, a absorvância do extrato foi registada a 520 nm com o espetro 20-D espetrofotómetro (Milton Roy, 2000)

Nota: A concentração de açúcares redutores foi calculada utilizando uma curva padrão baseada na gama de glicose de 50 Lig a 150 Lig e os resultados foram expressos em mg/100g de peso fresco.

Cálculos:

$$\frac{\text{concentration of glucose in standard solution}}{\text{OD of Standard Solution}} \times \text{OD of sample} \times \frac{\text{T. vol of sample}}{\text{Vol of Aliquot}} \times \frac{20}{1000}$$

3.6.3.3.2 Sacarose (Van Handel, 1968)

i) Colocou-se no tubo de ensaio 0,2 de cada extrato da amostra e água destilada (como amostra em branco).

ii) De seguida, adicionar 0,1 ml de KOH (30%) a cada tubo de ensaio.

iii) Os tubos de ensaio foram aquecidos num banho de água durante 40 minutos e depois imediatamente arrefecidos em água gelada.

iv) Foram adicionados a cada tubo de ensaio 3,0 ml de solução de antrona a 0,15% em H2SO4 a 76%.

v) Em seguida, os tubos de ensaio foram levados à temperatura ambiente e incubados a 40°C durante 40 minutos.

vi) Em seguida, a absorvância foi registada a 620 nm.

vii) A concentração de sacarose foi estimada utilizando a curva padrão com base numa gama de sacarose de 25-100 iig e os resultados foram expressos em mg/100 g de peso fresco.

Cálculos:

$$\frac{\text{concentration of sucrose in standard solution}}{\text{OD of Standard Solution}} \times \text{OD of sample} \times \frac{\text{T. vol of sample}}{\text{Vol of Aliquot}} \times \frac{20}{1000}$$

3.6.3.3.3 Aminoácidos livres (Moore, 1968)

Reagentes

a) Ácido tricloroacético (TCA): 20%.

b) Carbonato de sódio : 3,24%

c) Tampão ácido de acetato de lítio (pH 5,2): Dissolver 41,96 g de LiOH em 125 ml de água destilada. Quando o LiOH estava meio dissolvido, adicionar 73,25 ml de ácido acético glacial e a solução foi mantida sem perturbações durante a noite. O volume total foi completado para 250 ml com água destilada.

d) Reagente de ninidrina : Adicionar 1,0 g de ninidrina durante a agitação do sulfóxido de dimetilo (37,5 ml). Misturar novamente a solução e, após 10 minutos, adicionar 150 mg de hidrindentina. Após agitação durante 5-7 minutos, adicionam-se 12,5 ml de tampão de hidróxido de lítio (LiOH).

Procedimento

i) Foram colocados em tubos de ensaio 0,1 ml do extrato da amostra e, separadamente, 0,1 ml de água destilada (como amostra em branco).

ii) Adicionou-se 0,2 ml de TCA refrigerado a cada tubo de ensaio e o volume total foi completado até 1 ml com água destilada.

iii) Em seguida, adicionou-se 0,5 ml de carbonato de sódio (Na2CO3) seguido de 1 ml de reagente de ninidrina e os tubos de ensaio foram mantidos num banho de água a ferver durante 15 minutos.

iv) Após arrefecimento, foram adicionados 8,5 ml de propanel (50%) a cada tubo de ensaio e misturados

v) O volume total do tubo de ensaio foi completado até 11 ml com água destilada, seguido da mistura final do conteúdo do tubo de ensaio num agitador. Após um período de espera de 15 minutos para o desenvolvimento da cor, a absorvância da solução foi registada a 570 nm com o espetrofotómetro Spectronic 20-D. Utilizou-se uma curva padrão baseada numa concentração de glicina de 10 a 50 Lig para a estimativa dos aminoácidos livres e os resultados foram expressos em mg/100 g de peso fresco.

Cálculos:

$$\frac{\text{concentration of glycine in standard solution}}{\text{OD of Standard Solution}} \times \text{OD of sample} \times \frac{\text{T. vol of sample}}{\text{Vol of Aliquot}} \times \frac{20}{1000}$$

3. 6.3.3.4 Fenóis totais (Swains e Hills, 1959)

Reagentes

a) Reagentes de fenol (reagente de Folin e Ciocalten): diluídos até à proporção de 1:1 com água destilada antes da utilização.

b) Carbonato de sódio (Na2CO3): 10%

Procedimento

i) Colocaram-se 1,0 ml do extrato da amostra de tubérculo e água destilada (como amostra em branco) em frascos cónicos de 150 ml.

ii) A cada balão foram adicionados 6,8 ml de água destilada, seguidos de 0,2 ml de reagente de fenol diluído

iii) Após 5 minutos, foram adicionados 2 ml de Na2CO3 a 10% a cada balão.

iv) A solução no frasco foi agitada e deixada durante 90 minutos para o desenvolvimento da cor.

v) Em seguida, a absorvância foi registada a 660 nm com o espetrofotómetro Spectronic 20-D. Foi utilizada uma curva padrão baseada em 100 a 500 iig de ácido clorogénico para a estimativa dos fenóis totais e os resultados foram expressos em mg/100g de peso fresco.

Cálculos:

$$\frac{\text{concentraiton of cholorogeic acid in standard solution}}{\text{OD of Standard Solution}} \times \text{OD of sample} \times \frac{\text{T. vol of sample}}{\text{Vol of Aliquot}} \times \frac{20}{1000}$$

3.6.3.3.5 Intensidade da cor da pastilha

30 fatias de batatas fritas foram lavadas em água para remover o amido livre, secas ao ar e imediatamente fritas em óleo de amendoim a 180°C até que o borbulhar cessasse. As batatas fritas frescas foram subjetivamente avaliadas quanto à cor e foi-lhes atribuído um valor de 1 a 10, escala crescente de cor cunhada por Ezebiel *et al.* (2003) Tabela 3.5 & Placa-1. As batatas fritas até um valor de 3 foram consideradas altamente aceitáveis, entre 3 e 4 aceitáveis e 5 ou mais não aceitáveis devido a uma maior percentagem de escurecimento.

Tabela 3.5: Gama de pontuação da cor das aparas

Pontuação da cor da pastilha	Observações
1 a 3	Altamente aceitável
3 a 4	Aceitável
4 a 5	Quase aceitável
5 a 10	Altamente inaceitável

3.7 Estrutura de armazenamento e observações

A cultura foi plantada a 15 de outubro e os tubérculos colhidos após 90 dias foram armazenados a partir de 1 de março (após 30-35 dias de período de pré-armazenamento) em sacos de artilharia numa sala bem ventilada à temperatura ambiente. A temperatura e a humidade relativa da sala de armazenamento foram registadas diariamente. Os tubérculos foram observados aos 0, 50, 75 e 100 DAS quanto à fisiologia, perda de peso total, apodrecimento, matéria seca, açúcar redutor, sacarose, fenol total, cor das aparas, rendimento das aparas e aspeto geral.

A perda de peso fisiológica foi registada em 50 tubérculos marcados de cada variedade, embalados em sacos. O apodrecimento dos tubérculos foi registado em cinco réplicas de 100 tubérculos de cada variedade.

As perdas totais foram calculadas como a soma da perda de peso fisiológica e do apodrecimento.

A matéria seca dos tubérculos, os açúcares redutores, a cor das aparas, a sacarose, os aminoácidos livres, os fenóis totais e o rendimento das aparas foram determinados de acordo com o método e o procedimento mencionados na secção relativa aos atributos de qualidade das aparas.

Tabela 3.6: Temperatura e humidade relativa no armazém em 2007

Data	Semana normal	Temperatura (°C)		R.H. (%)	
		Máximo.	Min.	Máximo.	Min.
26.2.08-04.03.08	9	20.2	13.7	73.2	55
05.3.08-11.03.08	10	22.7	15.3	76.1	53.4
12.03.08-18.03.08	11	24.1	17.7	67.7	48.7
19.03.08-25.03.08	12	25.6	19.3	61.8	43.3
26.03.08-01.04.08	13	23.2	18.7	71.1	60
02.04.08-08.04.08	14	24.8	20.5	66	49.7
09.04.08-15.04.08	15	26.2	23.3	70.8	56.6
16.04.08-22.04.08	16	25.9	22.4	59.4	46.6
23.04.08-29.04.08	17	27.2	25.4	48.7	34.6
30.04.08-06.05.08	18	30	26	43.4	27.8
07.05.08-13.05.08	19	32.4	27.6	36.4	29.7
14.05.08-20.05.08	20	34.1	30.3	34	29

Quadro 3.7: Temperatura e humidade relativa no armazém durante 2008

Data	Semana normal	Temperatura (°C)		RH (%)	
		Máximo.	Min.	Máximo.	Min.
26.1.07-04.03.07	9	16.7	13.9	81.7	63.3
05.3.07-11.03.07	10	18.5	14.2	82.8	58.8
12.03.07-18.03.07	11	19.6	15.2	78.8	61.3
19.03.07-25.03.07	12	21.2	17.5	76.8	51
26.03.07-01.04.07	13	24.5	20.6	74.7	44.8
02.04.07-08.04.07	14	26.9	21.0	69.8	35
09.04.07-15.04.07	15	29.8	22.4	73	34.2
16.04.07-22.04.07	16	32.3	26.4	67	39.4
23.04.07-29.04.07	17	33.9	26.9	58.4	28.1
30.04.07-06.05.07	18	34	28.6	48.8	31.4
07.05.07-13.05.07	19	34.7	29.7	34.3	22.6
14.05.07-20.05.07	20	35.6	31.2	31.6	21

3.8 Absorção de nutrientes

Foram recolhidas amostras compostas de tubérculos para análise química, a fim de avaliar a absorção de nutrientes. As amostras foram lavadas, secas a 80°C durante 48 horas, moídas num moinho de vento e analisadas para N, P e K.

3.8.1 Azoto: O teor total de azoto nos tubérculos foi determinado pelo método rápido do ácido crómico

(Sharma e Sud, 1978),

1.1.2 Fósforo: o teor de "P" foi determinado colorimetricamente utilizando o espetrofotómetro spectronic-20 (Jackson, 1967).

1.1.3 Potássio: o teor de K foi estimado por fotometria de chama (Jackson, 1967).

A absorção de NPK pelos tubérculos foi calculada multiplicando a produção de tubérculos secos pelo respetivo teor de NPK e expressa em kg NPK/ha.

3.9 Dose óptima de azoto

A curva de resposta polinómica da produção de tubérculos em função da dose de N do fertilizante foi utilizada para calcular a dose física óptima do fertilizante quando a produção de tubérculos era máxima e dy/dx=0. Por outro lado, a dose económica óptima foi calculada utilizando a seguinte equação

$$\text{EOD kg N/ha} = \frac{q/p - b}{2c}$$

Em que b e c são as duas constantes da equação de resposta quadrática para o rendimento; q é o custo por unidade de N e P é o preço de uma unidade de rendimento total de tubérculos.

3.10 Análise estatística

Os dados experimentais foram analisados utilizando o pacote MSTAT 4.0C para computadores, seguindo o método de Gomez e Gomez (1984), e o grau de liberdade dividido foi apresentado na Tabela de Análise de Variância (ANOVA) apresentada abaixo: 3.10.1 Experiência I

A experiência -1 foi efectuada segundo um esquema de parcelas divididas. O quadro da análise de variância para o projeto de parcelas divididas é o seguinte

Tabela 3.8: ANOVA para a experiência I

Fonte de variação	Grau de liberdade
Replicação (r)	3-1 = 2
Tratamentos da parcela principal	
Data de plantação (D)	3-1=2
Variedades (V)	4-1=3
D x V	3x2=6
Erro (a)	22
Tratamentos das subparcelas	
Cortes de lenha (HC)	3-1 = 2
HC x D	2x2 = 4
HC x V	2x3 = 6
HC x D xV	2x6 = 12
Erro (b)	48
Total	107

3.10.2 Experiência-II

Para a análise estatística dos dados registados em todos os aspectos da cultura experimental, foi adotado um modelo fatorial em blocos aleatórios.

Quadro 3.9: ANOVA para a experiência II

Fonte de variação	Grau de liberdade
Replicação (r)	3-1 = 2
Níveis de azoto (N)	4-1=3
Variedades (V)	4-1=3
Azoto x Variedades (N x V)	3x3=9
Erro	30
Total	47

3.10.3 Experiência-III: Os dados relativos às amostras de armazenamento foram submetidos a uma análise estatística utilizando um projeto de blocos aleatórios. A tabela de análise de variância para o grau de liberdade dividido é a seguinte:-

Quadro 3.10: ANOVA para a experiência III

Fonte	Grau de liberdade
Replicação	4
Variedades	:3
Erro	: 12
Total	19

Tabela 3.11: Divisão do grau de liberdade para a análise conjunta dos dados obtidos na experiência I e II.

Experiência I	df	Experiência-II	Df
Ano	1	Ano	1
Replicação	4	Replicação	4
Data de plantação	2	Fertilizante	3
Ano x data de plantação	2	Ano x fertilizante	3
Variedades	3		
Ano x variedade	3	Variedades	3
Data de plantação x variedade	6	Ano x variedade	3
Ano x data de plantação x variedade	6	Fertilizante x variedade	9
Erro (a)	44	Ano x adubo x variedade	9
Corte de reboques	2	Erro	60
Ano x corte do lanço	2	**Total**	**95**
Data de plantação x corte de lanço	4		
Ano x data de plantação x lanço	4		
corte Variedade x corte a lanço	6		
Ano x variedade x corte a lanço	6		
Data de plantação x variedade x	12		
corte de lenha Ano x Data de plantação x variedade	12		
x corte do lanço Erro (b)	96		
Total	**215**		

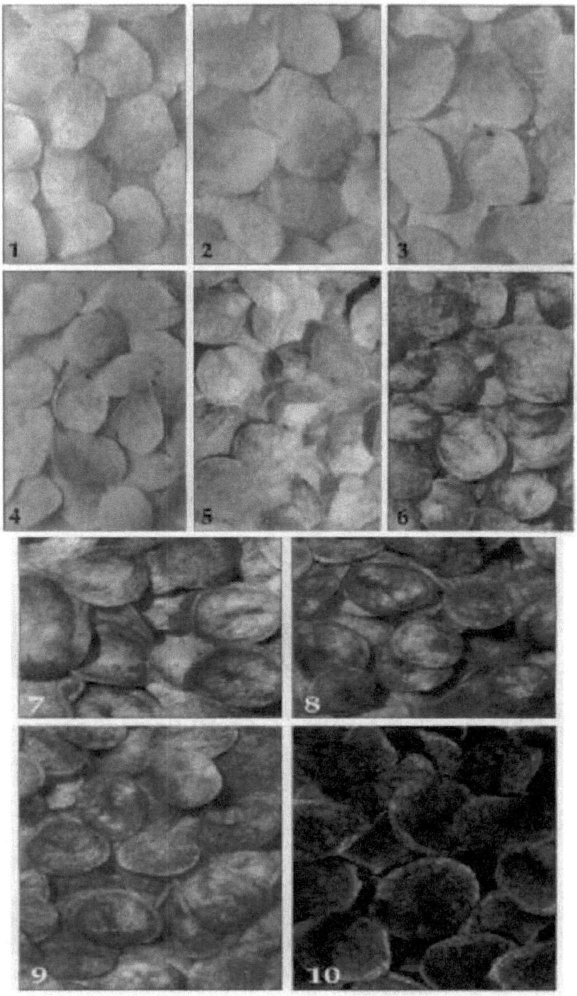

Placa-1: Uma tabela de referência para a cor das batatas fritas (Ezekiel *et al.*, 2003).

Capítulo 4

RESULTADOS E DISCUSSÃO

As várias observações sobre o crescimento, o rendimento, as caraterísticas de qualidade e o comportamento de armazenamento de variedades de batata selecionadas em relação ao efeito da época de plantação, do calendário de descasque e de vários níveis de azoto foram registadas na quinta de investigação dos estudantes, Khalsa College, Amritsar e Central Potato Research Station, Jalandhar, durante 2006-2008 e, após análise estatística dos dados, os resultados são apresentados e discutidos como segue:

4.1 EXPERIMENTAÇÃO-I: Efeito da época de plantação, das variedades e do calendário de descasque no crescimento, no rendimento e na qualidade da transformação.

4.1.1 Efeito da época de plantação, das variedades e do calendário de descasque no crescimento

4.1.1.1 Emergência de tubérculos

4.1.1.2 Contagem de emergência

4.1.1.3 Iniciação dos tubérculos

4.1.1.4 Número de caules por planta

4.1.1.5 Número de folhas compostas por planta

4.1.1.6 Altura da planta

4.1.1.7 Área foliar

4.1.2 Caracteres que contribuem para o rendimento

4.1.2.1 Número de tubérculos por planta

4.1.2.2 Peso médio dos tubérculos

4.1.2.3 Rendimento total de tubérculos

4.1.2.4 Rendimento de tubérculos para transformação

4.1.2.5 Rendimento do transporte

4.1.3 Absorção de NPK

4.1.4 Rentabilidade

4.1.5 Qualidade do processamento

4.1.5.1 Matéria seca dos tubérculos

4.1.5.2 Recuperação de chips

4.1.5.3 Reduzir os açúcares

4.1.5.4 Cor do chip

4.1.5.5 Sacarose

4.1.5.6 Aminoácidos livres

4.1.5.7 Fenóis totais

4.1.1 Efeito da época de plantação, das variedades e do calendário de descasque no crescimento

4.1.1.1 Emergência de tubérculos (dias)

A emergência precoce favorece o desenvolvimento precoce da copa. Os tubérculos-semente emergiram mais cedo em duas plantações de outono (1 e 15 de outubro) do que no início da primavera (25 de dezembro) em 2006-07 e 2007-08 (Tabela 4.1). Depois de agrupados, os dados revelaram que o aumento de mais de duas vezes e meia no número de dias necessários para a emergência completa em D3 (26,5) do que em D2 (10,8) e D1 (9,2) pode ser devido à temperatura extremamente baixa prevalecente e menos horas de sol até à 3rd semana de janeiro nesta região (durante 2006-07 e 2007-08). Da mesma forma, Rashid e Ali (1992) encontraram uma emergência precoce quando a cultura foi plantada a 20th de novembro do que quando foi plantada no início de novembro e no final de dezembro.

Todas as quatro cultivares não mostraram variação significativa no número de dias necessários para a emergência completa dos tubérculos-semente durante 2006-07 e 2007-08 (Tabela 4.1). No agrupamento, em geral os tubérculos da variedade Kufri Chipsona-1 (16,02) e Lady Rosetta (16,42) levaram um pouco mais de tempo do que Kufri Pukhraj (14,74) e Atlantic (14,97). (Quadro 4.1)

Tabela 4.1: Efeito da época de plantação e das variedades nos dias de emergência dos tubérculos

Data de plantação -	Emergência de tubérculos (dias)		
	2006-07	2007-08	Agrupado

1 de outubro (D1)	8.64	9.83	9.23
15 de outubro (D2)	9.89	11.78	10.83
25 de dezembro (D3)	27.74	25.33	26.53
CD (P<0,05)	2.50	2.70	2.26
Variedades			
Atlântico (V1)	15.01	14.93	14.97
Lady Rosetta (V2)	16.32	16.52	16.42
Kufri Chipsona-1 (V3)	15.59	16.45	16.02
Kufri Pukhraj (V4)	14.79	14.69	14.74
CD (P<0,05)	NS	NS	NS
Estacas de lanço (dias)	-	-	-
70 (HC1)	-	-	-
80 (HC2)	-	-	-
90 (HC3)	-	-	-
CD (P<0,05)	-	-	-

O tratamento de corte do Haulm não foi incluído na análise estatística

4.1.1.2 Contagem de emergência

A contagem da emergência determina o stand da cultura e desempenha um papel significativo na produção de parte económica por unidade de área. Os dados do Quadro 4.2 mostram um efeito significativo da época de plantação na emergência de tubérculos em 2006-07 e 2007-08. Depois de agrupados, os dados indicam que duas plantações de outono anteriores, a 1 de outubro (97,4) e a 15 de outubro (97,2), tiveram uma população de plantas significativamente melhor do que a de 25 de dezembro (91,2%). Ao contrário das duas plantações de outono (1 de outubro e 15 de outubro), a temperatura extremamente baixa na plantação e a subsequente geada até à 3rd semana de janeiro durante ambos os anos nesta parte do país podem ter produzido uma população de plantas fraca no início da colheita de primavera (25 de dezembro). Rashid e Ali (1992) também observaram uma variação significativa no stand da cultura em diferentes datas de plantação no Bangladesh

A diferença na população de plantas entre as cultivares não foi significativa em ambos os anos.

Quadro 4.2: Efeito da época de plantação e das variedades na contagem da emergência

Data de plantação -	**Contagem de emergência (%)**		
	2006-07	**2007-08**	**Agrupado**
1 de outubro (D)1	97.7	97.2	97.4

15 de outubro (D2)	97.6	96.9	97.2
25 de dezembro (D3)	90.8	91.5	91.2
CD (P<0,05)	2.58	2.50	2.43
Variedades			
Atlântico (V1)	95.4	95.1	95.2
Lady Rosetta (V2)	94.8	95.3	95.0
Kufri Chipsona-1 (V3)	95.5	95.2	95.3
Kufri Pukhraj (V4)	95.8	95.2	95.3
CD (P<0,05)	NS	NS	NS
Estacas de lanço (dias)	-	-	-
70 (HC1)	-	-	-
80 (HC2)	-	-	-
90 (HC3)	-	-	-
CD (P<0,05)	-	-	-

O tratamento de corte do Haulm não foi incluído na análise estatística

4.1.1.3 Iniciação dos tubérculos

A iniciação do tubérculo é um estágio de crescimento importante que indica o período de tempo disponível para o acúmulo de tubérculos. É evidente a partir dos dados mostrados na Tabela 4.3 que o número de dias levados para a iniciação do tubérculo foi significativamente afetado pelo tempo de plantio, enquanto diferentes cultivares tiveram efeito não significativo em ambas as estações de 2006-07 e 2007-08. A iniciação do tubérculo foi mais cedo em D2 (26,6), seguida por D1 (29,02) e foi tardia em D3 (40,2). O atraso significativo na iniciação do tubérculo em D3 pode ser atribuído ao atraso na emergência do tubérculo-semente em comparação com D1 e D2. Num estudo semelhante, Rashid e Ali (1992) também observaram variações na iniciação dos tubérculos em diferentes datas de plantação.

As diferentes variedades levaram quase o mesmo número de dias para a iniciação dos tubérculos, embora numericamente a var. Lady Rosetta e a Kufri Chipsona-1 tenham levado um pouco mais de tempo.

Quadro 4.3: Efeito da época de plantação e das variedades sobre os dias necessários para a iniciação dos tubérculos

Data de plantação -	**Início dos tubérculos (dias)**		
	2006-07	**2007-08**	**Agrupad o**
1 de outubro (D)1	29.63	28.41	29.02

15 de outubro (D2)	27.41	25.81	26.61
25 de dezembro (D3)	41.31	39.15	40.23
CD (P<0,05)	3.57	3.74	3.26
Variedades			
Atlântico (V1)	31.62	30.3	30.96
Lady Rosetta (V2)	32.97	31.55	32.26
Kufri Chipsona-1 (V3)	34.93	32.6	33.76
Kufri Pukhraj (V4)	31.62	30.03	30.83
CD (P<0,05)	NS	NS	NS
Estacas de lanço (dias)	-	-	-
70 (HC1)	-	-	-
80 (HC2)	-	-	-
90 (HC3)	-	-	-
CD (P<0,05)	-	-	-

O tratamento de corte do Haulm não foi incluído na análise estatística

4.1.1.4 Número de caules por colina

O número de caules independentes por planta é um componente importante para o desenvolvimento da copa da planta. O número de caules foi significativamente maior em primeiro de outubro (4,01, 3,93 e 3,97), seguido por 15 de outubro (3,96, 3,79 e 3,87) do que no plantio de 25 de dezembro (3,18, 3,30 e 3,24) em 2006-07, 2007-08 e após o agrupamento, respetivamente. O aumento percentual no número agrupado de caules por colina foi de 22,5 e 19,4 em D1 e D2 em relação a D3, respetivamente. No entanto, as duas plantações de outubro (D1 e D2) mantiveram-se estatisticamente em desacordo entre si (Quadro 4.4). O número mais elevado de caules por planta na plantação de outubro (1 e 15 de outubro) foi atribuído a uma temperatura ambiente mais elevada do que na plantação de dezembro. Singh (1995) também observou um número mais elevado de caules na plantação do início de novembro do que na plantação do final de novembro no leste de Uttar Pardesh. Por outro lado, alguns rebentos da plantação de 25 de dezembro podem não ter suportado a temperatura ambiente extremamente baixa aquando da emergência e não conseguiram desenvolver-se num caule independente. Kumar *et al.* (2004a) também relataram efeitos prejudiciais da temperatura extremamente baixa prevalecente na cultura da batata plantada na primavera nas condições do Punjab.

O número de caules por colina variou significativamente entre as diferentes variedades. Var. Kufri Pukhraj e Kufri Chipsona-1, estando a par, mostraram um número significativamente maior de caules do que as variedades Atlantic e Lady Rosetta, que foram novamente estatisticamente iguais entre si durante os dois anos (Tabela 4.4). Da mesma forma, foi observado um maior número de caules por colina em Kufri Lauvkar do que em Atlantic (Kumar e Ezekiel, 2006), em Kufri Chipsona-2 do que em Kufri Chipsona-1 (Kumar *et al.*, 2007b) e em Kufri Pukhraj do que em Kufri Jyoti (Kumar *et al.*, 2008).

Tabela 4.4: Efeito da época de plantação e das variedades no número de caules por colina

Data de plantação	NÚMERO DE CAULES		
	2006-07	2007-08	Agrupado
1 de outubro (D)1	4.01	3.93	3.97
15 de outubro (D2)	3.96	3.79	3.87
25 de dezembro (D3)	3.18	3.30	3.24
CD (P<0,05)	0.58	0.47	0.45
Variedades			
Atlântico (V1)	3.15	3.13	3.14
Lady Rosetta (V2)	3.26	3.42	3.34
Kufri Chipsona-1 (V3)	4.15	3.97	4.06
Kufri Pukhraj (V4)	4.30	4.17	4.23
CD (P<0,05)	0.62	0.50	0.48
Estacas de lanço (dias)	-	-	-
70 (HC1)	-	-	-
80 (HC2)	-	-	-
90 (HC3)	-	-	-
CD (P<0,05)	-	-	-

O tratamento de corte do Haulm não foi incluído na análise estatística

4.1.1.5 Número de folhas compostas por planta

O número de folhas compostas por planta é um dos factores determinantes mais importantes da área de superfície fotossinteticamente ativa de uma planta. Os resultados relativos ao número de folhas compostas são apresentados no Quadro 4.5. A época de plantação e as variedades mostraram um efeito significativo no número de folhas compostas por planta. As plantações de outono (D1 e D2), em pé de igualdade, apresentaram um número significativamente maior de folhas compostas do que as plantações de primavera (D3) em ambos os anos. Após o agrupamento, os tratamentos D1 (95,0) e D2 (93,8) produziram 84,8 e 82,5 por cento mais número de folhas compostas em comparação com D3 (51,42). O número significativamente mais elevado de folhas compostas em duas plantações de outono (D1, 1 de outubro e D2, 15 de outubro) pode ser atribuído a plantas mais altas do que na plantação do início da primavera (D3, 25 de dezembro).

O efeito de diferentes variedades no número de folhas compostas por planta não foi significativo durante 2006-07 e 2007-08. No agrupamento, o número máximo (83,6) e mínimo (75,6) de folhas foi registado em Kufri Pukhraj e Lady Rosetta, respetivamente (Quadro 4.5).

Quadro 4.5: Efeito da época de plantação e das variedades no número de folhas compostas aos 60 dias após a plantação

Data de plantação	Número de folhas compostas por planta		
	2006-07	**2007-08**	**Agrupado**
1 de outubro (D)1	99.15	90.96	95.05
15 de outubro (D2)	98.20	89.51	93.85
25 de dezembro (D3)	47.10	55.74	51.42
CD (P<0,05)	9.92	8.40	7.20
Variedades			
Atlântico (V1)	80.85	78.60	79.72
Lady Rosetta (V2)	76.10	75.10	75.60
Kufri Chipsona-1 (V3)	83.33	79.65	81.49
Kufri Pukhraj (V4)	85.65	81.60	83.62
CD (P<0,05)	NS	NS	NS
Estacas de lanço (dias)	-	-	-
70 (HC1)	-	-	-
80 (HC2)	-	-	-
90 (HC3)	-	-	-
CD (P<0,05)	-	-	-

O tratamento de corte do Haulm não foi incluído na análise estatística

4.1.1.6 Altura da planta

A altura da planta é uma caraterística morfológica importante que indica o crescimento acima do solo da cultura da batata. O plantio de 1 de outubro (D1) e 15 de outubro (D2) produziu uma altura de planta quase igual, que foi significativamente maior do que o plantio de 25 de dezembro (D3) aos 60 DAP durante 2006-07 e 2007-08. Após o agrupamento, D1 e D2 tenderam a produzir plantas 15,2 e 13,9% mais altas do que D3, respetivamente (Tabela 4.6). A exposição a temperaturas muito baixas no momento da plantação, que levou a um atraso na emergência dos tubérculos, e a alta temperatura prevalecente no grande período de crescimento podem ser as razões da baixa altura das plantas da cultura plantada em 25 de dezembro. Kumar *et al.* (2004a) também registaram um regime de temperatura desfavorável na plantação (temperatura muito baixa) para o desenvolvimento dos tubérculos até à colheita (temperatura muito alta) da cultura de primavera nas condições agro-climáticas do Punjab.

A altura média das plantas foi registada no máximo em Kufri Pukhraj e no mínimo em Lady Rosetta, embora as variedades Kufri Pukhraj, Atlantic e Kufri Chipsona-1 estivessem ao mesmo nível durante o período experimental de dois anos, ou seja, 2006-07 e 2007-08. Após o agrupamento, o aumento percentual na altura da planta foi de 2,7, 3,0 e 10,9 com Kufri Pukhraj sobre Atlantic, Kufri Chipsona-1 e Lady Rosetta, respetivamente (Tabela 4.6). Kumar *et al.* (2008) também observaram plantas mais altas de Kufri Pukhraj (60,2 cm) do que Kufri Jyoti (56 cm). Kumar *et al.* (2007b) e Rashid e Ali (1992) obtiveram resultados semelhantes. Além disso, a variação genotípica entre diferentes grupos de genótipos para a altura das plantas foi confirmada pelos resultados de Kumar e Kang (1998).

Tabela 4.6: Efeito da época de plantação e das variedades na altura das plantas aos 60 DAP

Data de plantação -	Altura da planta (cm)		
	2006-07	**2007-08**	**Agrupado**
1 de outubro (D)1	62.50	57.61	60.05
15 de outubro (D2)	62.16	56.60	59.38
25 de dezembro (D3)	51.00	53.20	52.10
CD (P<0,05)	4.23	3.79	3.64
Variedades			
Atlântico (V1)	59.70	56.07	57.88
Lady Rosetta (V2)	55.22	51.98	53.61
Kufri Chipsona-1 (V3)	59.57	55.90	57.73
Kufri Pukhraj (V4)	59.71	59.26	59.48
CD (P<0,05)	4.35	3.90	3.75
Estacas de lanço (dias)	-	-	-
70 (HC1)	-	-	-
80 (HC2)	-	-	-
90 (HC3)	-	-	-
CD (P<0,05)	-	-	-

O tratamento de corte do Haulm não foi incluído na análise estatística

4.1.5.12Índice de área foliar

O índice de área foliar (LAI) é um indicador importante do crescimento das plantas. Influencia a capacidade de recolha de energia solar da planta. As plantações de outono em 1 e 15 de outubro, sendo estatisticamente iguais entre si, mostraram um LAI significativamente maior do que a terceira plantação em 25 de dezembro aos 60 DAP durante 2006-07 e 2007-08. Os dados agrupados mostraram 5,8 e 82,8 por cento menos LAI em D2 e D3 do que em D1, respetivamente (Quadro 4.7). Devido à exposição a um regime de temperatura favorável em dois plantios de outono (1 e 15 de outubro) em comparação com o início da primavera (25 de dezembro), a tendência foi produzir mais altura de planta, número de hastes e folhas compostas por planta, o que, por sua vez, levou a uma maior área foliar por planta (Tabela 4.4, 4.5 e 4.6).

O LAI foi significativamente diferente entre as variedades. Foi máximo em Kufri Pukhraj (3,80 e 3,71) e mínimo em Lady Rosetta (2,98 e 2,90), no entanto, as variedades Kufri Pukhraj (3,80 e 3,71), Atlantic (3,60 e 3,56) e Kufri Chipsona-1 (3,52 e 3,51) permaneceram estatisticamente iguais entre si durante 2006-07 e 2007-08, respetivamente (Tabela 4.7). Após o agrupamento, o aumento percentual do LAI foi de 4,7, 6,8 e 27,5 com Kufri Pukhraj sobre Atlantic, Chipsona-1 e Lady Rosetta, respetivamente. O maior LAI em Kufri Pukhraj pode ser devido a melhores parâmetros de crescimento (Tabela 4.4, 4.5 e 4.6), enquanto que Atlantic, com um número ligeiramente menor de folhas compostas, produziu um LAI marginalmente maior do que Kufri Chipsona-1, possivelmente devido ao maior tamanho de seus folíolos.

Quadro 4.7: Efeito da época de plantação e das variedades na área foliar aos 60 dias após a plantação

Data de plantação	ÍNDICE DE ÁREA FOLIAR		
	2006-07	**2007-08**	**Agrupado**
1 de outubro (D1)	4.20	4.10	4.15
15 de outubro (D2)	4.03	3.82	3.92

25 de dezembro (D3)	2.21	2.34	2.27
CD (P<0,05)	0.35	0.33	0.30
Variedades			
Atlântico (V1)	3.60	3.56	3.58
Lady Rosetta (V2)	2.98	2.90	2.94
Kufri Chipsona-1 (V3)	3.52	3.51	3.51
Kufri Pukhraj (V4)	3.80	3.71	3.75
CD (P<0,05)	0.42	0.40	0.37
Estacas de lanço (dias)	-	-	-
70 (HC1)	-	-	-
80 (HC2)	-	-	-
90 (HC3)	-	-	-
CD (P<0,05)	-	-	-

O tratamento de corte do Haulm não foi incluído na análise estatística

4.1.2 Caracteres que contribuem para o rendimento

4.1.2.1 Número de tubérculos por planta

O número de tubérculos é considerado uma caraterística importante que contribui para o rendimento da batata. Os dados apresentados no Quadro 4.8 mostram que, entre os três tratamentos em estudo, apenas as cultivares mostraram um efeito significativo no número de tubérculos por planta.

O tratamento D3 (6,23 e 6,30) teve um número ligeiramente maior de tubérculos por planta do que o D2 (5,59 e 6,01) e o D1 (5,28 e 5,64) durante 2006-07 e 2007-08, respetivamente. Ao agrupar, os dados indicaram 7,9 e 14,6 por cento mais número de tubérculos com D3 do que D2 e D1, respetivamente.

O número máximo e mínimo de tubérculos foram contados na var. Kufri Pukhraj (6.5 e 6.64) e Atlantic (4.20 e 4.40) durante 2006-07 e 2007-08, respetivamente. Além disso, as vars. Lady Rosetta (6.10 e 6.38), Kufri Chipsona-1 (6.0 e 6.5) e Kufri Pukhraj (6.5 e 6.64) foram estatisticamente iguais entre si durante ambos os anos de estudo. Depois de reunir os dados, a var. Kufri Pukhraj produziu 5,12, 5,28 e 53 por cento mais número de tubérculos do que Kufri Chiposna-1, Lady Rosetta e Atlantic, respetivamente (Tabela

A análise de variância revelou uma variabilidade adequada entre genótipos para o número de tubérculos por planta (Kumar e Kang, 1998 e Kumar e Ezekiel, 2006).

O número médio de tubérculos por planta manteve-se a par com o atraso nas estacas haulm de 70 a 90 DAP durante ambos os anos (Quadro 4.8).

Quadro 4.8: Efeito da época de plantação, variedades e calendário de descasque no número de tubérculos por planta

Data de plantação	NÚMERO DE TUBÉRCULOS POR PLANTA		
	2006-07	**2007-08**	**Agrupado**
1 de outubro (D1)	5.28	5.64	5.46
15 de outubro (D2)	5.59	6.01	5.80
25 de dezembro (D3)	6.23	6.29	6.26
CD (P<0,05)	NS	NS	NS

Variedades			
Atlântico (V1)	4.20	4.40	4.30
Lady Rosetta (V2)	6.10	6.38	6.24
Kufri Chipsona-1 (V3)	6.00	6.50	6.25
Kufri Pukhraj (V4)	6.50	6.64	6.57
CD (P<0,05)	1.12	1.27	1.02
Estacas de lanço (dias)			
70 (HC1)	5.68	5.96	5.82
80 (HC2)	5.72	5.98	5.85
90 (HC3)	5.70	6.00	5.85
CD (P<0,05)	NS	NS	NS

4.1.2. 2Peso médio dos tubérculos

O peso médio dos tubérculos está diretamente associado à proporção de tubérculos de qualidade de processamento na produção total de tubérculos. A leitura dos dados do Quadro 4.9 indica um efeito significativo da época de plantação, das cultivares e do calendário de descasque no peso médio dos tubérculos.

O maior peso médio de tubérculos foi observado no tratamento D1, seguido pelo D2 e o menor peso foi observado no D3 em ambos os anos. O peso médio dos tubérculos nos dados agrupados mostrou que o peso dos tubérculos no tratamento D1 foi 18,2 e 138 por cento mais pesado do que no D2 e D3, respetivamente. O peso médio mais baixo dos tubérculos em D2 e D3 pode ser atribuído à temperatura extremamente baixa associada à geada no início de janeiro ((Quadro 3.2 e 3.3) que, por sua vez, pode ter afetado o volume dos tubérculos em D2 e a emergência dos tubérculos em D3. Assim, o tempo disponível para o enchimento dos tubérculos foi comparativamente menor. Além disso, no tratamento D3, a temperatura predominante durante a fase de enchimento dos tubérculos foi mais elevada do que em D1 e D2, o que pode ter afetado negativamente o peso médio dos tubérculos (Uppal, 2000 e Kumar *et al.,* 2004a)

A cultivar Atlantic apresentou peso médio de tubérculo significativamente melhor do que Kufri Pukhraj, Kufri Chipsona-1 e Lady Rosetta em ambos os anos (Tabela 4.9). Em 2007-08, a cultivar Lady Rosetta e Kufri Chipsona-1 foram estatisticamente iguais entre si. No agrupamento, os tubérculos da variedade Atlantic eram 29,6, 22,1 e 13,1g ou 107,1, 62,9 e 29,6 por cento mais pesados do que os da Lady Rosetta, Kufri Chipsona-1 e Kufri Pukhraj, respetivamente. O peso médio mais elevado dos tubérculos da Atlantic pode ser creditado ao menor número de tubérculos por planta (Quadro 4.9).

Quadro 4.9: Efeito da época de plantação, das variedades e do calendário de descasque no peso médio dos tubérculos

Data de plantação	**Peso médio dos tubérculos (g)**		
	2006-07	**2007-08**	**Agrupado**
1 de outubro (D)1	57.44	51.32	54.38
15 de outubro (D2)	48.19	43.77	45.98
25 de dezembro (D3)	21.48	24.28	22.88
CD (P<0,05)	7.69	7.59	7.20
Variedades			
Atlântico (V1)	60.64	53.95	57.29
Lady Rosetta (V2)	26.23	29.10	27.66
Kufri Chipsona-1 (V3)	36.32	34.01	35.16
Kufri Pukhraj (V4)	46.29	42.10	44.19
CD (P<0,05)	7.82	7.71	7.32
Estacas de lanço (dias)			
70 (HC1)	35.10	33.58	34.34
80 (HC2)	44.51	41.00	42.75

90 (HC3)	47.50	44.79	46.14
CD (P<0,05)	7.59	7.50	7.10

O número de tubérculos pode determinar o tamanho do tubérculo (Long *et al.*, 2004). De Buchananne e Lawson (1991) também registaram um peso médio de tubérculo mais elevado na Atlantic. O número de tubérculos e o peso médio dos tubérculos são caracteres controlados geneticamente. Kumar e Kang (1998) revelaram uma variabilidade adequada entre genótipos de andigena para o peso médio dos tubérculos e o número de tubérculos por planta.

A época do corte a lanço afectou o peso médio dos tubérculos com tendências semelhantes em 2006-07 e 2007-08. O peso médio dos tubérculos foi significativamente maior aos 90 (46,1 g) do que aos 70 (34,3 g) DAP. O aumento percentual correspondente foi de 34,4. No entanto, a taxa de aumento do peso médio só foi significativa até aos 80 DAP (Quadro 4.9). As estacas de lanço retardado mantiveram a translocação contínua de fotossintatos durante um período de tempo mais longo, o que pode levar a um peso médio mais alto do tubérculo (Banerjee *et al.*, 1992 e Sharma e Verma, 1987). Kushwah *et al.* (2005) e De Buchananne e Lawson (1991) também registaram um aumento do peso médio dos tubérculos com o atraso da colheita.

4.1.2.3 Rendimento do tubérculo

O efeito principal de diferentes datas de plantio, cultivares e diferentes cortes de haulm foi significativo no rendimento total de tubérculos. A maior produção total de tubérculos foi registada com a cultura plantada a 1 de outubro, seguida de 15 de outubro e 25 de dezembro durante 2006-07 e 2007-08. Todas as três datas de plantação variaram significativamente entre si durante ambos os anos (Quadro 4.10 e Fig. 4.1). Após o agrupamento, o aumento percentual no rendimento foi de 110,5 e 89,5 com 1 de outubro e 15 de outubro em relação ao plantio de 25 de dezembro, respetivamente. Kumar *et al.* (2004a) e Uppal (2000) também observaram uma menor produção de tubérculos na estação da primavera. A menor produção de tubérculos no plantio de 25 de dezembro pode ser devido ao atraso na emergência em janeiro (sob baixa temperatura) e à alta temperatura prevalecente no estágio de enchimento de tubérculos após a primeira semana de março (Tabela 3.2 e 3.3) durante 2006-07 e 2007-08. Temperaturas acima de 27° C diminuem a produção de tubérculos (Marins e Bodlaender, 1975). A maior produção de tubérculos na safra da estação principal (outubro/novembro) em diferentes áreas também foi relatada por Patel *et al.* (2000), Pandey *et al.* (2004a), Singh *et al.* (2004), Kumar *et al.* (2007a), Pandey *et al.* (2008) e Ravikant e Chadha (2009).

Table 4.10: Efeito da época de plantação das variedades e do calendário de descasque sobre o rendimento total e

grau de transformação rendimento dos tubérculos

Tratamentos	**Total (q/ha)**						**Grau de transformação (%)**
	Rendimento dos tubérculos			**Grau de processamento (>45 mm)**			
Época de plantação	**2006 07**	**200708**	**Agrupado**	**2006 07**	**200708**	**Agrupado**	
1 de outubro (D1)	225.0	216.6	221.0	151.0	141.5	146.2	66.1
15 de outubro (D2)	200.8	197.1	199.0	117.1	114.1	116.0	58.3

25 de dezembro (D3)	99.2	111.0	105.1	29.4	32.3	31.0	29.5
CD (P<0,05) Variedades	13.1	11.2	10.3	14.6	11.5	11.3	
Atlântico (V1)	186.4	173.9	180.1	130.2	116.7	123.5	68.6
LadyRosetta (V2)	120.3	142.0	131.2	39.6	66.0	52.9	40.4
Kufri Chipsona-1 (V3)	165.1	169.2	167.1	78.8	70.8	74.8	44.7
Kufri Pukhraj (V4)	228.3	214.4	221.3	148.0	130.3	139.2	62.9
CD (P<0,05) Estacas de lanço (dias)	14.2	11.9	10.9	15.8	12.2	12.0	
70 (HC1)	154.9	147.0	151.0	78.1	62.4	70.3	46.5
80 (HC2)	178.2	179.8	179.1	97.7	98.2	98.0	54.7
90 (HC3)	191.9	197.7	195.0	121.7	127.2	124.4	63.8
CD (P<0,05)	12.8	10.9	9.9	13.9	11.5	11.1	

Entre as cultivares, a produção total de tubérculos máxima e significativamente mais alta foi obtida na variedade de mesa Kufri Pukhraj seguida pela Atlantic, Kufri Chipsona-1 e Lady Rosetta, respetivamente durante 2006-07 e 2007-08 (Tabela 4.10 e Fig. 4.1). Após o agrupamento, a variedade de mesa comummente cultivada Kufri Pukhraj, que tem uma vantagem na produção de tubérculos, registou 41, 54 e 90 q/ha ou 22,7, 32,3 e 68,7 por cento mais rendimento de tubérculos do que Atlantic, Kufri Chipsona-1 e Lady Rosetta, respetivamente. Do mesmo modo, entre as três variedades de transformação, a Atlantic produziu 13 e 49 q/ha ou 7,8 e 37,4 por cento mais tubérculos do que a Kufri Chipsona-1 e a Lady Rosetta, respetivamente.

A menor produção de tubérculos de Kufri Chipsona-1 do que a Atlantic, no entanto, não está de acordo com Kumar *et al.* (2003a), Kumar *et al.* (2004a), Singh *et al.* (2005), Marwaha (2005a),

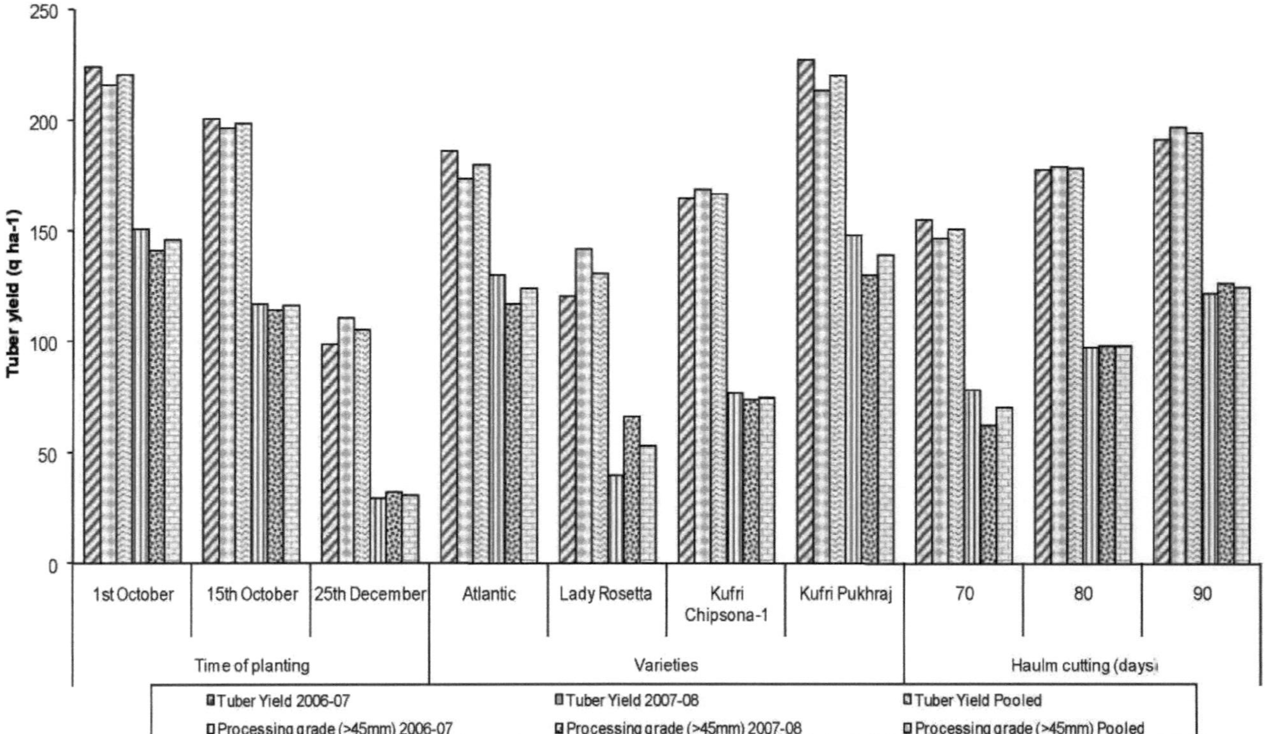

Fig. 4.1 : Rendimento total e de tubérculos para processamento afetado pela época de plantação, variedades e calendário de descasque

Marwaha (2005b), Kumar *et al.* (2007a) e Pandey *et al.* (2009), mas isso pode ser atribuído à colheita precoce (imaturidade) de Kufri Chipsona-1 até 90 DAP, a fim de salvar a cultura de congelamento no início do mês de janeiro.

Quadro 4.11: Interação entre a época de plantação e as variedades para a produção total de tubérculos (dados agrupados)

Data de plantação (D)	Rendimento de tubérculos (q/ha) Variedades (V)				
	Atlântico	**Lady Rosetta**	**Kufri Chipsona-1**	**Kufri Pukhraj**	**Média**
1 de outubro (D)1	228.2	159.5	207.4	288.2	220.8
15 de outubro (D2)	209.8	142.2	192.5	251.4	199.0
25 de dezembro (D3)	102.4	91.8	101.6	124.5	105.1
Média	180.1	131.2	167.2	221.4	-
		D	V		D x V
S. Em+		3.6	3.8		5.1
CD (P<0,05)		10.3	11.0		14.5

Kumar *et al.* (2005a) e Pandey *et al.* (2006) recomendaram pelo menos 100 a 110 dias de duração da cultura para as *variedades Chipsona*, de modo a aproveitar todo o potencial de rendimento. A produção de tubérculos consistentemente inferior da Lady Rosetta pode dever-se à sua fraca adaptabilidade às condições locais. A interação entre a época de plantação e as variedades foi significativa, uma vez que a cultivar Lady Rosetta e a Kufri Chipsona-1 não diferiram significativamente entre si quanto à produção total quando plantadas a 25 de dezembro (Quadro 4.11).

A produção de tubérculos aumentou significativamente com o aumento da duração da cultura de 70 para 90 DAP durante 2006-07 e 2007-08 (Quadro 4.10 e Fig. 4.1). Após o agrupamento, em média, houve um ganho de 18,5 e 29,1 por cento na produção total de tubérculos com 80 e 90 sobre 70 DAP, respetivamente. Os resultados de Chaurasia e Singh (1995a), Marwaha (1998b), Kumar *et al.* (2003a), Marwaha *et al.* (2005a), Marwaha *et al.* (2005b), Kumar *et al.* (2006) e Pandey *et al.* (2008) foram semelhantes. O atraso no corte do haulm pode ter facilitado a transferência de mais fotossintatos da fonte para o sumidouro, o que levou a um ganho substancial na produção de tubérculos.

A interação entre as cultivares e o calendário de desfolhamento também foi significativa para a produção total de tubérculos, uma vez que as diferenças na produção total de tubérculos não foram significativas para a cultivar Atlantic e Lady Rosetta quando a cultura foi desfolhada após 80 ou 90 dias,

enquanto as diferenças foram significativas para Kufri Chipsona-1 e Kufri Pukhraj (Quadro 4.12). A diferença de maturidade física entre as variedades pode ser a razão da interação.
Pandey *et al.* (2002) e Marwaha *et al.* (2005a) também observaram a maturidade forçada precoce de cultivares exóticas nas planícies do noroeste da Índia. No entanto, a produção total de tubérculos continuou a aumentar até aos 110 dias nas variedades Chipsona (Kumar *et al.*, 2005a).

Quadro 4.12: Interação entre variedades e calendário de descasque para a produção total de tubérculos (dados agrupados)

Variedades (V)	Rendimento de tubérculos (q/ha) Calendário de descasque, dias após a plantação (HC)			
	70	**80**	**90**	**Média**
Atlântico (V)1	159.0	186.4	195.1	180.2
Lady Rosetta (V2)	111.0	135.3	147.3	131.2
Kufri Chipsona-1 (V3)	138.5	173.0	190.3	167.2
Kufri Pukhraj (V4)	195.4	222.0	247.0	221.4
Média	151.0	179.1	195.0	-

	V	HC	VxHC
S. Em+	3.8	3.5	4.9
CD (P<0,05)	10.9	9.8	13.7

4.1.2.4 Rendimento de tubérculos transformáveis

O maior rendimento de tubérculos para processamento (PGTY) foi observado em D1 seguido por D2 e D3 em 2006-7 e 2007-08 (Tabela 4.10 e Fig. 4.1). Todas as três datas de plantio diferiram significativamente entre si em ambos os anos. Após o agrupamento, em média, houve 371 e 274 por cento mais produção de tubérculos de grau de processamento em D1 e D2 do que em D3, respetivamente (Quadro 4.10 e Fig. 4.1). A produção de tubérculos de qualidade para processamento teve uma tendência semelhante à da produção total de tubérculos (Pandey *et al.*, 2008). A taxa de decréscimo com o atraso na plantação foi mais acentuada na produção de tubérculos de grau de processamento do que na produção total de tubérculos. Foi registado que o rendimento de tubérculos de grande tamanho diminuiu com o atraso na plantação (Patel *et al.* 2000). A exposição da cultura de primavera (D3) a condições ambientais relativamente menos favoráveis ou opostas pode ser a razão do fraco desempenho (Kumar *et al.* 2004a). A temperatura elevada durante a fase de formação da produção na plantação tardia diminui a produção de tubérculos para processamento em Gujrat (Patel *et al.* 2000). Além disso, a diferença no PGTY em dois locais que diferem na temperatura de cultivo da batata indica a sensibilidade da batata a altas temperaturas, conforme relatado por Singh *et al.* (2008a). O maior rendimento no outono (D1 e D2) do que na primavera (D3) pode dever-se ao facto de que, após um crescimento vegetativo suficiente da cultura de outono, as condições agroclimáticas se tornaram favoráveis à tuberização (dias curtos e baixa temperatura), em comparação com as condições desfavoráveis (alta temperatura e baixa humidade relativa) da primavera (Ravikant e Chadha, 2009).

Entre as variedades, a produção máxima e significativamente mais elevada de tubérculos para processamento foi registada na variedade de mesa comummente cultivada Kufri Pukhraj, seguida da Atlantic, Kufri Chipsona-1 e Lady Rosetta durante 2006-07 e 2007-08. Todas as cultivares apresentaram variações significativas entre si no que respeita ao PGTY durante ambos os anos (Quadro 4.10 e Fig. 4.1). No agrupamento, a variedade Kufri Pukhraj (139,2 q/ha) produziu o maior PGTY seguido por Atlantic (124 q/ha), Kufri Chipsona-1 (74,8 q/ha) e Lady Rosetta (52,9 q/ha) Tabela 4.10. Uma vez que a cultivar Kufri Pukhraj é uma variedade que não é cultivada habitualmente, a Atlantic, com o maior PGTY, foi a mais adequada para as condições do Punjab. O PGTY mais elevado da Atlantic do que o da Kufri Chipsona-1 não está, contudo, de acordo com as conclusões de Marwaha *et al.* (2005a), mas pode ser atribuído ao facto de os seus tubérculos crescerem rápida e precocemente. A interação entre a época de plantação e as variedades para a produção de tubérculos de qualidade para processamento foi significativa porque a cultivar Lady Rosetta e Kufri Chipsona-1 não diferiram significativamente entre si quando plantadas a 25 de dezembro (Quadro 4.13). A diferença em PGTY entre Atlantic e Kufri Chipsona-1 foi maior do que a diferença na produção total de tubérculos, mas a maioria dos tubérculos de Kufri Chipsona-1 estava na linha de bordo, que poderia facilmente entrar na categoria de processamento se a duração da cultura de outono tivesse sido prolongada por mais alguns dias. A Lady Rosetta deu consistentemente menos PGTY em comparação com as outras três variedades.

Quadro 4.13: Interação entre a época de plantação e as variedades para a produção de tubérculos para transformação (dados agrupados)

Data de plantação (D)	**Rendimento de tubérculos para transformação (q/ha) Variedades (V)**				
	Atlântico	**Senhora Roseta**	**Kufri Chipsona- 1**	**Kufri Pukhraj**	Média
1 de outubro (D)1	183.1	79.8	114.0	208.1	146.2
15 de outubro (D2)	155.0	53.5	86.1	168.4	116.0
25 de dezembro (D3)	32.7	25.1	24.5	41.1	30.8
Média	123.5	52.8	74.8	139.2	-
		D	V	**DxV**	
S. Em+		3.9	4.2	5.4	
CD (P<0,05)		11.3	11.9	15.6	

O rendimento médio de tubérculos para processamento (PGTY) aumentou significativamente com o aumento da duração da cultura de 70 para 90 DAP durante 2006-07 e 2007-08 (Quadro 4.10). No agrupamento, o aumento correspondente foi de 77,8 por cento. A taxa de aumento no PGTY foi maior de 80 a 90 do que de 70 a 80 DAP (Tabela 4.10). Os resultados de Jewell e Stanley (1989); Kumar *et al.* (2003a) e Kumar *et al.* (2009a) foram semelhantes. 4.1.2.5 Rendimento da palha

O rendimento da batata a granel é um parâmetro importante do rendimento biológico para avaliar o seu índice de produtividade e avaliar o desempenho final de uma cultura. Assim, o haulm da batata dá um contributo importante para a eficiência dos vários tratamentos experimentados numa experiência. Um exame crítico dos dados no Quadro 4.14 mostrou que o rendimento máximo e significativamente mais elevado do haulm foi registado na cultura plantada a 1 de outubro, em comparação com a cultura plantada a 15 de outubro e a 25 de dezembro, em ambos os anos. O baixo peso a granel em 15 de outubro e

A plantação de 25 de dezembro pode ser atribuída à temperatura extremamente baixa que prevaleceu entre meados de dezembro e meados de janeiro. As baixas temperaturas podem ter afetado o crescimento dos caules da cultura plantada a 15 de outubro e a emergência dos tubérculos da cultura plantada a 25 de dezembro.

Durante ambos os anos, entre as variedades, Kufri Pukhraj, Kufri Chipsona-1 e Atlantic, estando estatisticamente em pé de igualdade, produziram significativamente mais rendimento de lanço do que Lady Rosetta. Estes resultados estão de acordo com as conclusões de Kumar e Kang (1998).

Em ambos os anos, o rendimento do haulm diminuiu significativamente à medida que o corte do haulm foi atrasado de 70 para 90 DAP. No entanto, aos 80 e 90 DAP, o rendimento do haulm foi estatisticamente igual. Este decréscimo significativo no rendimento do haulm pode dever-se possivelmente à senescência das folhas.

Table 4.14: Efeito da época de plantação, das variedades e do calendário de descasque na rendimento do lanço

Tratamentos	Rendimento do camião (q/ha)		
	2006-07	2007-08	Agrupado
Tempo de revestimento			
1 de outubro (D1)	100.5	97.8	99.1
15 de outubro (D2)	72.8	70.3	71.5
25 de dezembro (D3)	53.1	54.5	53.8
CD (P<0,05)	13.1	13.3	12.5
Variedades			
Atlântico (V1)	77.7	75.5	76.6
Lady Rosetta (V2)	57.2	58.1	57.6
Kufri Chipsona-1 (V3)	81.7	79.5	80.6
Kufri Pukhraj (V4)	85.3	83.9	84.6

CD (P<0,05)	13.5	13.8	12.9
Estacas de lanço (dias)			
70 (HC1)	97.0	95.8	96.4
80 (HC2)	69.8	69.4	69.6
90 (HC3)	59.5	57.4	58.4
CD (P<0,05)	12.4	12.6	11.7

4.1.3 Absorção de NPK

Absorção de N

O exame crítico dos dados no Quadro 4.15 mostrou que a absorção de 'N' pelos tubérculos foi significativamente afetada pelo tempo de plantação, variedades e tempo de estacas de lanço. O consumo máximo de N foi registado nos tubérculos da cultura plantada a 1 de outubro, seguido de 15 de outubro e 25 de dezembro, em ambos os anos. Todas as datas de plantação foram estatisticamente diferentes entre si durante ambos os anos. A baixa absorção de N pela cultura plantada a 25 de dezembro pode dever-se à sua baixa produção de tubérculos.

Entre as variedades, a maior e a menor absorção de N foi registada na Atlantic e na Lady Rosetta, respetivamente, em ambos os anos. Em 2006-07, a variedade Kufri chipsona- 1 manteve-se a par da Atlantic e da Kufri Pukhraj. Em 2007-08, todas as variedades foram estatisticamente iguais a si próprias, exceto a Atlantic e a Lady Rosetta. A menor absorção de N pela variedade Lady Rosetta pode ser atribuída à sua menor produção de tubérculos.

Durante ambos os anos, verificou-se que a absorção de N aumentou com o atraso das estacas de 70 a 90 DAP. No entanto, este aumento foi significativo até aos 80 DAP. Resultados semelhantes foram observados por Chaurasia e Singh (1995b).

Absorção de P

Em ambos os anos, a absorção de P diminuiu significativamente quando a plantação foi atrasada de 1 de outubro para 15 de outubro a 25 de dezembro em 2006-07 e 2007-08 (Quadro 4.15). Esta diminuição da absorção de P pode ser atribuída à diminuição da produção de tubérculos com a plantação tardia.

Entre as variedades, a absorção máxima e mínima de 'P' foi observada na Atlantic e na Lady Rosetta, respetivamente, em ambos os anos. Em 2006-07, a variedade Kufri Chipsona-1 manteve-se a par da Atlantic e da Kufri Pukhraj. Em 2007-08, todas as variedades foram estatisticamente iguais, exceto a Atlantic e a Lady Rosetta.

Durante ambos os anos, a absorção de 'P' nos tubérculos aumentou à medida que o corte do lanço foi atrasado de 70 para 90 DAP. No entanto, a taxa de aumento não foi significativa até aos 80 DAP. A melhoria na produção de tubérculos com o atraso no corte do haulm pode ser a razão para uma maior absorção de P (Chaurasia e Singh, 1995b).

Absorção de K

A maior absorção de 'K' foi registada nos tubérculos da cultura plantada a 1 de outubro, seguida de 15 de outubro e 25 de dezembro (Quadro 4.15).

Table 4.15: Efeito da época de plantação, das variedades e do calendário de descasque na absorção de nutrientes pelos tubérculos

Tratamentos	Absorção de nutrientes (kg/ha)		
	N	P	K

	2006-07	2007-08 2006-07		2007-08 2006-07		2007-08
Tempo de revestimento 1 de outubro (D1)	75.7	79.4	11.3	12.3	84.2	88.5
15 de outubro (D2)	68.3	72.3	10.2	11.1	75.8	80.7
25 de dezembro (D3)	33.0	40.5	4.9	6.2	36.4	44.8
CD (P<0,05) **Variedades**	6.1	6.3	1.1	1.2	6.4	6.9
Atlântico (V1)	67.6	68.2	10.0	10.5	75.2	75.2
Lady Rosetta (V2)	47.4	60.1	7.0	9.1	52.0	67.1
Kufri Chipsona-1 (V3)	62.6	65.7	9.4	10.1	69.1	72.3
Kufri Pukhraj (V4)	58.6	62.0	8.8	9.7	65.7	70.7
CD (P<0,05) **Estacas de lanço (dias)**	6.3	6.5	1.2	1.3	6.6	7.2
70 (HC1)	53.2	55.0	7.8	8.2	58.1	60.0
80 (HC2)	60.5	66.1	9.0	10.2	67.0	73.8
90 (HC3)	63.3	71.1	9.6	11.2	71.3	80.2
CD (P<0,05)	6.0	6.2	0.9	1.1	6.3	6.7

Todas as datas de plantação foram estatisticamente diferentes entre si durante os dois anos. A menor absorção de K na cultura plantada a 25 de dezembro pode dever-se à sua baixa produção de tubérculos. Entre as variedades, a absorção máxima e mínima de 'K' foi observada na variedade Atlantic e lady Rosetta, respetivamente durante 2006-2007 e 2007-08. Em 2006-07, a variedade Kufri chipsona-1 estava a par da Atlantic e da Kufri Pukhraj. Em 2007-08, todas as variedades foram estatisticamente iguais entre si, exceto a Atlantic e a Lady Rosetta. A menor absorção de K pela variedade Lady Rosetta pode ser devida à sua menor produção de tubérculos.

Durante ambos os anos, a absorção de 'K' aumentou de 70 a 90 DAP. No entanto, a taxa de aumento só foi significativa até 80 DAP. O aumento da produção de tubérculos com o atraso das estacas a lanço pode ter melhorado a absorção de K (Chaurasia e Singh 1995b)

4.1.4 Rentabilidade

Um exame crítico dos dados apresentados no Quadro 4.16 indica que os rendimentos líquidos máximos foram observados na cultura plantada em 1 de outubro (Rs 41132/-), seguida de 15 de outubro (Rs 28719/-). Por outro lado, o terceiro plantio, em 25 de dezembro, apresentou retornos líquidos negativos, o que pode ser devido à baixa produção de tubérculos em comparação com os dois plantios de outono anteriores.

Tabela 4.16: Efeito da época de plantio, variedade e calendário de descascamento no rendimento líquido rendimentos (agrupados em 2006-07 e 2007-08)

Tratamentos	Rendimento	brutoCusto total	Rendimentos líquidos (Rs/ha)

	(Rs/ha)	(Rs/ha)	
Tempo de revestimento			
1 de outubro (D1)	85296	44164	41132
15 de outubro (D2)	72883	44164	28719
25 de dezembro (D3)	36833	44164	-7331
CD (P<0,05)	-	-	
Variedades			
Atlântico (V1)	78686	46164	32522
Lady Rosetta (V2)	49866	46164	3702
Kufri Chipsona-1 (V3)	65066	46164	18902
Kufri Pukhraj (V4)	66400	38164*	28236
CD (P<0,05)	-	-	-
Haulmcuttings			
(dias)			
70 (HC1)	53940	44064	9876
80 (HC2)	66574	44164	22410
90 (HC3)	74499	44264	30235
CD (P<0,05)	-	-	-
* Custo das sementes para Kufri	Pukhraj era Rs.	800/q, enquanto o custo foi de	Rs. 1000/q para outros
variedades	utilizado	no	estudo.

Entre as variedades, o rendimento líquido máximo foi registado na variedade Atlantic (Rs 32522/-), seguida da Kufai Pukhraj (Rs 28236/-), Kufri Chipsona- 1 (Rs 18902/-) e lady Rosetta (Rs 3702/-). O rendimento líquido mais elevado no caso da Atlantic pode dever-se ao impacto cumulativo da maior produção de tubérculos de qualidade para processamento e do seu preço. Com o atraso no corte do lanço, os rendimentos líquidos aumentaram de 70 (Rs 9876/-) para 80 (Rs 22410) e 90 DAP (Rs 30235/-). O aumento de mais de duas vezes nos retornos líquidos até 90 DAP pode ser devido ao ganho contínuo tanto no rendimento total quanto no rendimento de tubérculos de grau de processamento.

4.1.5 Qualidade do processamento

4.1.5.1 Matéria seca dos tubérculos

A matéria seca dos tubérculos variou significativamente com as diferentes datas de plantação, variedades e estacas. A tendência observada no teor de matéria seca dos tubérculos foi semelhante em 2006-07 e 2007-08. Após o agrupamento, os tubérculos da cultura plantada em 1 de outubro (20,22%) e 15 de outubro (20,22%), sendo estatisticamente iguais entre si, continham matéria seca significativamente mais alta do que a cultura plantada em 25 de dezembro (19,94%) (Tabela 4.17).

Uppal (2000), Singh *et al.* (2002) e Ravinkant e Chadha (2009) declararam que a matéria seca é melhor no outono do que na primavera. Além disso, também foi registada uma variação significativa entre diferentes datas de plantação na estação do outono (Singh *et al.*, 2004). A temperatura ambiente elevada durante o período de plantação da cultura de 25 de dezembro pode ser responsável por uma menor matéria seca dos tubérculos. Foi relatado que a alta temperatura prejudicou a produção de matéria seca (Burton, 1989). Marinus e Bodlender (1975) observaram que 16° C temperatura de crescimento da batata é melhor do que 27° C temperatura de crescimento da batata para maior matéria seca. A matéria seca dos tubérculos inclui principalmente amido. A conversão de sacarose (fotossintatos) em amido é sensível a temperaturas elevadas, porque estas têm um efeito negativo na atividade da enzima amido sintase (Denyer *et al.*, 1994).

Os resultados do presente estudo indicaram que três variedades de processamento tinham um teor de matéria seca de tubérculo significativamente mais elevado em comparação com Kufri Pukhraj durante 2006-07 e 2007-08 (Quadro 4.17). No agrupamento, o conteúdo máximo de matéria seca de tubérculo foi em Lady Rosetta (22,51%) seguido por Kufri Chipsona-1 (21,50%), Atlantic (21,13%) e o mais baixo em Kufri Pukhraj comumente cultivado (15,4%). Exceto a Kufri Pukhraj, todas as três cultivares de transformação produziram mais de 21% de matéria seca, o que é superior ao limite mínimo prescrito de 20% e foi considerado adequado para transformação industrial. Resultados semelhantes para cultivares de processamento de diferentes zonas agroclimáticas da Índia também foram relatados por Kumar *et al.* (2003a); Singh *et al.* (2003); Kumar *et al.* (2004a); Kumar *et al.* (2007a); Marwaha *et al.* (2008); Marwaha *et al.* (2009b) e Singh *et al.* (2009). Esta variação em grande escala na matéria seca dos tubérculos entre variedades de processamento e variedades não processuais pode ser explicada considerando o padrão variável de utilização da sacarose (pois mais carbono importado é investido na matéria seca) e isto foi apoiado por uma maior atividade da sacarose sintase na cultivar exótica de processamento (Atlantic) em comparação com a variedade de mesa indiana (Kufri Lauvkar) Kumar e Ezekiel (2006). O conteúdo médio de matéria seca do tubérculo aumentou ligeiramente de 70 (19,35 e 20,83%) para 80 (19,41 e 20,96%) DAP em ambos os anos de 2006-07 e 2007-08, respetivamente (Tabela 4.17).

Quadro 4.17: Efeito da época de plantação, das variedades e do calendário de descasque no teor de matéria seca dos tubérculos

Época de plantação	Matéria seca dos tubérculos (%)		
	2006-07	2007-08	Agrupado
1 de outubro (D)1	19.43	21.02	20.22
15 de outubro (D2)	19.50	20.95	20.22
25 de dezembro (D3)	19.15	20.73	19.94
CD (P<0,05)	0.230	0.158	0.136
Variedades			

Atlântico (V1)	20.28	21.99	21.13
Lady Rosetta (V2)	21.63	23.40	22.51
Kufri Chipsona-1 (V3)	21.15	21.86	21.50
Kufri Pukhraj (V4)	14.37	16.38	15.37
CD (P<0,05)	0.268	0.182	0.155
Estacas de lanço (dias)			
70 (HC1)	19.35	20.83	20.09
80 (HC2)	19.41	20.96	20.18
90 (HC3)	19.32	20.93	20.12
CD (P<0,05)	NS	NS	NS

Foi observada uma tendência semelhante depois de reunir os dados de dois anos. Melhorias significativas na matéria seca dos tubérculos, conforme relatado por Marwaha (1998b); Kumar *et al.* (2003a); Marwaha *et al.* (2005a); Marwaha *et al.* (2005b); Pandey *et al.* (2006); Pandey *et al.* (2008) e Pandey *et al.* (2009) não foram observadas neste estudo, possivelmente devido à queda acentuada e ao aumento da temperatura ambiente em direção à maturidade no outono (1 e 15 de outubro) e no início da primavera (25 de dezembro), respetivamente. Foi relatado que temperaturas extremamente baixas e altas na tuberização exercem efeitos negativos no conteúdo de matéria seca do tubérculo (Marinus e Bodlaender (1975), Burtan (1989), Uppal e Khurana (2001) e Kumar *et al.* (2003b).

4.1.5.2 Recuperação de chips

A recuperação de aparas (ou rendimento de aparas) é um dos índices importantes para medir a recuperação final dos produtos de batata frita. A leitura dos dados na Tabela 4.18 indica que, exceto o calendário de descasque, o efeito da época de plantação e das variedades foi significativo na recuperação final das batatas fritas durante 2006-07 e 2007-08. Os tratamentos D1 (33,6 e 34,8%) e D2 (32,8 e 33,6%), sendo estatisticamente iguais, proporcionaram uma recuperação de batatas fritas significativamente mais elevada do que o tratamento D3 (27,7 e 28,3%) em 2006-07 e 2007-08, respetivamente. Os dados agrupados indicam que a D1 deu 1,0 e 6,2 g ou 3,1 e 22% mais recuperação de estilha do que a D2 e a D3, respetivamente. A maior recuperação de aparas na estação do outono (D1 e D2) pode dever-se ao maior teor de matéria seca dos tubérculos e ao seu grande tamanho (maior peso médio dos tubérculos). Um elevado teor de matéria seca dos tubérculos resulta num maior rendimento dos produtos transformados (Grewal e Uppal, 1989 e Ezekiel *et al.*, 1999). Além disso, as baixas perdas por descasque devido ao grande tamanho dos tubérculos em D1 e D2 podem também ter contribuído para uma maior recuperação das aparas. Os tubérculos grandes estão associados a menores perdas por descasque (Ezekiel *et al.*, 1999).

Todas as três variedades de processamento, i.e. Atlantic, Lady Rosetta e Kufri Chipsona-1, sendo estatisticamente iguais entre si, deram uma recuperação de estilha significativamente maior do que a variedade de mesa Kufri Pukhraj em 2006-07 e 2007-08. No agrupamento, a recuperação máxima de batatas fritas foi observada na Lady Rosetta (34%), seguida pela Atlantic (33,5%), Kufri Chipsona-1 (33,1%) e Kufri Pukhraj (26,6%). O aumento percentual correspondente na recuperação de aparas foi de 1,5, 2,8 e 28 com a Lady Rosetta em relação à Atlantic, Kufri Chipsona-1 e Kufri Pukhraj. Embora a cultivar Atlantic, Lady Rosetta e Kufri Chipsona-1 estivessem estatisticamente a par, permaneceram significativamente superiores à Kufri Pukhraj (Quadro 4.18). A alta recuperação de batatas fritas nas três variedades de processamento pode ser atribuída ao maior teor de matéria seca do tubérculo do que Kufri Pukhraj (Marwaha *et al.*, 2005b). Apesar de a matéria seca dos tubérculos ser significativamente mais elevada na Lady Rosetta, a recuperação das aparas foi igual à da Atlantic e da Kufri Chipsona-1 devido à maior perda de casca na Lady Rosetta. A observação de Marwaha (1998a) foi semelhante. **Quadro 4.18: Efeito da época de plantação, variedades e calendário de descasque na recuperação de aparas e perda de casca**

Época de plantação	Recuperação de aparas (%)			Perda de casca (%)		
	2006-07	2007-08	Agrupado	2006-07	2007-08	Agrupado
1 de outubro (D1)	33.59	34.85	34.22	7.20	7.40	7.30
15 de outubro (D2)	32.79	33.57	33.20	7.40	7.66	7.53
25 de dezembro (D3)	27.75	28.29	28.02	8.20	8.09	8.14
CD (P<0,05)	1.43	1.48	1.20	0.56	0.62	0.53
Variedades						
Atlântico (V1)	33.25	33.83	33.54	7.46	7.73	7.59
Lady Rosetta (V2)	33.66	34.42	34.04	8.78	8.58	8.68
Kufri Chipsona-1 (V3)	32.90	33.2	33.10	7.48	7.68	7.58
Kufri Pukhraj (V4)	25.71	27.48	26.60	6.68	6.88	6.78
CD (P<0,05)	1.57	1.63	1.33	0.61	0.67	0.58
Estacas de lanço (dias)						
70 (HC1)	30.90	31.77	31.33	7.57	7.78	7.67
80 (HC2)	32.07	32.84	32.46	7.50	7.58	7.54
90 (HC3)	31.16	32.10	31.63	7.73	7.79	7.76
CD (P<0,05)	NS	NS	NS	NS	NS	NS

O efeito do corte do lanço na recuperação das aparas foi considerado não significativo em 2006-07 e 2007-08. Ao agrupar, os dados indicam que o atraso no corte do lanço tende a melhorar ligeiramente a recuperação de aparas de 70 (31,3%) a 90 DAP (31,6%).

No entanto, a recuperação máxima de lascas foi registada aos 80 DAP (32,5%) quando a matéria seca dos tubérculos também estava no seu nível mais elevado (Quadro 4.18 e 4.17). Estes resultados estão em estreita conformidade com os resultados de Grewal e Uppal, 1989 e Marwaha *et al.*, 2005b.

4.1.5.3 Reduzir os açúcares

O teor de açúcares redutores da batata é de grande importância para a sua transformação, especialmente para os produtos fritos. A cor das batatas fritas depende da "reação de Maillard" entre os açúcares redutores e os aminoácidos livres, tendo sido registada uma correlação positiva entre a intensidade da cor das batatas fritas e o teor de açúcares redutores (Marwaha, 2002 e Roe *et al.*, 1990). As batatas que contêm menos de 0,10% (100 mg/100 g FW) de açúcares redutores produzem geralmente uma boa cor das batatas fritas (Marwaha *et al.*, 2005a). Entre as datas de plantação, o teor de açúcares redutores variou significativamente com a tendência de D2 > D3 > D1 durante 2006-07 e 2007-08 (Quadro 4.19). Depois de agrupados, em média os tubérculos em D2 continham 36 e 71 por cento mais açúcares redutores do que em D3 e D1, respetivamente. As observações de Pandey *et al.* (2004a); Kumar *et al.* (2007a) e Pandey *et al.* (2009) foram semelhantes. A temperatura muito baixa e alta no momento da colheita da cultura plantada a 15 de outubro e 25 de dezembro, respetivamente, pode ser a razão para o nível mais elevado de açúcares redutores em comparação com a cultura plantada a 1 de outubro.

Quadro 4.19: Efeito da época de plantação, das variedades e do calendário de descasque no teor de açúcar redutor

Época de plantação	Açúcares redutores (mg/100g FW)		
	2006-07	**2007-08**	**Agrupado**
1 de outubro (D)1	51.7	91.9	71.8
15 de outubro (D2)	116.7	128.7	122.7
25 de dezembro (D3)	75.6	105.1	90.4
CD (P<0,05)	3.15	3.59	2.64
Variedades			
Atlântico (V1)	39.2	52.2	45.7
Lady Rosetta (V2)	27.9	34.9	31.4
Kufri Chipsona-1 (V3)	37.0	42.6	39.8
Kufri Pukhraj (V4)	221.3	304.6	262.9
CD (P<0,05)	3.48	4.00	2.89
Estacas de lanço (dias)			
70 (HC1)	82.8	109.4	96.1
80 (HC2)	81.5	107.3	94.5
90 (HC3)	79.6	109.0	94.3
CD (P<0,05)	NS	NS	NS

É relatado que o teor de açúcar aumenta se o tubérculo for exposto à temperatura do solo abaixo de 8 a 12° C (Arrenguin, 1949) ou acima de 25 a 30° C (Timm *et al.*, 1968).

Há uma variação significativa no nível de açúcares redutores de todas as quatro variedades em estudo durante 2006-07 e 2007-08 (Tabela 4.19).

A acumulação de açúcares redutores foi maior em 2007-08, possivelmente devido à baixa temperatura prevalecente, mas a tendência entre as variedades foi semelhante em ambos os anos. Nos dados agrupados, a var. Kufri Pukhraj (262,9 mg) mostrou açúcares redutores médios máximos e significativamente mais altos, seguida por Atlantic (45,6 mg), Kufri Chipsona-1 (39,8 mg) e Lady Rosetta (31,44 mg/100 g FW) Tabela 4.19. Exceto Kufri Pukhraj, todas as cultivares de processamento mostraram uma tendência decrescente no açúcar redutor com o atraso na colheita de 70 a 90 DAP, o que indica uma interação significativa entre as variedades e o tempo de corte das hastes (Quadro 4.20).

Quadro 4.20: Efeito de interação (dados agrupados) da variedade e do calendário de descasque sobre açúcares redutores (mg/100 g FW)

Variedades (V)	Calendário de desfolhamento, dias após a plantação (HC)			
	70	80	90	Média
Atlântico (V1)	55.25	42.44	39.35	45.68
Lady Rosetta (V2)	3i.66	33.43	29.23	3i.44
Kufri Chipsona-i (V3)	53.04	40.42	26.0i	39.82
Kufri Pukhraj (V4)	244.39	26i.83	282.57	262.93
Média	96.09	94.53	94.29	
		V	HC	V x HC
S.Em+		i.0i4	i.293	2.227
CD (P<0,05)		2.89	3.6i	6.22

Da mesma forma, Kumar *et al.* (2005a); Marwaha *et al.* (2005a); e Pandey *et al.* (2009) também observaram uma tendência variável dos açúcares redutores em direção à maturidade em diferentes cultivares. Nas cultivares de processamento (Atlantic, Kufri Chipsona-1 e Lady Rosetta), os açúcares redutores foram inferiores a 61 mg/100 g FW durante todo o período de plantação e de remoção da casca, o que foi muito inferior ao limite aceitável de 0,1%.

Foi observada uma tendência semelhante depois de reunir os dados de dois anos. Melhorias significativas na matéria seca dos tubérculos, conforme relatado por Marwaha (1998b); Kumar *et al.* (2003a); Marwaha *et al.* (2005a); Marwaha *et al.* (2005b); Pandey *et al.* (2006); Pandey *et al.* (2008) e Pandey *et al.* (2009) não foram observadas neste estudo, possivelmente devido à queda acentuada e ao aumento da temperatura ambiente em direção à maturidade no outono (1 e 15 de outubro) e no início da primavera (25 de dezembro), respetivamente. Foi relatado que temperaturas extremamente baixas e altas na tuberização exercem efeitos negativos no conteúdo de matéria seca do tubérculo (Marinus e Bodlaender (1975), Burtan (1989), Uppal e Khurana (2001) e Kumar *et al.* (2003b).

4.1.5.4 Cor da pastilha

A pontuação da cor das aparas até 3 é considerada altamente aceitável e entre 3 e 4 é aceitável (Ezekiel *et al.*, 2003). O efeito principal da época de plantação, variedade e calendário de descasque na cor das aparas foi considerado significativo (Quadro 4.21). A pontuação média da cor dos cavacos foi mais baixa e aceitável em 1 de outubro (3,61, 3,27 e 3,44), seguida por 15 de outubro (4,01, 4,04 e 4,0) em comparação com o plantio de 25 de dezembro (4,29, 5,19 e 4,70) durante 2006-07 e 2007-08 e após o agrupamento (Tabela 4.21 e Placas 2,3,4 no final do capítulo). Todas as três datas de plantio diferiram significativamente entre si em 2006-07, 2007-08 e dados agrupados. A cor das aparas não aceitável na cultura plantada no final de dezembro em Western Uttar Pardesh já foi comunicada (Kumar *et al.*, 2007a e Pandey *et al.*, 2008). O facto de a cor das batatas fritas ser mais elevada na cultura plantada em 25 de dezembro, apesar de os açúcares redutores permanecerem dentro do limite prescrito, pode ser explicado pelo facto de não só os açúcares redutores (Ezekiel *et al.*, 2003), mas também a sacarose e os aminoácidos poderem contribuir para um escurecimento da cor comparável ao dos açúcares redutores (Leszkowiat *et al.*, 1990).

Entre as variedades, a Kufri Pukhraj apresentou a pontuação mais alta e a Lady Rosetta a pontuação mais baixa de cor de cavacos, no entanto, a Atlantic e a Kufri Chipsona-1 tiveram um comportamento intermediário durante 2006-07 e 2007-08. A variedade Kufri Chipsona-1 esteve a par da Atlantic e da Lady Rosetta em 2006-07 e 2007-08, respetivamente. No agrupamento, as variedades Lady Rosetta, Kufri Chipsona-1 e Atlantic apresentaram uma pontuação de cor de cavacos significativamente mais baixa do que a Kufri Pukhraj, no entanto, Atlantic e Kufri Chipsona-1 estavam em pé de igualdade estatisticamente. Numericamente, a tendência da pontuação da cor das aparas foi a favor de Lady Rosetta<Kufri Chipsona-1<Atlantic<Kufri Pukhraj. Exceto o Kufri Pukhraj, cultivado normalmente, todas as variedades de processamento mostraram uma pontuação média aceitável de cor das aparas (<3,52) durante o período de estudo de dois anos (Tabela 4.21 e Placas 2,3,4 no final do capítulo).

Quadro 4.21: Efeito da época de plantação, das variedades e do calendário de descasque na cor das aparas

Época de plantação	Pontuação da cor da ficha*		
	2006-07	**2007-08**	**Agrupado**
1 de outubro (D)1	3.61	3.27	3.44
15 de outubro (D2)	4.01	4.04	4.00
25 de dezembro (D3)	4.29	5.19	4.70
CD (P<0,05)	0.18	0.21	0.13
Variedades			
Atlântico (V1)	3.31	3.52	3.42
Lady Rosetta (V2)	2.33	3.09	2.71
Kufri Chipsona-1 (V3)	3.46	3.26	3.36
Kufri Pukhraj (V4)	6.77	6.81	6.80
CD (P<0,05)	0.20	0.24	0.15
Estacas de lanço (dias)			
70 (HC1)	3.72	4.02	3.87
80 (HC2)	4.22	4.44	4.32
90 (HC3)	3.97	4.04	4.00
CD (P<0,05)	0.16	0.19	0.12

*(numa escala de 1 a 10, aumentando a cor escura)

Em diferentes datas de descascamento, a melhor cor de cavacos foi observada na var. Lady Rosetta (2.5) e Kufri Chipsona-1 (3.0) aos 90 dias, enquanto na Atlantic (3.2) foi aos 70 dias após o plantio. A Kufri Pukhraj, uma variedade não transformadora comummente cultivada, apresentou lascas inaceitáveis de cor escura (>6) ao longo de todo o calendário de descasque Quadro 4.22. A interação entre a variedade e o corte a lanço foi significativa devido à melhoria não significativa (mudança) na cor das aparas da Atlantic dos 80 aos

90 DAP (Quadro 4.22). A cor inaceitável das batatas fritas de Kufri Pukhraj pode ser atribuída ao nível excecionalmente mais elevado de açúcares redutores e sacarose do que o das outras três variedades de processamento. Marwaha *et al.* (2005a); Kumar e Ezekiel (2006) e Marwaha *et al.* (2009b) observaram um tipo de variação semelhante entre variedades transformadas e não transformadas.

Quadro 4.22: Efeito de interação (dados agrupados) da variedade e do calendário de descasque para a pontuação da cor das aparas

Variedades (V)	Calendário de descasque, dias após a plantação (HC)			
	70	**80**	**90**	**Média**
Atlântico (V)1	3.19	3.55	3.50	3.42
Lady Rosetta (V2)	2.69	2.91	2.52	2.71
Kufri Chipsona-i (V3)	3.36	3.69	3.02	3.36
Kufri Pukhraj (V4)	6.25	7.16	6.97	6.80
Média	3.87	4.32	4.00	X
		V	HC	V X HC
S. Em+		0.054	0.042	0.084
CD (P<0,05)		0.153	0.117	0.235

4.1.5.5 Sacarose

Embora a cor das batatas fritas dependa principalmente da reação entre açúcares redutores e aminoácidos livres, a sacarose também pode participar como substrato para a redução de açúcares após sofrer hidrólise induzida pelo calor durante a fritura (Leszmkowiat *et al.*, 1990). No presente estudo, a sacarose aumentou significativamente com o atraso da plantação de 1 de outubro a 25 de dezembro durante 2006-07 e 2007-08 (Quadro 4.23). Os dados agrupados mostraram um aumento de 16,6 por cento na sacarose à medida que a plantação se atrasava de 1 de outubro (D1) para 15 de outubro (D2). Com a plantação tardia, os tubérculos podem ter sido expostos a temperaturas extremamente baixas. Uppal (2002) e Kumar *et al.* (2007a) também observaram um aumento do nível de sacarose à medida que a temperatura descia do início do outono para a colheita principal de outono. Isto pode ser devido a uma maior atividade da enzima de síntese de sacarose a baixa temperatura (Pattanayak, 1998). Além disso, o aumento de 28,7% no nível de sacarose com o plantio de 25 de dezembro em relação ao plantio de 1° de outubro pode ser atribuído à exposição à alta temperatura predominante e à maior duração dos dias até a maturidade da cultura. Uma sacarose mais elevada indica um maior fluxo de assimilados líquidos em condições de dias longos e temperaturas elevadas (Kumar *et al.*, 2007a) ou uma utilização relativamente menor de sacarose (síntese lenta de amido) nos tubérculos (Krause e Marschner, 1984). Estes resultados são também apoiados por conclusões anteriores de que a sacarose era o principal açúcar livre na estação da primavera, porque, ao contrário das condições de baixa temperatura, a decomposição da sacarose não era catalisada pela invertase devido à síntese de inibidores proteicos em condições de temperatura elevada e dias longos (Yamaguchi *et al.*, 1964 Pressy e Shaw, 1966 e Uppal, 2000).

Entre as quatro variedades, o teor médio máximo e mínimo de sacarose foi registado em Kufri Pukhraj e Lady Rosetta, respetivamente durante 2006-07 e 2007-08. Outras duas variedades, Atlantic e Kufri Chipsona-1, apresentaram um nível médio de sacarose intermédio durante as épocas de 2006-07 e 2007-08. Exceto a Atlantic e a Lady Rosetta em 2007-08, todas as outras variedades diferiram significativamente em ambos os anos. Depois de agrupadas, a Lady Rosetta, a Atlantic e a Kufri Chipsona-1 apresentaram um teor médio de sacarose 54,4, 52,8 e 51 por cento inferior ao da Kufri Pukhraj, cultivada habitualmente, respetivamente. Entre as três variedades de processamento, o nível médio de sacarose variou de 231,6 em Lady Rosetta a 248,5 mg/100 g FW em Kufri Chipsona-1 (Tabela 4.23) e estavam na mesma faixa como relatado por Singh *et al.* (2008a) da região de Indore (uma área considerada altamente adequada para a produção de batatas de processamento). O nível mais alto de sacarose, juntamente com a baixa matéria seca do tubérculo em Kufri Pukhraj, pode ter indicado uma utilização subótima da sacarose, conforme descrito por Kumar e Ezekiel (2006) no caso de Kufri Lauvkar (variedade de mesa) e Atlantic (variedade de processamento).

Quadro 4.23: Efeito da época de plantação, variedades e calendário de descasque no teor de sacarose

Época de plantação	Sacarose (mg/100 g FW)		
	2006-07	**2007-08**	**Agrupado**
1 de outubro (D)1	235.3	298.1	266.7
15 de outubro (D2)	299.5	322.5	311.0
25 de dezembro (D3)	314.5	371.8	343.2
CD (P<0,05)	7.06	7.75	6.84
Variedades			
Atlântico (V1)	219.6	259.5	239.5
Lady Rosetta (V2)	209.5	253.7	231.6
Kufri Chipsona-1 (V3)	228.5	268.5	248.5
Kufri Pukhraj (V4)	474.7	541.6	508.2
CD (P<0,05)	7.82	8.51	7.59
Estacas de lanço (dias)			
70 (HC1)	284.0	341.3	312.6
80 (HC2)	287.3	346.5	316.9
90 (HC3)	278.0	304.7	291.4
CD (P<0,05)	6.38	7.06	6.16

Entre os horários dehaulming, o teor médio de sacarose foi significativamente menor aos 90 do que aos 80 e 70 DAP, que foram estatisticamente iguais entre si durante 2006-07 e 2007-08 (Tabela 4.23). No agrupamento, a diminuição correspondente foi de 8,0 e 6,8 por cento, respetivamente (Quadro 4.23). A tendência decrescente da sacarose dos 80 aos 90 DAP deve-se possivelmente à diferença na maturidade fisiológica relativa dos tubérculos. Este facto não está em conformidade com as conclusões de que os tubérculos fisiologicamente maduros têm um nível de sacarose mais baixo (Marwaha, 1998b e Kumar *et al.*, 2003a).

4.1.5.6 Aminoácido livre

Para além dos açúcares redutores, os aminoácidos livres são outro reagente na "reação de Maillard" que resulta no escurecimento não enzimático dos produtos de batata frita. O teor máximo e significativamente mais elevado de aminoácidos livres foi observado em 15 de outubro (D2), seguido de 1 de outubro (D1) e 25 de dezembro (D3) em ambos os anos (Quadro 4.24). Após o agrupamento, o aumento percentual correspondente foi de 42 e 61 em D2 em relação a D1 e D3, respetivamente. Pandey *et al.*, (2008) também registaram aminoácidos livres elevados com um atraso na plantação de setembro para outubro. Os aminoácidos livres significativamente mais elevados na plantação de 15 de outubro (56,7 mg/100 g FW) podem ser atribuídos a temperaturas muito baixas na altura da colheita. Singh *et al.* (2005) e Marwaha (2001) já reconheceram o efeito positivo da baixa temperatura no conteúdo de aminoácidos livres em diferentes locais.

Quadro 4.24: Efeito da época de plantação, das variedades e do calendário de descasque no teor de aminoácidos livres

Época de plantação	**Aminoácidos livres (mg/100 g FW)**		
	2006-07	**2007-08**	**Agrupado**
1 de outubro (D)1	37.90	42.20	40.05
15 de outubro (D2)	54.20	59.20	56.70
25 de dezembro (D3)	32.82	37.52	35.20
CD (P<0,05)	2.11	2.23	1.49
Variedades			
Atlântico (V1)	41.20	47.10	44.20
Lady Rosetta (V2)	39.12	48.12	43.62
Kufri Chipsona-1 (V3)	44.51	43.32	43.92
Kufri Pukhraj (V4)	41.70	46.69	44.20
CD (P<0,05)	2.43	2.57	NS
Estacas de lanço (dias)			
70 (HC1)	35.31	40.21	37.75
80 (HC2)	42.69	46.60	44.65
90 (HC3)	47.00	52.11	49.55
CD (P<0,05)	1.60	1.72	1.13

Relativamente às cultivares, a Lady Rosetta apresentou um teor de FAA significativamente inferior (39,1 mg) e superior (48,1 mg) em 2006-07 e 2007-08, respetivamente. As cultivares Atlantic com Kufri Pukhraj e Lady Rosetta em 2006-07, e Atlantic, Lady Rosetta e Kufri Pukhraj em 2007-08 foram estatisticamente iguais entre si. Após o agrupamento, não se observou uma variação significativa dos aminoácidos livres. A observação de Marwaha *et al.* (2009a) foi semelhante.

O teor médio de aminoácidos livres apresentou uma tendência ascendente significativa com o aumento da duração da cultura em ambos os anos. Houve um teor de aminoácidos livres 10,7 e 31,3 por cento mais elevado aos 90 dias em comparação com 80 e 70 dias após a plantação, respetivamente (Quadro 4.24). Marwaha *et al.* (2005a) e Marwaha *et al.* (2005b) também observaram um aumento semelhante no teor de aminoácidos livres em culturas de maior duração.

4.1.5.7 Fenóis totais

Uma vez que os fenóis têm propriedades antioxidantes e o seu nível mais elevado é considerado desejável em cultivares de mesa, no entanto, ao mesmo tempo, tem sido associado ao escurecimento enzimático em tubérculos descascados/cortados (Marwaha, 2001). Por conseguinte, no processamento, é preferível um baixo nível de fenóis totais. Os dados do Quadro 4.25 mostram que a diferença de fenóis totais entre as três datas de plantação foi significativa. Os tubérculos da plantação de 1 de outubro (D1) continham fenóis totais significativamente mais baixos em comparação com a plantação de 15 de outubro (D2) seguida da plantação de 25 de dezembro (D3) durante 2006-07 e 2007-08. No agrupamento, o aumento percentual foi de 25,1 e 40 em D3 sobre D2 e D1, respetivamente. Estes resultados são contraditórios com as conclusões de Uppal (2002) e estão parcialmente de acordo com Pandey *et al.* (2008).

Quadro 4.25: Efeito da época de plantação, variedades e calendário de descasque no teor de fenóis totais

Época de plantação	**Fenóis totais (mg/100 g FW)**		
	2006-07	**2007-08**	**Agrupado**
1 de outubro (D)1	23.27	34.36	28.81
15 de outubro (D2)	28.51	35.99	32.25
25 de dezembro (D3)	42.61	37.96	40.30
CD (P<0,05)	1.55	1.59	1.11
Variedades			
Atlântico (V1)	24.80	36.03	30.41
Lady Rosetta (V2)	35.71	42.70	39.20
Kufri Chipsona-1 (V3)	34.66	31.52	33.10
Kufri Pukhraj (V4)	30.69	34.18	32.43
CD (P<0,05)	1.81	1.83	1.28
Estacas de lanço (dias)			
70 (HC1)	26.15	30.78	28.50
80 (HC2)	32.38	37.55	34.96
90 (HC3)	35.86	39.99	37.92
CD (P<0,05)	1.78	1.80	1.26

Entre as variedades, a Lady Rosetta continha o máximo de fenóis totais em 200607 e 2007-08. Os fenóis totais mais baixos foram registados em Atlantic (24,8 mg) e Kufri Chipsona-1 (31,5 mg) em 2006-07 e

2007-08, respetivamente. Todas as cultivares variaram significativamente entre si, exceto Kufri Chipsona-1 e Lady Rosetta em 2006-07.

Após o agrupamento, a Lady Rosetta continha 28,9, 21 e 18,4 por cento mais fenóis totais do que a Atlantic, Kufri Pukhraj e Kufri Chipsona-1, respetivamente. Exceto Kufri Pukhraj e Kufri Chipsona-1, os compostos fenólicos totais em todas as cultivares variaram significativamente (Quadro 4.25). Pandey *et al.* (2008) e Marwaha *et al.* (2009b) relataram observações semelhantes. Com o atraso no corte do lanço, o conteúdo médio de fenóis totais aumentou significativamente de 70 a 90 DAP durante 2006-07 e 2007-08. Após o agrupamento, o aumento correspondente em fenóis totais foi de 33 por cento (Quadro 4.25). Estes resultados estão em estreita conformidade com Marwaha *et al.* (2005a), mas não estão de acordo com Pandey *et al.* (2008) e Marwaha *et al.* (2005b).

4.2 EXPERIMENTAÇÃO-II: Efeito das variedades e dos níveis de azoto no crescimento, rendimento e qualidade de transformação da batata.

4.2.1 Efeito das variedades e dos níveis de azoto no crescimento e no rendimento

4.2.1.1 Emergência de tubérculos

4.2.1.2 Contagem de emergência

4.2.1.3 Iniciação do tubo

4.2.1.4 Número de caules por planta

4.2.1.5 Altura da planta

4.2.1.6 Área foliar

4.2.1.7 Número de tubérculos por planta

4.2.1.8 Rendimento total de tubérculos

4.2.1.9 Rendimento de tubérculos para transformação

4.2.1.10 Taxa de volume de tubérculos

4.2.1.11 Rendimento do transporte

4.2.2 Absorção de NPK

4.2.3 Rentabilidade

4.2.4 Dose óptima de azoto

4.2.5 Qualidade do processamento

4.2.5.1 Matéria seca dos tubérculos

4.2.5.2 Recuperação do rendimento das aparas

4.2.5.3 Reduzir os açúcares

4.2.5.4 Cor da pastilha

4.2.5.5 Sacarose

4.2.5.6 Aminoácidos livres

4.2.5.7 Fenóis totais

4.2.5.8 Estudos de correlação

4.2.1. Efeito das variedades e dos níveis de azoto no crescimento e no rendimento

4.2.1.1 Emergência de tubérculos (dias)

O efeito da variedade e dos níveis de azoto no número de dias necessários para a emergência dos tubérculos não foi significativo (Quadro 4.26). A emergência dos tubérculos foi ligeiramente mais precoce em 2006-07 do que em 2007-08, possivelmente devido à precipitação atempada e à temperatura mínima média mais elevada até à terceira semana de outubro (quadros 3.2 e 3.3). Os tubérculos-semente de Kufri Pukhraj e Kufri Chipsona-1 emergiram ligeiramente mais cedo do que Atlantic e Lady Rosetta.

A aplicação de nitrogénio a taxas mais elevadas (200 e 300 kg N/ha) atrasou ligeiramente a emergência de tubérculos em 2006-07 e 2007-08 (Quadro 4.26). O atraso na emergência dos tubérculos pode ser devido à toxicidade do amoníaco (Chu *et al.*, 1984 e Sahota e Singh, 1986).

4.2.1.2 Emergência (%)

A população de plantas 25 dias após a plantação foi superior a 95 por cento em todos os tratamentos e não foi significativamente afetada por diferentes variedades e níveis de azoto (Quadro 4.26). Em 2006-07, a população de plantas ligeiramente melhor pode ser atribuída à temperatura mínima média mais elevada até à terceira semana de outubro (Quadro 3.2 e 3.3).

Entre as variedades, a Kufri Pukhraj e a Kufri Chipsona-1 apresentaram um número de plantas marginalmente mais elevado do que a Atlantic e a Lady Rosetta em 2006-07 e 2007-08.

A aplicação de azoto reduz ligeiramente a população de plantas. Sahota e Singh (1986) e Chu *et al.* (1984) também registaram resultados semelhantes.

4.2.1.3 Iniciação dos tubérculos

O momento da iniciação do tubérculo desempenha um papel importante na determinação do tempo disponível para o enchimento do tubérculo. Uma leitura dos dados apresentados no Quadro 4.26 indica que o número de dias necessários para a iniciação dos tubérculos não foi significativamente afetado pelas diferentes variedades e níveis de azoto. As diferentes variedades levaram quase o mesmo número de dias para a iniciação dos tubérculos, embora numericamente a var. Lady Rosetta e a Kufri Chipsona-1 tenham levado um pouco mais de tempo em ambos os anos. A aplicação de nitrogénio atrasou ligeiramente a iniciação dos tubérculos até 300 kg N/ha durante ambos os anos.

4.2.1.4 Número de caules por colina

As densidades de caules acima do solo são um bom reflexo do número de caules principais com origem no tubérculo-semente. Existe uma correlação entre o número de caules e o número de tubérculos (Iritani *et al.*, 1983). Todas as variedades apresentaram maior número de caules por planta em 2006-07 em comparação com 2007-08 aos 30, 60 e 90 DAP, mas a tendência entre as variedades foi semelhante em 2006-07 e 2007-08 (Tabela 4.27). Após o agrupamento, duas variedades exóticas, ou seja, Atlantic e Lady Rosetta, que estavam estatisticamente em pé de igualdade, mostraram um número significativamente menor de caules em comparação com Kufri Chipsona-1 e Kufri Pukhraj, que também estavam estatisticamente em pé de igualdade entre si aos 30, 60 e 90 DAP. A análise de variância revelou que o genótipo afectou o número de caules por tubérculo ou colina (De la Morena *et al.*, 1994 e Kumar *et al.*, 2007b).

O aumento da aplicação de nitrogénio aumentou o número de caules por colina até 200 kg N/ha, depois disso observou-se um decréscimo aos 30, 60 e 90 DAP em 2006-07 e 2007-08. Todos os níveis de azoto não diferiram significativamente do controlo, exceto aos 90 DAP em 2006-07 e 2007-08. Nos dados agrupados, o aumento percentual foi de 15,9, 25,7 e 20,5 com 100, 200 e 300 kg N/ha sobre o controlo, respetivamente aos 90 DAP (Quadro 4.27).

O mesmo foi observado por Sahota e Singh (1986), Nandekar (2005), Zebarth *et al.* (2006) e Kumar *et al.* (2007b). A variação genotípica na produção de tubérculos é largamente controlada pela densidade do caule, seguida do número de tubérculos por caule e do peso médio do tubérculo (De La Morena, 1994). Uma vez que todos os rebentos presentes num tubérculo não se transformam num caule, no presente estudo o número de caules aumentou com o aumento dos níveis de azoto até 200 kg N/ha, indicando que a disponibilidade de azoto é um dos factores limitantes do crescimento dos rebentos presentes num tubérculo (Singh *et al.*, 1997). Rai *et al.* (2002) observaram um maior número de rebentos com 120 kg N/ha em comparação com o controlo. O azoto é capaz de aumentar a CEC da raiz que, por sua vez, ajuda a planta a absorver outros nutrientes (Elagabaly, 1962). A utilização de 'K' para o crescimento das plantas foi associada ao fornecimento concomitante de azoto (Sharma e Arora, 1988). Para além de 200 kg N/ha, uma ligeira diminuição do número de caules pode dever-se aos efeitos tóxicos de uma aplicação mais elevada de azoto (Sahota e Singh, 1986 e Chu *et al.*, 1984).

Quadro 4.26: Efeito da variedade e dos níveis de azoto na emergência dos tubérculos, na população de plantas e na iniciação dos tubérculos

Variedades	Número de dias necessários para a emergência			Emergência 25 DAP (%)			Número de dias para a iniciação dos tubérculos		
	2006 07	200708	Agrupado	2006 07	200708	Agrupado	2006 07	200708	Agrupado
Atlântico	9.6	11.5	10.5	97.1	95.9	96.5	31.5	29.7	30.6
Senhora	9.5	11.6	10.5	96.9	96.1	96.5	32.4	30.6	31.5
Rosetta Kufri	9.5	11.4	10.4	97.3	95.9	96.6	33.5	31.2	32.3
Chipsona-1 Kufri	9.4	11.4	10.4	97.4	96.2	96.8	31.5	29.6	30.5

Pukhraj CD(P < 0.05) **Níveis de azoto**	NS	NS	NS	NS	NS	NS	NS	NS	NS
(kg/ha) 0	9.4	11.3	10.3	97.4	96.4	96.9	31.2	29.4	30.3
100	9.4	11.3	10.3	97.5	96.2	96.8	31.6	29.6	30.6
200	9.6	11.5	10.6	97.3	96.2	96.7	32.3	30.5	31.4
300	9.7	11.7	10.7	96.5	96.3	95.9	33.8	31.6	32.7
CD(P < 0,05)	NS	NS	NS	NS	NS	NS	NS	NS	NS

Quadro 4.27: Efeito das variedades e dos níveis de azoto no número de caules por colina

Variedades	**Número de caules por tubérculo**								
	30 DAP				60 DAP		**90 DAP**		
	2006 07	**200708**	Agrupados 200607		**200708**	**Agrupado**	**2006 07**	**200708**	**Agrupado**
Atlântico	3.45	3.25	3.35	3.57	3.36	3.46	3.30	3.00	3.15
Senhora Roseta	3.55	3.46	3.50	3.69	3.56	3.62	3.44	3.10	3.27
Kufri	4.00	3.89	3.94	4.15	4.04	4.09	3.89	3.73	3.81
Chipsona-1 Kufri	4.15	4.01	4.08	4.24	4.17	4.20	4.01	3.87	3.94
Pukhraj CD(P< 0,05) **Níveis de azoto**	0.45	0.43	0.42	0.46	0.48	0.45	0.44	0.49	0.42
(kg/ha) 0	3.54	3.43	3.48	3.68	3.54	3.62	3.24	2.90	3.07
100	3.75	3.64	3.69	3.87	3.69	3.78	3.71	3.42	3.56
200	3.99	3.86	3.92	4.10	4.01	4.05	3.93	3.80	3.86
300	3.87	3.70	3.78	3.99	3.88	3.93	3.81	3.59	3.70

CD (P < 0,05)	NS	NS	NS	NS	NS	NS	0.44	0.49	0.42

4.2.1.5 Altura da planta

A altura da planta é um dos índices para determinar a capacidade de competição de crescimento da cultura, bem como um indicador da capacidade de promoção ou supressão de crescimento do tratamento. Os dados registados sobre a altura periódica das plantas são apresentados no Quadro 4.28. A altura da planta variou significativamente entre diferentes variedades e níveis de nitrogênio ao longo do crescimento da cultura, exceto aos 30 DAP em 2006-07 e 2007-08. As variedades Kufri Pukhraj, Atlantic e Kufri Chipsona-1, sendo estatisticamente iguais entre si, produziram plantas significativamente mais altas em comparação com a Lady Rosetta aos 60 e 90 DAP em 2006-07 e 2007-08. Aos 60 DAP, os dados agrupados indicam que as plantas de Kufri Pukhraj eram 14,3, 6,1 e 2,4 por cento ou 13, 3,2 e 1,3 cm mais altas do que Lady Rosetta, Kufri Chipsona-1 e Atlantic, respetivamente. O mesmo foi observado aos 90 DAP. Isto pode dever-se à composição genética variável das variedades (Kumar e Kang, 1998) e à fraca adaptabilidade da Lady Rosetta às novas condições agro-climáticas. A altura da planta aumentou significativamente com o aumento gradual de 0 a 100 a 200 kg N/ha durante todos os períodos de observação, exceto aos 30 dias de idade da cultura, em que os níveis de azoto não diferiram estatisticamente e foram iguais entre si em 2006-07 e 2007-08. Aos 60 dias de idade da cultura, a altura máxima da planta foi registada com 300 kg N/ha, que estava a par com 200 kg N/ha e significativamente mais do que os níveis mais baixos de 0 e 100 kg N/ha em 2006-07 e 2007-08 (Quadro 4.28).

Foi observada uma tendência semelhante aos 90 dias após a plantação. Os resultados de Khalak e Kumaraswamy (1992), Singh *et al.* (1997), Nandekar (2005), Chadha *et al.* (2006), Kumar *et al.* (2007b) e Sarkar *et al.* (2011) foram semelhantes. O aumento da altura das plantas com a aplicação de azoto é atribuído ao papel do azoto no crescimento e metabolismo das plantas em termos de aumento do tamanho das células e maior atividade meristemática (Lanker *et al.*, 2000, Rai *et al.*, 2002 e Mehdi *et al.*, 2008) e absorção de outros nutrientes (Elagabaly, 1962 e Sharma e Arora, 1988).

Quadro 4.28: Efeito das variedades e dos níveis de azoto na altura periódica das plantas (cm)

Variedades	**30 DAP**			**60 DAP**			**90 DAP**		
	200607	**200708**	***Agrupado***	**200607**	**200708**	**Agrupado**	**200607**	**200708**	**Agrupado**
Atlântico	20.2	18.4	19.3	55.4	53.9	54.6	62.3	59.3	60.8
Senhora Roseta	19.4	17.9	18.6	48.3	49.5	48.9	50.8	50.2	50.5
Kufri Chipsona-1	20.0	18.3	19.1	53.7	51.8	52.7	59.0	57.1	58.0
Kufri Pukhraj	20.3	18.5	19.3	57.1	54.8	55.9	62.8	60.0	61.4
CD(P < 0.05)	NS	NS	NS	3.5	3.6	3.2	3.9	4.2	3.8
Níveis de azoto (kg/ha)									
0	19.4	17.8	18.6	44.4	42.3	43.3	43.7	40.2	41.9

100	19.9	18.2	19.0	53.8	51.9	52.8	58.8	56.8	57.8
200	20.2	18.5	19.3	57.7	57.4	57.5	64.6	63.2	63.9
300	20.3	18.5	19.4	58.5	58.4	58.4	67.8	66.2	67.0
CD(P < 0.05)	NS	NS	NS	3.5	3.6	3.2	4.2	4.3	3.9

4.2.1.6 Índice de área foliar

O índice de área foliar é um bom índice de crescimento das plantas e é uma caraterística importante que influencia a capacidade das plantas de captar energia solar para a fotossíntese e a capacidade de assimilação das plantas. Em 2006-07, o LAI foi registado mais alto do que em 2007-08, mas a tendência do LAI foi semelhante em ambos os anos (Quadro 4.29). O LAI variou significativamente entre diferentes variedades e níveis de nitrogênio ao longo do crescimento da cultura, exceto aos 30 DAP. Aos 60 DAP, o LAI máximo e mínimo foi registado em Kufri Pukhraj e Lady Rosetta, respetivamente, em ambos os anos. No entanto, as variedades Kufri Pukhraj, Kufri Chipsona-1 e Atlantic mantiveram-se ao mesmo nível. Depois de agrupadas, Kufri Pukhraj (4.12), Atlatnic (4.0) e Kufri Chipsona-1 (3.90), sendo estatisticamente iguais, exibiram 29.1, 25.4 e 22.2 por cento de índice de área foliar significativamente mais alto que Lady Rosetta, respetivamente. Aos 90 DAP, o LAI máximo e mínimo foi observado novamente em Kufri Pukhraj e Lady Rosetta durante 2006-07 e 2007-08, respetivamente. No entanto, Kufri Chipsona-1 permaneceu estaticamente a par com Kufri Pukhraj e Atlantic durante ambos os anos. Após o agrupamento, Kufri Pukhraj (3,77), estando estatisticamente a par com Kufri Chipsona-1 (3,51), apresentou 124,3 e 18,5 por cento de área foliar significativamente maior do que Lady Rosetta e Atlantic, respetivamente. A variedade Kufri Chipsona-1 foi igual à variedade Kufri Pukhraj e Atlantic. O LAI aumentou com o aumento da idade da cultura até 60 DAP, depois disso, foi observado um decréscimo em todas as variedades devido à senescência das folhas. A taxa de diminuição do LAI após 90 dias foi mais acentuada na Atlantic e na Lady Rosetta do que na Kufri Chipsona-1 e na Kufri Pukhraj. Estes resultados validam as conclusões anteriores de Pandey *et al.* (2002), que registaram a maturidade forçada da Atlantic em condições de dias curtos nas planícies indo-gangéticas do centro-norte.

Quadro 4.29: Efeito das variedades e dos níveis de azoto no índice periódico da área foliar (IAF) da batata

Variedades	**30 DAP**			**60 DAP**			**90 DAP**		
	2006 07	**200708**	***Agrupado***	**2006 07**	**200708**	**Agrupado**	**2006 07**	**200708**	**agrupados**
Atlântico	1.29	1.27	1.28	4.07	3.94	4.00	3.31	3.05	3.18
Lady Rosetta	1.13	1.12	1.12	3.25	3.13	3.19	1.78	1.59	1.68
Kufri	1.26	1.23	1.24	4.00	3.80	3.90	3.60	3.42	3.51
Chipsona-1 Kufri	1.44	1.42	1.43	4.20	4.05	4.12	3.90	3.65	3.77
Pukhraj CD (P < 0.05)	NS	NS	NS	0.45	0.40	0.37	0.41	0.39	0.36

Níveis de azoto									
(kg/ha) 0	1.10	1.07	1.08	1.88	1.70	1.79	1.51	1.25	1.38
100	1.27	1.25	1.26	3.85	3.70	3.77	2.91	2.68	2.79
200	1.36	1.35	1.35	4.77	4.65	4.71	3.92	3.71	3.81
300	1.41	1.38	1.39	5.00	4.90	4.95	4.25	4.07	4.16
CD (P < 0,05)	NS	NS	NS	0.45	0.40	0.37	0.41	0.39	0.36

A aplicação de nitrogénio aumentou significativamente o LAI até 300 kg N/ha durante todo o crescimento da cultura, exceto aos 30 DAP em 2006-07 e 2007-08. Aos 60 DAP, a dose mais alta de 300 kg N/ha deu LAI máximo (4.95) que foi estatisticamente igual a 200 kg N/ha (4.71) e permaneceu significativamente superior a 100 kg N/ha (3.77) e controlo (1.79) durante ambos os anos (Tabela 4.29). O mesmo foi observado aos 90 DAP. Singh *et al.* (2007) também observaram um aumento no LAI até 300 kg N/ha.

4.2.1.7 Número de tubérculos por planta

Os dados apresentados no Quadro 4.30 indicam que diferentes variedades e níveis de azoto influenciaram significativamente o número de tubérculos por planta aos 70 e 90 DAP. As variedades Kufri Pukhraj, Kufri Chipsona-1 e Lady Rosetta, sendo estatisticamente iguais, tenderam a registar um número significativamente maior de tubérculos do que a Atlantic aos 70 e 90 DAP durante 2006-07 e 2007-08. Em geral, a produção de tubérculos por planta foi maior em 2007-08 do que em 2006-07. A baixa temperatura prevalecente no momento da tuberização em 2007-08 pode ser a razão para uma maior tuberização (Tabela 3.2 e 3.3). Os dados combinados indicam que a Kufri Pukhraj produziu 2,3, 13,5 e 55,4 por cento mais tubérculos por planta do que a Kufri Chipsona-1, Lady Rosetta e Atlantic aos 90 DAP. O mesmo foi observado aos 70 DAP. Uma variação significativa no número de tubérculos por planta entre variedades pode ser atribuída à arquitetura genotípica da variedade (Kumar e Kang, 1998).

Quadro 4.30: Efeito das variedades e dos níveis de azoto no número de tubérculos por planta

Variedades	Dias após a plantação					
	2006 07	**70 2007-08**	**Agrupado**	**2006-07**	**90 2007-08**	**Agrupado**
Atlântico	4.30	4.62	4.46	4.37	4.70	4.53
Lady Rosetta	5.88	6.28	6.08	5.99	6.41	6.20
Kufri Chipsona-1	6.36	6.71	6.53	6.78	6.99	6.88
Kufri Pukhraj	6.48	6.73	6.60	6.86	7.22	7.04
CD (P < 0,05)	1.24	1.32	1.17	1.28	1.35	1.22
Níveis de azoto (kg/ha) 0	4.95	5.20	5.07	5.02	5.30	5.16

100	5.97	6.27	6.12	6.21	6.51	6.38
200	6.15	6.55	6.35	6.41	6.82	6.61
300	5.96	6.31	6.13	6.33	6.70	6.51
CD ($P < 0,05$)	1.24	1.32	1.17	1.28	1.35	1.22

O aumento da aplicação de nitrogênio aumentou o número de tubérculos por planta, embora a taxa de aumento tenha sido significativa apenas até 100 kg N/ha aos 70 e 90 DAP durante 2006-07 e 2007-08 (Tabela 4.30). Em 2007-08, a fixação dos tubérculos foi maior, o que pode estar relacionado com a temperatura mínima média mais baixa a partir de novembro em 2007-08 do que em 2006-07. A tendência de formação de tubérculos por planta nos níveis de nitrogênio foi semelhante em ambos os anos. Aos 90 DAP, os dados agrupados indicaram que o número máximo de tubérculos por planta foi registado com 200 kg N/ha (6,61) seguido de 300 (6,51), 100 kg N/ha (6,38) e controlo (5,16). No entanto, todos os três níveis de azoto foram significativamente melhores do que o controlo. O mesmo foi observado aos 70 DAP. Goswami (2002), Kumar *et al.* (2007b) e Ravikant e Chadha (2009) também relataram um aumento do número de tubérculos por planta com a aplicação de azoto. O efeito positivo da aplicação de azoto no crescimento, desenvolvimento e repartição adequada para o sumidouro pode ser a razão por detrás de um maior número de tubérculos por planta (Mehdi *et al.*, 2008). Foi relatado que a aplicação de azoto aumentou o número de caules por colina (Zebarth *et al.*, 2006) e o número de tubérculos por caule (Zebarth *et al.*, 2006). Iritani *et al.* (1983) já tinham observado uma correlação positiva entre a população de caules e o número de tubérculos. Uma ligeira diminuição do número de tubérculos por planta com uma dose mais elevada de 300 kg N/ha pode dever-se aos efeitos adversos do excesso de azoto no número de caules (Sahota e Singh, 1986; De la Morena *et al.*, 1994; Chowdhury *et al.*, 2002; Kumar *et al.*, 2007b e Guler, 2009).

4.2.1.8 Rendimento total de tubérculos

O efeito final dos tratamentos reflecte-se no rendimento final da cultura e, por isso, é um critério importante para identificar a eficiência de vários tratamentos numa dada situação. Os dados apresentados no Quadro 4.31 revelaram que os diferentes tratamentos, *nomeadamente* as variedades e os níveis de azoto, tiveram um efeito significativo no rendimento total dos tubérculos. Os resultados de dois anos consecutivos mostraram que, em todas as taxas de azoto, a variedade de mesa comummente cultivada Kufri Pukhraj resultou num rendimento total máximo (298 q/ha), seguida pela var. Kufri Chipsona-1 (203 q/ha), Atlantic (201 q/ha) e Lady Rosetta (176 q/ha). No entanto, a var. Kufri Chipsona-1 e a Atlantic foram consideradas estatisticamente semelhantes. Em média, a var. Kufri Chipsona-1 produziu 27 q/ha (15,3%) mais tubérculos do que a Lady Rosetta. A var. Lady Rosetta não teve um desempenho consistente durante ambos os anos de estudo e teve um desempenho fraco durante o ano 2006-07, possivelmente devido à temperatura mínima média mais elevada do mês de outubro a meados de dezembro (Quadro 3.2 e 3.3). Minhas *et al.* (2006) observaram uma menor tuberização na var. Kufri Chandermukhi do que na Kufri Surya a temperaturas nocturnas mais elevadas. A variação na produção total de tubérculos entre variedades indianas e exóticas também foi relatada por Marwaha (1998a), Kumar *et al.* (2003a), Singh *et al.* (2003), Joseph *et al.* (2004), Marwaha *et al.* (2005a), Marwaha *et al.* (2005b), Pandey *et al.* (2006), Patel *et al.* (2007), Pandey *et al.* (2008), Kumar *et al.* (2007a) e Ravikant e Chadha (2009).

A aplicação de nitrogénio mostrou um efeito significativo no rendimento total de tubérculos da batata. O rendimento total de tubérculos aumentou significativamente até 200 kg N/ha e, depois disso, diminuiu ligeiramente em 2006-07 e significativamente em 2007-08 (Quadro 4.31). Ao analisar os dados agrupados, indica-se que a aplicação de azoto à taxa de 200 kg N/ha produziu o máximo rendimento total de tubérculos, que foi de 14, 39 e 116 q/ha ou 5,6, 17,5 e 79,4 por cento mais elevado do que 300, 100 e 0 kg N/ha (controlo), respetivamente. Estes resultados estão em harmonia com as conclusões de Singh *et al.* (1995), Kumar *et al.* (2001), Somani *et al.* (2003), Zebarth *et al.* (2004), Mehdi *et al.* (2008), Singh *et al.* (2008a) e Ravikant e Chadha (2009). A aplicação excessiva de azoto contribuiu para o crescimento excessivo da videira em detrimento da produção de tubérculos (Alva, 2004). Por conseguinte, observou-se que a aplicação de azoto à taxa de 200 kg N/ha era a melhor dose nesta zona, onde raramente se dispõe de um período de crescimento sem geadas superior a 90 dias. Kumar *et al.* (2007b), no entanto, relataram um aumento significativo na produção de tubérculos de variedades de processamento indianas até 270 kg N/ha na cultura cultivada durante 110 dias em clima frio comparativamente ameno nas planícies do centro-oeste da Índia. 4.2.1.9 Produção de tubérculos de qualidade para processamento (PGTY)

Quadro 4.31: Efeito das variedades e das diferentes taxas de aplicação de azoto na rendimento total e de tubérculos para transformação

Tratamentos	Rendimento total de tubérculos q(/ha)			Rendimento de tubérculos para transformação (PGTY) (q/ha)			PGTY (%)
	2006 07	2007-08	Média	2006 07	2007-08	Média	
Variedades							
Atlântico	205	196	201	181	165	173	86.1
Lady Rosetta	144	208	176	59	149	104	59.1
Kufri Chipsona- 1	201	205	203	125	132	129	63.5
Kufri Pukhraj	307	289	298	257	241	249	83.6
CD (P<0,05)	13.8	15.6	10.2	20.1	21.6	14.5	-
Taxa de azoto (kg/ha)							
0	137	153	145	88	104	96	66.2
100	219	227	223	160	177	169	75.8
200	257	267	262	192	210	201	76.7
300	244	251	248	182	195	189	76.2
CD (P<0,05)	13.8	15.6	10.2	20.1	21.6	14.5	

Para a transformação, a proporção de tubérculos de qualidade de transformação (>45 mm) no total da produção é crucial, pois afecta diretamente a recuperação global dos produtos transformados. Os resultados relativos ao PGTY apresentados no quadro 4.31 indicam que todas as variedades diferem significativamente umas das outras. Em 2006-2007, a ordem do PGTY foi Kufri Pukhraj > Atlantic > Kufri Chipsona-1 > Lady Rosetta e todas as variedades diferiram significativamente entre si. Em 2007-08, a ordem do PGTY foi Kufri Pukhraj > Atlantic > Lady Rosetta > Kufri Chipsona-1 e todas as variedades diferiram significativamente entre si, exceto a var. Lady Rosetta, que se manteve estatisticamente a par da Atlantic e da Kufri Chipsona-1. Lady Rosetta produziu ligeiramente mais tubérculos de qualidade de processamento do que Kufri Chipsona-1 durante 2007-08, possivelmente devido à temperatura mínima média mais baixa durante 2007-08. Após o agrupamento, entre as três variedades de processamento, a Atlantic produziu 44 e 69 q/ha ou 34,2 e 66,7 por cento mais PGTY do que a Kufri Chipsona-1 e a Lady Rosetta, respetivamente. A variação do PGTY em diferentes cultivares foi também registada por Marwaha (1998a), Long *et al.* (2004), Kumar e

Ezekiel (2006), Pandey *et al.* (2007), Kumar *et al.* (2007b), Pandey *et al.* (2008) e Marwaha *et al.* (2009b). A superioridade de Kufri Pukhraj e Atlantic para PGTY pode dever-se à sua capacidade de acumulação precoce e rápida de tubérculos (Santerre e Chase, 1986 e Kang *et al.*, 2000). A produção excecionalmente baixa da Lady Rosetta em 2006-07 pode ter indicado a sua sensibilidade a temperaturas mínimas médias mais elevadas.

Níveis crescentes de nitrogênio aumentaram significativamente o PGTY até 200 kg N/ha, depois disso, uma ligeira diminuição foi observada no nível mais alto de nitrogênio de 300 kg N/ha durante 2006-07 e 2007-08 (Tabela 4.31). Nos dados agrupados, a aplicação de azoto à taxa de 200 kg N/ha produziu 105, 32 e 12 q/ha ou 109,4, 19 e 6,3 por cento mais PGTY do que 0, 100 e 300 kg N/ha, respetivamente. A percentagem de produção de tubérculos de qualidade para processamento também foi mais elevada (76,7%) com 200 kg N/ha. A melhoria da produção de tubérculos pode dever-se aos efeitos positivos da aplicação de azoto no crescimento, desenvolvimento e repartição adequada para os órgãos de armazenamento pela folhagem (Shah *et al.*, 1996; Kumar *et al.*, 2007b e Mehdi *et al.*, 2008). Existem vários relatórios que indicam uma melhoria nos tubérculos de tamanho grande (White e Sanderson, 1983; Sahota e Singh, 1986; Singh, 1995; Long *et al.*, 2004; Kumar *et al.*, 2006 e Kumar *et al.*, 2007b), no peso médio dos tubérculos (Mehdi *et al.*, 2008 e Ravikant e Chadha, 2009) e no tamanho dos tubérculos (Zebarth *et al.*, 2004) com a aplicação de azoto, o que pode ter levado a um maior PGTY.

Efeito de interação entre a variedade e o azoto

Houve uma interação significativa entre a variedade e a aplicação de azoto para a produção total e de tubérculos de qualidade de processamento (Quadro 4.32). Observou-se uma queda na produção de tubérculos (total e PGTY) quando a dose de N tende a aumentar para além de 200 kg N/ha em todas as variedades, exceto na Kufri Chipsona-1, em que se observou um aumento não significativo na produção de tubérculos (total e PGTY) mesmo após a aplicação de 200 kg N/ha.

4.2.1.10 Taxa de volume de tubérculos

A taxa de crescimento dos tubérculos reflecte o ganho de peso dos tubérculos por unidade de área e tempo. Uma leitura dos dados apresentados no Quadro 4.33 indica que as diferentes variedades e níveis de azoto tiveram um efeito significativo na taxa de tuberização. Em 2006-07, a ordem da taxa de enchimento de tubérculos foi a favor de Kufri Pukhraj > Kufri Chipsona-1 > Atlantic > Lady Rosetta e todas as variedades diferiram significativamente entre si, exceto Kufri Chipsona-1 e Atlantic. Em 2007-08, a ordem da taxa de volume de tubérculos foi a favor de Kufri Pukhraj> Lady Rosetta> Kufri Chipsona-1> Atlantic e, exceto Kufri Pukhraj, todas as outras três variedades de processamento foram estatisticamente iguais entre si. A variedade Lady Rosetta apresentou uma taxa de volume de tubérculos ligeiramente superior à Atlantic em 2007-08, possivelmente devido ao efeito favorável da temperatura mínima média mais baixa.

Quadro 4.32: Produção total e de tubérculos para transformação de variedades de batata com diferentes taxas de aplicação de azoto (agrupadas)

Variedades	Rendimento total (q/ha)				Média	Rendimento de tubérculos para transformação (q/ha)				Média
	Taxa de azoto (kg/ha)					Taxa de azoto (kg/ha)				
	0	100	200	300		0	100	200	300	
Atlântico	119	199	254	231	201	88	174	228	201	173
Senhora Roseta	136	178	207	184	176	73	106	129	108	104
Kufri	142	208	230	232	203	79	133	150	153	129
Chipsona-1 Kufri	184	308	355	345	298	144	261	298	292	249

Pukhraj Mean	145	223	262	248		96	169	201	189	
CD (P<0,05)	N=10.2	V=10.2	N	x V= 20,4		N=14.5	V=14.5	N x	V=	
								28.9		

Ao analisar os dados agrupados, foi registada uma taxa máxima e significativamente mais elevada de volume de tubérculos na variedade Kufri Pukhraj, seguida da Kufri Chipsona-1, Atlantic e Lady Rosetta. No entanto, as variedades Atlantic e Kufri Chipsona-1 foram iguais entre si. A variedade Kufri Pukhraj apresentou uma taxa de volume de tubérculos significativamente melhor do que as outras três variedades, possivelmente devido à sua maior produção de tubérculos. Kumar e Kang (1998) também registaram uma variabilidade adequada da capacidade de produção entre diferentes genótipos. A aplicação de azoto aumentou significativamente a taxa de enchimento de tubérculos até 200 kg N/ha, depois disso, observou-se uma ligeira diminuição ao nível mais elevado de azoto de 300 kg N/ha durante ambos os anos de estudo (Quadro 4.33).

Quadro 4.33: Efeito das variedades e dos níveis de azoto na taxa de enchimento dos tubérculos

Tratamentos	**Acumulação de tubérculos (q/ha/dia)**		
	2006-07	**2007-08**	**Agrupado**
Variedades			
Atlântico	3.53	3.32	3.42
Lady Rosetta	2.54	3.56	3.05
Kufri Chipsona-1	3.64	3.55	3.59
Kufri Pukhraj	5.27	4.82	5.04
CD (P<0,05)	0.24	0.26	0.19
Níveis de azoto (kg/ha)			
0	2.33	2.54	2.43
100	3.74	3.80	3.77
200	4.50	4.55	4.52
300	4.41	4.36	4.38

CD (P<0,05)	0.24	0.26	0.19

Depois de reunir os dados, a aplicação de nitrogénio à taxa de 200 kg N/ha deu 2,2, 0,8 e 0,1 q/ha/dia de taxa de enchimento de tubérculos superior a 0, 100 e 300 kg N/ha, respetivamente. A melhoria da taxa de enchimento de tubérculos pode dever-se aos efeitos benéficos da aplicação de azoto na cultura da batata. Estes resultados estão em consonância com as conclusões de Goswami (2002) e Sarkar *et al.* (2007).

4.2.1.11 Rendimento do Haulm

O rendimento do granizo contribui em grande medida para a eficiência dos vários tratamentos experimentados numa experiência. Os dados apresentados no Quadro 4.34 mostram que o rendimento do lanço foi significativamente afetado por diferentes variedades e níveis de azoto. O rendimento máximo de lanço foi observado na variedade Kufri Pukhraj (131,6) seguido por Kufri Chipsona-1 (101,5), Atlantic (85,8) e Lady Rosetta (67,8 q/ha). Todas as variedades tiveram diferenças estatisticamente significativas entre si em ambos os anos. Da mesma forma, a variação no peso máximo da folhagem entre diferentes genótipos também foi relatada por Kumar e Kang (1998).

O azoto teve um efeito benéfico no rendimento do lanço. Durante ambos os anos, o rendimento do lanço aumentou com o aumento dos níveis de azoto de 0 a 300 kg N/ha. No entanto, a taxa de aumento só foi significativa até 200 kg N/ha (Quadro 4.34). O aumento do rendimento do lanço pode ser devido a melhores parâmetros de crescimento com a aplicação de azoto. Resultados semelhantes foram também observados por Rai *et al.* (2002); Kumar *et al.* (2007b) e Sarkar *et al.* (2011).

Quadro 4.34: Efeito das variedades e dos níveis de azoto no rendimento do grão

Tratamentos	**Rendimento do camião (q/ha)**		
	2006-07	**2007-08**	**Agrupado**
Variedades			
Atlântico	87.2	84.5	85.8
Lady Rosetta	67.3	68.2	67.8
Kufri Chipsona-1	102.8	100.3	101.5
Kufri Pukhraj	132.7	130.5	131.6
CD (P<0,05)	9.3	9.7	8.6
Níveis de azoto (kg/ha)			
0	55.1	53.2	54.1
100	88.6	87.1	87.8
200	121.3	120.3	120.8
300	125.1	123.0	124.0
CD (P<0,05)	9.3	9.7	8.6

4.2.2 Absorção de NPK

N Absorção

Os dados apresentados no Quadro 4.35 indicam que a absorção de N pelos tubérculos foi significativamente afetada pelas variedades e pelos níveis de azoto.

Em 2006-07, a variedade Kufri Pukhraj, a par da Atlantic, apresentou uma absorção de N significativamente mais elevada do que a variedade Lady Rosetta e Kufri Chipsona-1. No entanto, a variedade Atlantic e Kufri Chipsona-1 estavam a par uma da outra. Em 2007-08, a variedade Lady Rosetta, estatisticamente a par da Kufri Pukhraj, apresentou uma absorção máxima e significativamente maior de N do que a Atlantic e a Kufri Chipsona-1. No entanto, as variedades Kufri Pukhraj, Atlantic e Kufri Chipsona-1 estavam a par umas das outras. A maior absorção de N em Kufri Pukhraj e Lady Rosetta em 2006-07 e 2007-08, respetivamente, pode dever-se a uma maior produção de tubérculos secos.

Durante ambos os anos, os níveis crescentes de azoto aumentaram significativamente a absorção de N pelos tubérculos até 200 kg N/ha, após o que se observou uma diminuição significativa da absorção de N (Quadro 4.35). A melhoria da produção total de tubérculos até 200 kg N/ha pode ser a razão para uma maior absorção de N.

Table 4.35: Efeito das variedades e da aplicação de azoto na absorção de nutrientes pelos tubérculos

Tratamentos	Absorção de nutrientes (kg/ha)					
	N		P			K
	2006-07	2007	-08 2006-07	2007-08	2006-07	2007-08
Variedades						
Atlântico	78.1	76.6	10.3	10.4	87.4	85.8
Lady Rosetta	58.9	86.3	7.7	11.8	65.6	96.2
Kufri Chipsona-1	72.3	74.4	9.6	10.2	81.4	83.8
Kufri Pukhraj	82.0	80.0	10.9	11.0	92.9	90.7
CD (P<0,05)	6.1	6.4	1.3	1.4	6.8	7.0
Níveis de azoto (kg/ha)						
0	43.3	50.9	5.8	7.1	49.2	57.8
100	74.4	79.8	9.9	11.1	84.0	90.0
200	90.8	98.4	12.1	13.5	101.9	110.4
300	82.8	88.4	10.8	12.1	92.4	98.6
CD (P<0,05)	6.1	6.4	1.3	1.4	6.8	7.0

Resultados semelhantes foram também registados por Chaurasia e Singh (1995b)

Absorção de P

Em 2006-07, a variedade Kufri Pukhraj, a par da Atlantic, apresentou uma absorção máxima e significativamente maior de P do que a Lady Rosetta e a Kufri Chipsona-1. No entanto, a variedade Atlantic e Kufri Chipsona-1 estavam a par uma da outra. Em 2007-08, a variedade Lady Rosetta, a par da Kufri Pukhraj, apresentou uma absorção máxima e significativamente maior de "P" do que a Kufri Chipsona-1 e a Atlantic. No entanto, as variedades Kufri Pukhraj, Kufri Chipsona-1 e Atlantic foram iguais entre si (Tabela 4.35).

Um exame crítico dos dados agrupados no Quadro 4.36 revelou que a variedade Kufri Pukhraj deu os rendimentos líquidos mais elevados (Rs. 51643/-), seguida da Atlantic (Rs. 49018/-), Kufri Chipsona-1 (Rs. 40893/-) e Lady Rosetta (Rs. 27918/-). O valor mais elevado dos rendimentos líquidos da variedade Kufri Pukhraj pode dever-se à sua maior produção de tubérculos. Entre as variedades de transformação, os rendimentos líquidos da variedade Atlantic foram os mais elevados e muito próximos dos rendimentos líquidos da variedade de mesa Kufri Pukhraj, a variedade mais rentável e comummente cultivada.

Entre os níveis de azoto, os rendimentos líquidos mais elevados (Rs. 59803) foram registados com 200 kg N/ha, seguidos de 300 kg N/ha (Rs. 53023/-), 100 kg N/ha (Rs. 44108/-) e controlo (Rs. 12538/-) Quadro 4.36. Os maiores retornos líquidos com 200 kg N/ha podem ser atribuídos à maior produção total e de tubérculos para processamento.

Durante ambos os anos, os níveis crescentes de azoto aumentaram significativamente a absorção de P pelos tubérculos até 200 kg N/ha, após o que se observou uma diminuição significativa (Quadro 4.35). O aumento da absorção de P até 200 kg N/ha pode ser devido ao aumento correspondente da produção de tubérculos. Chaurasia e Singh (1995b) também registaram resultados semelhantes.

Table 4.36: Efeito das variedades e das diferentes taxas de aplicação de azoto nos rendimentos líquidos (agrupados em 2006-07 e 2007-08)

Tratamentos	**Rendimentos brutos (Rs/ha)**	**Custo total (Rs/ha)**	**Rendimentos líquidos (Rs/ha)**

Variedades			
Atlântico	94775	45757	49018
Lady Rosetta	73675	45757	27918
Kufri Chipsona-1	86650	45757	40893
Kufri Pukhraj	89400	37757*	51643
CD (P<0,05)	-	-	-
Níveis de azoto (kg/ha)			
0	55575	43037	12538
100	87625	43517	44108
200	103800	43997	59803
300	97500	44477	53023
CD (P<0,05)	-	-	-

(Quadro 4.35). A absorção de K aumentou significativamente até 200 kg N/ha, o que pode ser devido à melhoria correspondente na produção de tubérculos. Estes resultados estão de acordo com as conclusões de Chaurasia e Singh (1995b).

4.2.3 Rentabilidade

Um exame crítico dos dados agrupados no Quadro 4.36 revelou que a variedade Kufri Pukhraj deu os rendimentos líquidos mais elevados (Rs. 51643/-), seguida da Atlantic (Rs. 49018/-), Kufri Chipsona-1 (Rs. 40893/-) e Lady Rosetta (Rs. 27918/-). O valor mais elevado dos rendimentos líquidos da variedade Kufri Pukhraj pode dever-se à sua maior produção de tubérculos. Entre as variedades de transformação, os rendimentos líquidos da variedade Atlantic foram os mais elevados e muito próximos dos rendimentos líquidos da variedade de mesa Kufri Pukhraj, a variedade mais rentável e comummente cultivada.

Entre os níveis de azoto, os rendimentos líquidos mais elevados (Rs. 59803) foram registados com 200 kg N/ha, seguidos de 300 kg N/ha (Rs. 53023/-), 100 kg N/ha (Rs. 44108/-) e controlo (Rs. 12538/-) Quadro 4.36. Os maiores retornos líquidos com 200 kg N/ha podem ser atribuídos à maior produção total e de tubérculos para processamento.

Em 2006-07, a variedade Kufri Pukhraj, a par da Atlantic, apresentou uma absorção máxima e significativamente maior de K do que a Lady Rosetta e a Kufri Chipsona-1. No entanto, a variedade Kufri Chipsona-1 e Atlantic estavam a par uma da outra. Em 2007-08, a variedade Lady Rosetta, a par da Kufri Pukhraj, apresentou uma absorção de K mais elevada e significativamente maior do que a Atlantic e a Kufri Chipsona-1. No entanto, as variedades Kufri Pukhraj, Kufri Chipsona-1 e Atlantic foram iguais entre si (Tabela 4.35).

Durante ambos os anos, os níveis crescentes de azoto aumentaram significativamente a absorção de K pelos tubérculos até 200 kg N/ha, após o que se observou uma queda significativa

Quadro 4.36: Efeito das variedades e das diferentes taxas de aplicação de azoto nos rendimentos líquidos (agrupados em 2006-07 e 2007-08)

Tratamentos	Rendimentos brutos (Rs/ha)	Custo total (Rs/ha)	Rendimentos líquidos (Rs/ha)
Variedades			
Atlântico	94775	45757	49018
Lady Rosetta	73675	45757	27918

* O custo da semente para Kufri Pukhraj foi de Rs. 800/q, enquanto o custo foi de Rs. 1000/q para outras variedades usadas no estudo

Kufri Chipsona-1	86650	45757	40893
Kufri Pukhraj	89400	37757*	51643
CD (P<0,05)	-	-	-
Níveis de azoto (kg/ha)			
0	55575	43037	12538
100	87625	43517	44108
200	103800	43997	59803
300	97500	44477	53023
CD (P<0,05)	-	-	-

* O custo da semente para Kufri Pukhraj foi de Rs. 800/q, enquanto o custo foi de Rs. 1000/q para outras variedades utilizadas no estudo

4.2.4 Dose óptima de azoto

A dose física óptima de azoto fertilizante para as variedades de transformação, ou seja, Atlantic, Lady Rosetta, Kufri Chipsona-1 e a variedade de controlo Kufri Pukhraj foi de 223, 206, 241 e 232 kg/ha, respetivamente. Enquanto que a dose económica óptima correspondente foi 221, 202, 237 e 230 kg N/ha (Quadro 4.37). A produção de tubérculos de batata foi encontrada em melhor ajuste (R^2 >0,96) com o fertilizante N aplicado usando uma equação polinomial na forma de $Y = a+bx+cx^2$. Onde 'Y'- rendimento de tubérculos, 'x'-fertilizante N aplicado, 'a'-interceção e 'b' e 'c'-os coeficientes.

Quadro 4.37: Equações de regressão e dose óptima de azoto em função das variedades e dos níveis de azoto

Variedades	**Equações de regressão**	**Dose física óptima de N (kg/ha)**	**Dose económica óptima de N (kg/ha)**
Atlântico	$Y=116.3+1.163x-0.0026x^2$	223	221
Lady Rosetta	$Y=134+0,660x-0,0013x^2$	206	202
Kufri Chipsona-1	$Y=143.2+0.772x-0.0016x^2$	241	237
Kufri Pukhraj	$Y=185+1,535x-0,0033x^2$	232	230

4.2.5 Qualidade do processamento

4.2.5.1 Matéria seca dos tubérculos

A acumulação de mais de 20 por cento de matéria seca de tubérculos foi considerada um bom índice para avaliar a aptidão dos tubérculos para processamento. A acumulação de matéria seca dos tubérculos, como se mostra no Quadro 4.38, revelou uma variação significativa entre diferentes variedades e níveis de azoto. Em geral, a acumulação de matéria seca dos tubérculos foi mais elevada em 2007-08 do que em 2006-07 e pode dever-se a uma temperatura mínima média mais elevada em 2006-07 do que em 2007-08 (Quadro 3.2 e 3.3). A acumulação de matéria seca de tubérculos entre as diferentes variedades mostrou uma tendência semelhante em 2006-07 e 2007-08. Ao analisar os dados agrupados, o maior teor médio de matéria seca de tubérculos foi observado na var. Lady Rosetta (23,03%), seguida pela Atlantic (21,75%), Kufri Chipsona-1 (20,48%) e Kufri Pukhraj (15,53%). Todas as variedades diferiram significativamente umas das outras. Kumar e Kang (1998) também registaram uma variabilidade genotípica adequada no teor de matéria seca dos tubérculos entre diferentes genótipos de andigena. Resultados semelhantes para variedades de processamento de diferentes zonas agro-climáticas da Índia foram relatados anteriormente por Kumar *et al.* (2003b); Kumar *et al.* (2005). Singh *et al.* (2009) também encontraram a var. Lady Rosetta melhor do que as variedades Atlantic e Chipsona-1.

O teor médio de matéria seca dos tubérculos melhorou significativamente com a aplicação de azoto até 200 kg N/ha e foi observado um declínio acentuado depois disso durante 2006-07 e 2007-08 (Quadro 4.38). Após o agrupamento, a taxa de aplicação de azoto de 200 kg N/ha (N200) mostrou um aumento de 14,1, 12,6 e 7,1 por cento na matéria seca dos tubérculos das variedades Lady Rosetta, Atlantic e Kufri Chipsona-1 em relação ao controlo (N0), respetivamente. Por outro lado, a var. Kufri Pukhraj apresentou apenas 4,3% de aumento no teor de matéria seca dos tubérculos com 100 kg N/ha em relação ao controlo. Kumar *et al.* (2007b) também relataram um aumento significativo na matéria seca apenas até 180 kg N/ha em variedades de processamento. Uma diminuição significativa da matéria seca para além de 200 kg N/ha durante ambos os anos pode dever-se a diferenças na maturidade relativa dos tubérculos (Watermann *et al.,* 1994b e Peshin e Singh, 1999). Além disso, a aplicação excessiva de azoto está negativamente correlacionada com a matéria seca dos tubérculos (Sud *et al.* 1992; Guarda *et al.,* 1994; Westermann *et al.*, 1994b e Peshin e Singh, 1999).

Quadro 4.38: Efeito de diferentes taxas de azoto no teor de matéria seca dos tubérculos (%) de diferentes variedades

Variedades	Níveis de azoto (kg N/ha)				
	0	100	200	300	Média
			2006-07		
Atlântico	20.45	20.60	22.70	22.02	21.44
Lady Rosetta	20.90	23.11	23.82	23.35	22.79
Kufri Chipsona-1	19.41	20.17	21.00	20.84	20.35
Kufri Pukhraj	15.76	16.35	15.52	13.20	15.22
Média	19.12	20.07	20.75	19.85	
CD (P<0,05)	N = 0.34	V = 0.34	N x V = 0,68		
			2007-08		
Atlântico	20.75	20.79	23.71	22.96	22.05
Lady Rosetta	21.51	23.31	24.58	23.67	23.27
Kufri Chipsona-1	19.95	20.22	21.24	20.96	20.59
Kufri Pukhraj	16.65	17.43	15.87	13.40	15.84
Média	19.72	20.44	21.35	20.25	
CD (P<0,05)	N = 0.35	V = 0.35	NxV = 0,70		

			POOLED		
Atlântico	20.60	20.69	23.21	22.49	21.75
Lady Rosetta	21.21	23.21	24.20	23.50	23.03
Kufri Chipsona-1	19.68	20.19	21.12	20.91	20.48
Kufri Pukhraj	16.21	16.89	15.69	13.30	15.53
Média	19.42	20.25	21.06	20.05	
CD (P<0,05)	N = 0.33	V = 0.33	Nx V 0,65		

A interação entre as variedades e os níveis de azoto foi considerada estatisticamente significativa porque a var. Kufri Pukhraj teve um teor máximo de matéria seca de tubérculo com 100 kg N/ha em vez de 200 kg N/ha como nas vars. Atlantic, Lady Rosetta e Kufri Chipsona-1 (Quadro 4.38).

4.2.5.2 Recuperação do rendimento das aparas

Os dados apresentados na Tabela 4.39 indicam que o efeito das variedades na recuperação da produção de cavacos foi significativo. Por outro lado, os diferentes níveis de azoto não produziram variações significativas na recuperação do rendimento em estilhas. Todas as três variedades de processamento, estando em pé de igualdade entre si, deram uma recuperação de rendimento de estilha significativamente maior do que a variedade de controlo Kufri Pukhraj durante ambos os anos. A maior recuperação do rendimento em estilhas nas variedades Atlantic, Lady Rosetta e Kufri Chipsona-1 pode ser atribuída ao maior teor de matéria seca dos seus tubérculos, em comparação com a variedade de controlo Kufri Pukhraj. A observação de Marwaha *et al.* (2005 b) foi semelhante.

O efeito da aplicação de azoto na recuperação do rendimento das aparas foi considerado não significativo em ambos os anos.

Quadro 4.39: Efeito das variedades e das diferentes taxas de azoto no rendimento em percentagem de estilha

recuperação

Tratamentos	**2006-07)**	**2007-08**	**Agrupado**
Variedades			
Atlântico	33.3	35.1	34.2
Lady Rosetta	33.1	34.6	33.8
Kufri Chipsona-1	31.5	33.3	32.4
Kufri Pukhraj	26.9	28.4	27.6
CD (P<0,05)	2.0	2.1	1.9
Níveis de azoto (kg/ha)			
0	31.0	33.2	32.1
100	30.9	32.7	31.8
200	31.8	33.3	32.5
300	31.2	32.3	31.7
CD (P<0,05)	NS	NS	NS

4.2.5.3 Reduzir os açúcares

As variedades, bem como os níveis de aplicação de nitrogénio, influenciaram o teor de açúcares redutores nos tubérculos com tendência semelhante em 2006-07 e 2007-08 (Quadro 4.40). Em geral, o nível de açúcar redutor foi mais alto em 2007-08 e pode ser atribuído à temperatura mínima média mais baixa em 2007-08 do que em 2006-07. Todas as três variedades de processamento exibiram um nível significativamente baixo de açúcares redutores do que Kufri Pukhraj em ambos os anos de estudo. Os dados agrupados indicam que a Kufri Pukhraj (187,6 mg/100 g FW) acumulou significativamente mais açúcares redutores do que a Atlantic (34,7 mg), a Kufri Chipsona-1 (33,0 mg) e a Lady Rosetta (26,6 mg/100 g FW). No entanto, Atlantic com Kufri Chipsona-1 e Lady Rosetta com Kufri Chipsona-1 foram estatisticamente iguais entre si (Quadro 4.40). Estes resultados estão em completa harmonia com os resultados de Marwaha *et al.* (2005a e 2005b);

Kumar *et al.* (2007a); Singh *et al.* (2009); Marwaha *et al.* (2009a). Além disso, essa faixa (<35 mg/100 g FW) de açúcar redutor foi inferior a 50 mg/100 g FW, conforme relatado por Pandey *et al.* (2004c) e Singh *et al.* (2008a) nas planícies do centro-oeste da Índia, uma área considerada ideal para o cultivo de batatas para processamento.

A resposta dos açúcares redutores à aplicação de azoto foi semelhante durante 2006-07 e 2007-08. O teor médio de açúcares redutores aumentou significativamente em todos os níveis de aplicação de azoto em comparação com o controlo em ambos os anos. No entanto, a taxa de aumento dos açúcares redutores médios foi máxima com 100, seguida de 200 e 300 kg N/ha. A taxa de aplicação de azoto de 200 kg N/ha permaneceu estatisticamente a par com 100 e 300 kg N/ha em 2006-07 e 2007-08 (Quadro 4.40).

Quadro 4.40: Efeito de diferentes taxas de aplicação de azoto no nível de açúcares redutores (mg/100g de peso fresco) em tubérculos de diferentes variedades

Variedades	Níveis de azoto (kg/ha)				
	0	**100**	**200**	**300**	**Média**
			2006-07		
Atlântico	28.9	31.4	30.7	28.6	29.9
Lady Rosetta	15.5	26.1	31.1	24.6	24.3
Kufri Chipsona-1	17.6	46.8	26.2	24.3	28.7
Kufri Pukhraj	98.2	215.2	212.7	196.2	180.6
Média	40.0	79.8	75.2	68.4	
CD (P<0,05)	N=8.6	V=8.6	NxV=17,2		
			2007-08		
Atlântico	43.3	45.4	36.7	32.6	39.5
Lady Rosetta	21.9	32.7	32.7	28.2	28.9
Kufri Chipsona-1	28.2	50.8	37.6	32.7	37.3
Kufri Pukhraj	111.4	227.4	232.1	206.8	194.4
Média	51.2	89.1	84.7	75.1	
CD (P<0,05)	N=9.8	V=9.8	NxV=19,6		
			Agrupado		
Atlântico	36.1	38.4	33.7	30.6	34.7
Lady Rosetta	18.7	29.4	31.9	26.4	26.6
Kufri Chipsona-1	22.9	48.8	31.9	28.5	33.0
Kufri Pukhraj	104.8	221.3	222.4	202.0	187.6
Média	45.6	84.5	79.9	71.9	

CD (P<0,05)	N = 8.1	V = 8.1	NxV = 16,2		

Tendência semelhante foi observada depois de reunir os dados de dois anos. Embora tenha sido relatado que a aplicação de azoto a taxas mais elevadas aumenta o teor de açúcares redutores nos tubérculos (Sud *et al.*, 1992 e Peshin e Singh, 1999), à exceção de Kufri Pukhraj, todas as três variedades de processamento (Atlantic, Lady Rosetta e Kufri Chipsona-1) continham menos de 51 mg/100 g de açúcares redutores FW nesta parte mais fria das planícies indo-gengéticas, em todos os níveis de azoto, o que era muito inferior ao limite aceitável de 100mg/100g FW durante 2006-07 e 2007-08. Além disso, com exceção da Kufri Pukhraj e da Kufri Chipsona-1 a 100 kg N/ha, todas as outras variedades não apresentaram alterações significativas nos níveis de açúcares redutores ao longo dos níveis de azoto durante ambos os anos (Quadro 4.40). Marwaha *et al.* (2005a) também relataram açúcares redutores mais elevados em variedades de mesa em comparação com variedades de processamento. A interação entre variedades e níveis de azoto foi considerada significativa porque o nível de açúcares redutores aumentou significativamente até 100 kg N/ha em Kufri Chipsona-1 e Kufri Pukhraj.

4.2.5.4 Cor da pastilha

A cor das batatas fritas é a caraterística visual mais importante para determinar a adequação das batatas para processamento (Singh *et al.*, 2008a). As batatas fritas de cor escura são inaceitáveis para os consumidores devido à sua fraca atração estética e ao seu sabor amargo (Talburt e Smith, 1987). Os resultados do presente estudo, apresentados no quadro 4.41 e nos quadros 5(a) e 5(b), revelaram que as três variedades de transformação apresentaram uma ligeira variação na CCS ao longo dos níveis de azoto em 2006-07 e 2007-08.

Quadro 4.41: Efeito de diferentes taxas de azoto na cor das aparas* de diferentes variedades de batata

Variedades	**Níveis de azoto (kg N/ha)**				
	0	**100**	**200**	**300**	**Média**
			2006-07		
Atlântico	1.26	1.32	1.85	1.97	1.59
Lady Rosetta	1.45	1.81	1.47	1.50	1.55
Kufri Chipsona-1	1.52	1.97	1.52	1.78	1.69
Kufri Pukhraj	4.48	5.53	5.50	6.30	5.45
Média	2.17	2.65	2.58	2.89	
CD (P<0,05)	N=0.36	V= 0.36	NxV=0,72		
			2007-08		
Atlântico	1.76	1.67	2.15	2.02	1.91
Lady Rosetta	1.63	2.20	1.55	1.50	1.72
Kufri Chipsona-1	2.10	2.45	1.68	2.23	2.10
Kufri Pukhraj	4.72	6.47	6.91	6.71	6.20
Média	2.55	3.20	3.07	3.11	

CD (P<0,05)	N=0.39	V= 0.39	NxV=0,78		
			Agrupado		
Atlântico	1.50	1.50	2.00	2.00	1.75
Lady Rosetta	1.54	2.00	1.51	1.50	1.64
Kufri Chipsona-1	1.81	2.18	1.60	2.00	1.89
Kufri Pukhraj	4.60	6.00	6.20	6.50	5.82
Média	2.40	2.92	2.82	3.00	
CD (P<0,05)	N = 0.29	V = 0.29	NxV = 0,59		

*Numa escala de 1 a 10 de aumento da cor escura, a pontuação da cor das aparas até 3 é aceitável.

Após o agrupamento, a variedade de processamento indiana Kufri Chipsona-1 (<2,2) e ambas as variedades não indianas *viz.*, Atlantic (<2,0) e Lady Rosetta (<2,0) produziram uma cor de lascas altamente aceitável (pontuação <3) em todos os níveis de azoto. A cor das aparas escureceu ligeiramente com os diferentes níveis de azoto (exceto Kufri Chipsona-1 a 200 kg N/ha) quando comparada com o controlo. No entanto, a tendência de escurecimento da cor com o aumento dos níveis de azoto não foi consistente na Lady Rosetta e na Kufri Chipsona-1. As batatas fritas feitas a partir da variedade popular Kufri Pukhraj, normalmente cultivada, eram significativamente escuras e inaceitáveis mesmo no controlo (N0), o que pode ser devido à acumulação excessiva de açúcares redutores. Um escurecimento não significativo das batatas fritas de variedades de processamento a diferentes níveis de azoto em relação ao controlo foi relatado por Kumar *et al.* (2007b). Sparrow e Chapinan (2003); Pandey *et al.* (2004c); Marwaha *et al.* (2005a) e Marwaha *et al.* (2005b) observaram uma pontuação significativamente mais elevada da cor das batatas fritas nas variedades de mesa do que nas variedades de processamento. Atlantic, Lady Rosetta e Kufri Chipsona-1, sendo estatisticamente iguais entre si, foram significativamente superiores na cor das aparas do que Kufri Pukhraj. A pontuação média da cor das aparas aumentou com o aumento do nível de azoto. Todos os três níveis de azoto, estando ao mesmo nível, mostraram uma variação significativa em relação ao controlo (N0).

4.2.5.5 Sacarose

Embora a cor das batatas fritas dependa principalmente da reação entre açúcares redutores e aminoácidos livres, a sacarose também pode participar como substrato para açúcares redutores depois de sofrer hidrólise induzida pelo calor durante a fritura (Leszkowiat *et al.*, 1990). Em geral, o nível de sacarose foi mais alto em 2007-08 do que em 2006-07 (Tabela 4.42) e isso pode ser atribuído à temperatura mínima média mais baixa em 2007-08. O nível médio de sacarose entre as diferentes variedades mostrou uma tendência semelhante em 2006-07 e 2007-08. Todas as três variedades de processamento mostraram um nível de sacarose significativamente menor em comparação com a variedade de controlo Kufri Pukhraj durante ambos os anos. Os dados agrupados indicaram que Kufri Pukhraj (493,8 mg/100 g FW) apresentou significativamente mais sacarose média do que Lady Rosetta (134,9 mg), Atlantic (130,8 mg) e Kufri Chipsona-1 (92,3 mg/100 g FW). Entre as três variedades de processamento, Kufri Chipsona-1 apresentou significativamente menos sacarose em comparação com Atlantic e Lady Rosetta, que foram estatisticamente iguais entre si. Todas as cultivares de processamento continham um nível médio de sacarose na faixa de 92,3 a 134,9 mg/100 g FW, que era menor do que o limite mínimo aceitável de 150 mg/100 g FW de sacarose (Sowokinos e Preston, 1988). Um nível mais elevado de sacarose em cultivares não transformadas em comparação com cultivares transformadas já foi registado por Marwaha *et al.* (2005a).

A aplicação de nitrogénio tendeu a aumentar o nível médio de sacarose. Dois níveis mais elevados de azoto, 200 e 300 kg N/ha, mostraram significativamente mais sacarose do que o controlo durante ambos os anos. No entanto, a diferença entre 0 e 100 kg N/ha durante 2006-07 e entre 100 e 200 kg N/ha durante 2007-08 não foi significativa. Entre as cultivares, Kufri Pukhraj, comumente cultivada, mostrou um aumento significativo no nível de sacarose a 200 kg N/ha, enquanto um aumento não significativo foi observado em todas as três cultivares de processamento em relação ao controle em 2006-07 e 2007-08 (Tabela 4.42). Além disso, a tendência de aumento da sacarose não foi consistente no Atlântico. O nível mais baixo de sacarose e a acumulação mais alta de matéria seca de tubérculo a 200 kg N/ha na Atlantic pode ter indicado uma melhor utilização de sacarose (conversão de sacarose em matéria seca/amido). A 300 kg N/ha, o nível de sacarose aumentou com um decréscimo concomitante na matéria seca em Atlantic, Lady Rosetta, Kufri Chipsona-1 e Kufri Pukhraj durante 2006-07, 2007-08 e dados combinados. Foi relatado que um nível mais elevado de azoto aumenta a sacarose nos tubérculos (Long *et al.*, 2004). Westermann *et al.* (1994b) observaram uma correlação negativa entre sacarose e matéria seca ou amido.

Quadro 4.42: Efeito de diferentes taxas de azoto no nível de sacarose (mg/100g de peso fresco) em tubérculos de diferentes variedades de batata

Variedades	Níveis de azoto (kg/ha)				
	0	100	200	300	Média
			2006-07		
Atlântico	115.0	124.9	113.0	148.1	125.2
Lady Rosetta	100.0	132.4	142.3	147.6	130.6
Kufri Chipsona-1	61.0	91.3	95.6	102.4	87.6
Kufri Pukhraj	353.3	396.8	576.7	622.3	487.2
Média	157.3	186.3	231.9	255.1	
CD (P<0,05)	N=31.0	V=31.0	NxV=62,0		
			2007-08		
Atlântico	135.0	138.1	119.6	152.5	136.3
Lady Rosetta	108.0	147.8	148.9	152.0	139.2
Kufri Chipsona-1	72.4	104.5	104.4	106.8	97.0
Kufri Pukhraj	358.4	430.8	583.3	628.9	500.2
Média	168.4	205.3	239.0	260.0	
CD (P<0,05)	N=34.0	V=34.0	NxV=68,0		
			Agrupado		
Atlântico	125.0	131.5	116.3	150.3	130.8
Lady Rosetta	104.1	140.1	145.6	149.8	134.9

Kufri Chipsona-1	66.7	97.9	100.0	104.6	92.3
Kufri Pukhraj	355.8	413.8	580.0	625.6	493.8
Média	162.9	195.8	235.5	257.6	
CD (P<0,05)	N= 29.0	V= 29.0	NxV = 57,0		

4.2.5.6 Aminoácidos livres

Os aminoácidos livres são um dos reagentes da *"reação de Maillard"*, que resulta no escurecimento não enzimático dos produtos de batata frita. Os dados do quadro 4.43 revelam que o nível de aminoácidos livres foi, em geral, mais elevado em 2007-08 do que em 2006-07, o que pode ser explicado pela temperatura ambiente comparativamente mais baixa entre outubro e dezembro de 2007-08 (quadros 3.2 e 3.3). O teor médio de aminoácidos livres entre as diferentes variedades apresentou uma tendência semelhante em 2006-07 e 2007-08. No agrupamento, o teor médio máximo de aminoácidos livres foi observado em Kufri Pukhraj (49,2 mg, seguido por Atlantic (48,2 mg), Lady Rosetta (40 mg) e Kufri Chipsona-1 (37,8 mg/100 g FW).

Quadro 4.43: Efeito de diferentes taxas de azoto nos aminoácidos livres totais (mg/100g de peso fresco) em tubérculos de diferentes variedades

Variedades	Níveis de azoto (kg N/ha)				
	0	**100**	**200**	**300**	**Média**
			2006-07		
Atlântico	33.5	35.4	55.0	56.8	45.2
Lady Rosetta	27.4	37.0	45.4	43.4	38.3
Kufri Chipsona-1	23.6	32.5	47.4	41.5	36.2
Kufri Pukhraj	31.9	40.0	55.4	61.3	47.1
Média	29.1	36.2	50.8	50.7	
CD (P<0,05)	N=6.8	V=6.8	NxV=13,6		
		2007-08			
Atlântico	40.3	40.6	60.8	63.0	51.2
Lady Rosetta	30.4	40.8	49.2	46.4	41.7
Kufri Chipsona-1	26.8	35.7	50.8	44.3	39.4

Kufri Pukhraj	35.5	46.8	57.0	65.7	51.2
Média	33.2	41.0	54.4	54.8	
CD (P<0,05)	N=7.3	V=7.3	NxV=14,6		
		Agrupado			
Atlântico	36.9	38.0	57.9	59.9	48.2
Lady Rosetta	28.9	38.9	47.3	44.9	40.0
Kufri Chipsona-1	25.2	34.1	49.1	42.8	37.8
Kufri Pukhraj	33.7	43.4	56.2	63.5	49.2
Média	31.2	38.6	52.6	52.8	
CD (P<0,05)	N= 6.1	V= 6.1	NxV= 12,2		

Todas as variedades variaram significativamente entre si, exceto a Kufri Pukhraj com a Atlantic e a Kufri Chipsona-1 com a Lady Rosetta. Do mesmo modo, as variedades de mesa contêm aminoácidos livres significativamente mais elevados do que as variedades de processamento (Marwaha *et al.*, 2005a e Marwaha *et al.*, 2005b). O teor médio de aminoácidos livres aumentou significativamente com o aumento do azoto até 200 kg N/ha, mas a variação após 200 kg N/ha não foi significativa em 2006-07 e 2007-08. O aumento de FAA foi de até 300 kg N/ha no caso de Atlantic e Kufri Pukhraj, enquanto que foi de até 200 kg N/ha na variedade Lady Rosetta e Kufri Chipsona-1 durante ambos os anos (Tabela 4.43). Peshin e Singh (1999) observaram uma tendência crescente na FAA até 450 kg N/ha. Com a aplicação de 300 kg N/ha, o Kufri Pukhraj, sendo estatisticamente equiparado ao Atlantic, continha um nível significativamente mais elevado de aminoácidos livres do que o Kufri Chipsona-1 e o Lady Rosetta em 2006-07, 2007-08 e nos dados agrupados. Isto pode ser atribuído ao maior teor de humidade (baixa matéria seca) em Kufri Pukhraj.

Talley *et al.* (1970) observaram que as batatas com maior teor de sólidos (região de Idaho) têm menos azoto e aminoácidos do que as com menor teor de sólidos (região do Maine). Além disso, o teor de aminoácidos livres entre as variedades de processamento variou entre 23,6 (Kufri Chipsona-1) e 63 mg/100 g FW (Atlantic) com controlo e 300 kg N/ha durante 2006-07 e 2007-08, respetivamente. Esta variação é comparável à registada por Pandey *et al.* (2008) nas planícies indo-gangéticas do centro-oeste.

4.2.5.7 Fenóis totais

Os fenóis totais mostram uma tendência semelhante durante 2006-07 e 2007-08. No entanto, o fenol total foi maior em 2007-08 (Tabela 4.44), possivelmente devido ao efeito da baixa temperatura prevalecente em relação a 2006-07. A média agrupada durante dois anos indicou que, entre as variedades, o nível mais elevado (40,3 mg) e mais baixo (26,1 mg/100 g FW) de fenóis totais médios foi registado em Lady Rosetta e Kufri Chipsona-1, respetivamente. Atlantic (32,5 mg) e Kufri Pukhraj (32,9 mg/100 g FW), sendo estatisticamente iguais entre si, tiveram variação significativa com outras variedades (Tabela 4.44). Da mesma forma, o nível variável de fenóis totais em diferentes variedades foi observado anteriormente por Marwaha (1998b) e Marwaha *et al.* (2005a). Com exceção da Lady Rosetta, todas as cultivares apresentaram um teor mais elevado de fenóis totais ao longo dos níveis de azoto em comparação com o controlo, no entanto, a taxa de aumento foi significativa até 100 kg N/ha na Atlantic (44,5%) e na Kufri Chipsona-1 (63,1%). O nível de azoto de 100 kg N/ha, a par de 300 kg N/ha, apresentou fenóis totais significativamente mais elevados do que 200 kg N/ha e o controlo em 2006-07 e 2007-08. Peshin e Singh (1999) encontraram uma relação linear direta dos fenóis totais com o azoto (r=0,52).

Table 4.44: Efeito de diferentes taxas de azoto no teor de fenóis totais (mg/100 g de peso fresco) de tubérculos de diferentes variedades.

Variedades	Níveis de azoto (kg N/ha))				
	0	100	200	300	Média
			2006-07		
Atlântico	25.4	36.9	31.3	28.6	30.5
Lady Rosetta	43.3	37.1	37.1	36.9	38.6
Kufri Chipsona-1	19.7	32.7	21.0	24.4	24.4
Kufri Pukhraj	24.4	31.1	29.4	39.8	31.2
Média	28.2	34.5	29.7	32.4	
CD (P<0,05)	N = 4.8	V = 4.8	NxV = 9,5		
		2007-08			
Atlântico	29.4	42.3	34.3	31.6	34.4
Lady Rosetta	48.5	40.5	39.5	39.7	42.0
Kufri Chipsona-1	22.1	35.5	25.8	27.4	27.7
Kufri Pukhraj	27.4	33.7	32.6	44.8	34.6
Média	31.8	38.0	33.0	35.9	
CD (P<0,05)	N= 5.0	V = 5.0	NxV = 10		
		Agrupado			
Atlântico	27.4	39.6	32.8	30.1	32.5

Lady Rosetta	45.9	38.8	38.3	38.3	40.3
Kufri Chipsona-1	20.9	34.1	23.4	25.9	26.1
Kufri Pukhraj	25.9	32.4	31.0	42.3	32.9
Média	30.0	36.2	31.4	34.1	
CD (P<0,05)	N = 4.7	V = 4.7	NxV = 9,3		

4.2.5. 8Estudos de correlação

A análise de correlação fornece uma medida do grau de associação entre as variáveis. Os coeficientes de correlação apresentados no quadro 4.45 indicam que a matéria seca dos tubérculos está altamente correlacionada de forma negativa com os açúcares redutores (r=-0,84), a sacarose (r=-0,82) e a cor das aparas (r=-0,86). Da mesma forma, o nível de açúcares redutores nos tubérculos mostrou uma correlação positiva e significativa com a sacarose (r=0,91), aminoácidos livres (r=0,33) e cor dos chips (r=0,93). Da mesma forma, a sacarose também se correlacionou significativamente com a cor do chip (r=0,89) e o aminoácido livre (r=0,43). No entanto, os fenóis totais com os açúcares redutores (r=0,07), a sacarose com os fenóis totais (r=0,16), os aminoácidos livres com os fenóis totais (r=0,04), a cor das aparas com os fenóis totais (r=0,03) e os aminoácidos livres com a matéria seca dos tubérculos (r=-0,13) indicaram correlação entre si, mas os valores foram demasiado baixos. Estes resultados indicam que o desenvolvimento de uma cor indesejável nas batatas fritas é influenciado principalmente pelo nível de açúcares redutores, seguido da sacarose e do teor de matéria seca dos tubérculos.

Quadro 4.45: Coeficientes de correlação dos atributos de transformação da batata com a cor das batatas fritas

	Matéria seca dos tubérculos	Reduzir os açúcares	Total Fenóis	Sacarose	Aminoácidos livres	**Chip Cor**
Matéria seca dos tubérculos	1					
Reduzir os açúcares	-0.84*	1				
Total Fenóis	0.60	0.07	1			
Sacarose	-0.82*	0.91*	0.16	1		
Aminoácidos livres	-0.13	0.33*	0.04	0.43*	1	
Cor da pastilha	-0.86*	0.93*	0.03	0.89*	0.28	1

*Indica uma correlação significativa a um nível de significância de 5%.

4.3. EXPERIMENTAÇÃO-III: Estudo do comportamento de armazenamento de variedades de batata à temperatura ambiente em armazém agrícola

4.3.1 Perda de peso fisiológica (%)
4.3.2 Perda de peso total
4.3.3 Teor de matéria seca dos tubérculos
4.3.4 Recuperação do rendimento das aparas
4.3.5 Reduzir os açúcares
4.3.6 Pontuação da cor da pastilha
4.3.7 Sacarose
4.3.8 Aminoácidos livres
4.3.9 Fenóis totais
4.3.10 Aspeto geral

4.3.1 Perda de peso fisiológica (respiração e transpiração)

Em ambos os anos, a perda de peso fisiológico aumentou progressivamente durante o armazenamento até 75 dias de armazenamento (DOS) Tabela 4.46.

Aos 50 DAS, a variedade Kufri Pukhraj teve uma perda de peso ligeiramente maior (6,4 e 6,7%) seguida pela Lady Rosetta (6,3 e 6,5%), Atlantic (6,1 e 6,4%) e Kufri Chipsona-1 (5,8 e 6,1%) durante 2006-07 e 2007-08, respetivamente. Todas as variedades foram estatisticamente iguais entre si em ambos os anos.

Aos 75 DOS, a variedade Kufri Pukhraj teve perda de peso máxima (14,6 e 14,5%) seguida por Lady Rosetta (12,6 e 12,6%), Atlantic (12,2 e 12,3%) e Kufri Chipsona-1 (9,8 e 9,9%) em 2006-07 e 2007-08, respetivamente. Durante ambos os anos, todas as variedades diferiram significativamente entre si, exceto a variedade Lady Rosetta e Atlantic (Quadro 4.46). Estes resultados estão de acordo com as conclusões de Pandey *et al.* (2006) e Kumar *et al.* (2009). A temperatura ambiente foi mais elevada de 0 a 75 DOS. A maior perda de peso à temperatura quente (0 a 75 DOS) deveu-se ao aumento da evaporação e da respiração (Mehta e Kaul, 1988; Mehta e Singh, 2002 e Ezekiel *et al.*, 2007).

4.3.2 Perda de peso total (perda de peso fisiológica + apodrecimento)

A perda de peso total devido ao efeito combinado de perda de peso fisiológico e apodrecimento em tubérculos aumentou progressivamente durante o armazenamento até 75 DOS. A perda de peso total média aumentou de 6,2 para 14,3 e de 6,3 para 14,6 por cento entre 50 e 75 DOS durante 2006-07 e 2007-08, respetivamente (Tabela 4.46). A perda de peso total foi maior do que a perda de peso fisiológica aos 75 DOS devido ao início da germinação e apodrecimento. (Mehta e Ezekiet, 2003 e Das *et al.*, 2004).

Aos 50 DOS, a variedade Kufri Pukhraj (6.4 e 6.7%) teve maior perda de peso total seguida pela Lady Rosetta (6.3 e 6.5%), Atlantic (6.1 e 6.4%) e Kufri Chipsona-1 (5.8 e 5.9%) durante 2006-07 e 2007-08, respetivamente. Todas as variedades foram estatisticamente iguais umas às outras.

Aos 75 DOS, a variedade Kufri Pukhraj (20.8 e 22.2%) mostrou perda de peso total máxima seguida por Lady Rosetta (14.6 e 15.7%), Atlantic (14.5 e 15.7%) e Kufri Chipsona-1 (11.3 e 11.6%) durante 2006-07 e 2007-08, respetivamente. Houve uma variação significativa entre todas as variedades, exceto a Atlantic e a Lady Rosetta em 2006-07 e 2007-08 (Tabela 4.46). Todas as variedades apresentaram mais de 13% de perda de peso total, exceto a Kufri Chipsona-1. A perda de peso total na Kufri Chipsona-1 (<10,6%) estava próxima do limite mínimo prescrito de 10% de perda de peso total durante o armazenamento. Das *et al.*, (2004) e Ezekiel *et al.* (2007b) também observaram um aumento na perda de peso do tubérculo com o aumento da duração do armazenamento à temperatura ambiente.

4.3.3 Teor de matéria seca dos tubérculos

O conteúdo de matéria seca dos tubérculos aumentou gradualmente durante o armazenamento até 75 DOS (Tabela 4.46). O conteúdo de matéria seca dos tubérculos de 21,9, 22,8 e 24,3 por cento foi observado em 0, 50 e 75 DOS durante 2006-07, respetivamente. Em 2007-08, o conteúdo de matéria seca dos tubérculos foi de 22,1, 22,9 e 24,5 por cento em 0, 50 e 75 DOS, respetivamente. O conteúdo médio de matéria seca aumentou em 4,1 e 3,6 por cento até 50 DOS, após o que foi observado um aumento abrupto de 6,6 e 6,9 por cento até 75 DOS durante 2006-07 e 2007-08, respetivamente.

A 50 DOS, a variedade Lady Rosetta continha o maior (25,9 e 25,9%) conteúdo de matéria seca de tubérculos, seguida pela Atlantic (24,4 e 24,6%), Kufri Chipsona-1 (22,8 e 23,1%) e Kufri Pukhraj (18,3 e 18,0%) durante 2006-07 e 2007-08, respetivamente. Todas as variedades de processamento continham matéria seca de tubérculo significativamente mais alta (>22,8%) do que a variedade de mesa Kufri Pukhraj (<18,3) em 2006-07 e 2007-08 (Tabela 4.46).

Aos 75 DOS, a tendência na matéria seca do tubérculo foi na ordem de Lady Rosetta > Atlantic > Kufri Chipsona-1> Kufri Pukhraj durante 2006-07 e 2007-08. Todas as três variedades de processamento continham significativamente mais matéria seca de tubérculo (>24,4%) do que a variedade de controlo Kufri Pukhraj (<20%) durante ambos os anos de 2006-07 e 200708 (Quadro 4.46). Uma melhoria no conteúdo de matéria seca durante o armazenamento à temperatura ambiente possivelmente devido ao aumento da evaporação e uma variação significativa na matéria seca do tubérculo entre as variedades antes e depois do armazenamento também foi relatada por Marwaha *et al.* (2009a).

4.3.4 Recuperação do rendimento das aparas

A recuperação do rendimento das batatas fritas diminuiu gradualmente durante o armazenamento até 75 dias de armazenamento (DOS) em 2006-07 e 2007-08. A recuperação média de rendimento de 32,2, 29,6 e 25,6 por cento, e 33,7, 29,9 e 25,5 por cento foi observada em 0,50 e 75 DOS durante 2006-07 e 2007-08, respetivamente (Quadro 4.46).

A 50 DOS, a recuperação máxima de rendimento de chips foi observada na variedade Lady Rosetta (32.1 e 32.2%) seguida pela Atlantic (31.8 e 32.0%), Kufri Chipsona-1 (30.5 e 31.2%) e Kufri Pukhraj (23.9 e 24.2%) durante 2006-07 e 2007-08, respetivamente. Todas as três variedades de processamento permaneceram significativamente superiores à variedade de mesa Kufri Pukhraj. No entanto, a Atlantic com Lady Rosetta e Kufri Chipsona-1 em 2006-07 e todas as três variedades de processamento em 2007-08 foram iguais entre si (Tabela 4.46).

A 75 DOS, a variedade Lady Rosetta (28.0 e 27.3%) deu o maior rendimento de recuperação de chips seguido por Atlantic (27.2 e 27.1%), Kufri Chipsona-1 (27.0 e 26.8%) e Kufri Pukhraj (20.3 e 20.8%) em 2006-07 e 2007-08 respetivamente (Tabela 4.46).

TABELA 4.46: EFEITO DO ARMAZENAMENTO NA PERDA DE PESO FISIOLÓGICA E TOTAL, NA MATÉRIA SECA DOS TUBÉRCULOS E NO RENDIMENTO EM ESTILHAS

VARIEDADES	Antes do armazenamento		50 DOS					75 DOS				
	Matéria seca dos tubérculos (%)	Rendimento das aparas (%)	Perda de peso fisiológica (%)	Rotação (%)	Perda de peso total (%)	Matéria seca dos tubérculos (%)	Rendimento das aparas (%)	Perda de peso fisiológica (%)	Rottage (%)	Perda de peso total (%)	Matéria seca dos tubérculos (%)	Rendimento das aparas (%)
					2006-07							
Atlântico	23.2	33.6	6.1	-	6.	124.4	31.8	12.2	2.3	14.5	25.7	27.2
Lady Rosetta	25.6	34.8	6.3	-	6.3	25.9	32.1	12.6	2.0	14.6	27.7	28.0
Kufri	22.3	33.0	5.8	-	5.8	22.8	30.5	9.8	1.5	11.3	24.4	27.0
Chipsona-1 Kufri Pukhraj	16.5	27.6	6.4	-	6.4	18.3	23.9	14.5	6.3	20.8	19.3	20.3
Média	21.9	32.2	6.2	-	6.2	22.8	29.6	12.2	3.0	15.3	24.3	25.6
CD (P<0,05)	0.37	1.50	NS	-	NS	0.42	1.56	1.0	-	3.3	0.43	1.53

					2007-08							
Atlântico	23.5	34.8	6.4	-	6.	424.6	32.0	12.3	3.4	15.7	26.0	27.1
Lady Rosetta	25.7	36.0	6.5	-	6.5	25.9	32.2	12.6	3.4	15.7	28.1	27.3
Kufri	22.6	34.6	6.1	-	5.9	23.1	31.2	9.9	1.7	11.6	24.5	26.8
Chipsona-1 Kufri Pukhraj	16.8	29.4	6.7	-	6.7	18.0	24.2	14.7	7.5	22.2	19.5	20.8
Média	22.1	33.7	6.4	-	6.3	22.9	29.9	12.4	4.0	16.3	24.5	25.5
CD (P<0,05)	0.39	1.54	NS	-	NS	0.44	1.57	1.1	-	3.4	0.47	1.52

Todas as três variedades de processamento, estando em pé de igualdade, produziram uma recuperação significativamente maior de batatas fritas em ambos os anos. Uma diminuição na recuperação do rendimento das batatas fritas durante o armazenamento à temperatura ambiente até 75 DOS pode dever-se à perda de amido (matéria seca) na respiração. Marwaha *et al.* (2009a) observaram uma queda de 4,8 por cento no rendimento das batatas fritas, apesar da melhoria da matéria seca dos tubérculos durante o armazenamento em armazém agrícola (75 DOS). Por outro lado, Das *et al.* (2001) relacionaram a diminuição do rendimento em estilhas durante o armazenamento (30 a 60 DOS) com maiores perdas de casca aos 60 DOS.

4.3.5 Reduzir os açúcares

O conteúdo de açúcares redutores nos tubérculos de todas as quatro variedades diminuiu até 50 DOS e depois mostrou um aumento até 75 DOS em ambos os anos de 2006-07 e 2007-08 (Tabela 4.47). Os teores médios de açúcares redutores de 42,4, 38,2 e 72,2 mg/100 g FW, e 44,3, 39,3 e 63,9 mg/100 g FW foram observados em 0, 50 e 75 DOS em 2006-07 e 2007-08, respetivamente. O decréscimo correspondente de 9,9 e 11,3 por cento até 50 DOS seguido de um aumento de 89,0 e 62,6 por cento até 75 DOS foi observado durante 2006-07 e 2008-08, respetivamente. Estes resultados estão de acordo com as conclusões de Mehta (2000), que registou uma diminuição dos açúcares redutores até 90 DOS, seguida de um aumento até 120 DOS.

A 50 DOS, os açúcares redutores máximos foram registados na variedade Kufri Pukhraj (85,4 e 93,5 mg) seguida pela Atlantic (24,4 e 23,2 mg), Lady Rosetta (22,8 e 20,6 mg) e Kufri Chipsona-1 (20,4 e 20,1 mg/100 g FW) durante 2006-07 e 2007-08, respetivamente. A variedade Kufri Pukhraj apresentou significativamente mais açúcares redutores do que as três variedades de processamento, que foram iguais entre si em ambos os anos (Tabela 4.47).

Aos 75 DOS, os tubérculos da variedade Kufri Pukhraj (140 e 131,3 mg) foram novamente encontrados para conter açúcares redutores significativamente mais elevados do que Lady Rosetta (57,3 e 45,2 mg), Atlantic (50,4 e 42,2 mg) e Kufri Chipsona-1 (41,1 e 37,0 mg/100 g FW) durante 2006-07 e 2007-08, respetivamente. No entanto, Atlantic com Lady Rosetta 2006-07 e Atlantic com Lady Rosetta e Kufri Chipsona-1 durante 2007-08 foram iguais entre si (Tabela 4.47). Marwaha *et al.* (2009a) também encontraram açúcares redutores significativamente mais baixos nas variedades de processamento do que na variedade de mesa Kufri Jyoti após 75 dias de armazenamento na quinta à temperatura ambiente.

4.3.6 Pontuação da cor da pastilha

A avaliação subjectiva da cor das batatas fritas frescas durante o armazenamento em ambos os anos revelou que a cor das batatas fritas das três variedades de processamento estava numa gama de cores aceitável em comparação com a variedade de mesa Kufri Pukhraj a 0, 50 e 75 DOS (Quadro 4.47).

A 50 DOS, as batatas fritas da variedade Kufri Pukhraj eram significativamente mais escuras e inaceitáveis (6.0 e 5.8) do que Atlantic (3 e 2.5), Lady Rosetta (2.5 e 2.3) e Kufri Chipsona-1 (2.0 e 1.8) durante 2006-07 e 2007-08, respetivamente. No entanto, a Atlantic e a Lady Rosetta estavam ao mesmo nível em 2007-08.

Aos 75 DOS, mais uma vez a variedade Kufri Pukhraj teve uma pontuação de cor de chip significativamente mais alta (5,5 e 6,3) (faixa de cor inaceitável) do que Atlantic (3 e 3), Lady Rosetta (2,6 e 3,0) e Kufri Chipsona-1 (1,5 e 2,3 CCS) em 2006-07 e 2007-08, respetivamente. No entanto, a Atlantic e a Lady Rosetta estavam ao mesmo nível em ambos os anos (quadro 4.47). Da mesma forma, Marwaha *et al.* (2009a) registaram diferenças significativas na pontuação da cor das aparas entre as variedades de processamento e de mesa, antes e depois de 75 DOS à temperatura ambiente.

4.3.7 Sacarose

Entre os açúcares não redutores, apenas o conteúdo de sacarose foi determinado e os resultados (mg/100 g FW) são apresentados na Tabela 4.47. Os teores médios de sacarose de 107,8, 303,4 e 513,3 mg, e 162,8, 315,2 e 513 mg/100 g FW foram registados em 0, 50 e 75 DOS nos anos 2006-07 e 2007-08, respetivamente. O aumento percentual no nível médio de sacarose foi de 376 e 216 a 75 DOS do que antes do armazenamento durante 2006-07 e 2007-08, respetivamente.

A 50 DOS, o nível máximo de sacarose foi observado na variedade Lady Rosetta (313.8 e 327.0mg) e o mínimo na variedade Kufri Chipsona-1 (287.7 e 297.1 mg/100 g FW) em 2006-07 e 2007-08, respetivamente. A variedade Atlantic (305.4 e 316.4mg) e Kufri Pukhraj (306.9 e 320.4 mg/100 g FW) exibiram um nível intermédio de sacarose durante 2006-07 e 2007-08, respetivamente. No entanto, a variedade Atlantic, Lady Rosetta e Kufri Pukhraj foram estatisticamente iguais a si mesmas durante ambos os anos (Tabela 4.47).

Aos 75 DOS, o nível de sacarose foi encontrado mais alto novamente na variedade Lady Rosetta (576.9 e 560.3 mg) seguido por Kufri Pukhraj (516.1 e 522.0 mg), Kufri Chipsona-1 (514.9 e 517.2 mg) e Atlantic (445.4 e 453.6 mg/100 g FW) durante 2006-07 e 2007-08, respetivamente (Tabela 4.47). Todas as variedades diferiram significativamente entre si, exceto a Kufri Chipsona-1 e a Kufri Pukhraj durante ambos os anos. Um aumento no nível de sacarose com o armazenamento em armazém agrícola à temperatura ambiente e uma variação significativa no nível de sacarose entre as variedades antes e depois do armazenamento (75 DOS) também foi relatado por Marwaha *et al.* (2009a).

4.3.8 Aminoácidos livres

Durante ambos os anos, os conteúdos de aminoácidos livres dos tubérculos aumentaram gradualmente até 75 DOS (Quadro 4.47). Foram registados conteúdos médios de aminoácidos livres de 38,9, 55,2 e 62,1, e 41,4, 58,2 e 66,3 mg N /100 g FW a 0, 50 e 75 DOS durante 200607 e 2007-08, respetivamente. O aumento percentual de aminoácidos livres foi de 59,6 e 60,1 com 75 DOS em relação a antes do armazenamento durante 2006-07 e 2007-08, respetivamente.

Antes do armazenamento, as variedades Atlantic (36,9 e 39,7), Lady Rosetta (37,2 e 40,2) e Kufri Chipsona-1 (38,9 e 41,2 mg) eram estatisticamente iguais entre si, mas continham significativamente menos aminoácidos livres do que a variedade Kufri Pukhraj (42,8 e 44,5 mg/100 g FW) durante 2006-07 e 2007-08, respetivamente (Quadro 4.47).

Aos 50 DOS, o maior teor de aminoácidos livres foi registado na variedade Kufri Pukhraj (61,6 e 63,7) seguido por Kufri Chipsona-1 (57,9 e 59,9), Lady Rosetta (54,7 e 58,8) e Atlantic (46,6 e 50,6 mg/100 g FW) em 2006-07 e 2007-08, respetivamente (Tabela 4.47). Todas as variedades diferiram significativamente entre si, exceto a Lady Rosetta e a Kufri Chipsona-1 em 2006-07 e 200708.

A 75 DOS, o máximo de aminoácidos livres foi registado na variedade Kufri Pukhraj (71.4 e 76.2) seguido por Kufri Chipsona-1 (64.6 e 68.8), Lady Rosetta (58.1 e 60.6) e Atlantic (54.2 e 59.5 mg/100 g FW) em 2006-07 e 2007-08, respetivamente (Tabela 4.47). Durante ambos os anos, o nível de aminoácidos livres variou significativamente entre todas as variedades, exceto Atlantic e Lady Rosetta. Estes resultados estão em estreita conformidade com as conclusões de Marwaha *et al.* (2009a).

4.3.9 Teor de fenóis totais

O conteúdo total de fenol dos tubérculos de todas as quatro variedades em estudo mostrou uma tendência crescente até 75 DOS em 2006-07 e 2007-08. O conteúdo médio de fenol total foi de 35,7, 45,7 e 65,7 mg/100 g FW, e 36,0, 43,1 e 63,7 mg/100 g FW a 0, 50 e 75 DOS durante 2006-07 e 2007-08, respetivamente (Tabela 4.47). O aumento percentual na média de fenóis totais de 0 a 75 DOS foi de 84 em 2006-07 e 77 em 2007-08.

A 50 DOS, o conteúdo máximo de fenol total foi registado na variedade de mesa Kufri Pukhraj (50.6 e 52.4) seguido por Lady Rosetta (46.6 e 45.7), Kufri Chipsona-1 (43.8 e 38.3) e Atlantic (41.8 e 36.2 mg/100 g FW) durante 200607 e 2007-08, respetivamente (Tabela 4.47). No entanto, as variedades Atlantic e Kufri Chipsona-1 foram estatisticamente iguais entre si em ambos os anos.

A 75 DOS, novamente o maior conteúdo de fenol total foi observado na variedade de controlo Kufri Pukhraj (84.8 e 80.1) seguido por Lady Rosetta (69.9 e 72.4), Kufri Chipsona-1 (55.3 e 51.8) e Atlantic (52.9 e 50.6 mg/100 g FW) em 2006-07 e 2007-08 respetivamente (Tabela 4.47). O conteúdo total de fenol foi encontrado variando significativamente entre todas as variedades, exceto Atlantic e Kufri Chipsona-1 durante ambos os anos. Estes resultados são consistentes com os resultados de Marwaha *et al.* (2009a) e conflitantes com os resultados anteriores de Uppal (2003) e Marwaha *et al.* (2005a).

4.3.10 Aspeto geral

O aspeto físico dos tubérculos antes e durante o armazenamento foi mostrado nas placas 6, 7, 8 e 9 (no final do capítulo). Aos 50 DAS, os tubérculos de todas as variedades mantiveram uma boa dureza e brilho. Aos 75 DAS, os tubérculos mostraram enrugamento e diminuição da dureza. Isto foi notório no caso da var. Kufri Pukhraj. Aos 100 DOS, os tubérculos das variedades Atlantic, Kufri Chipsona-1 e Lady Rosetta estavam murchos, sem brilho e tornavam-se mais macios ao serem pressionados com as mãos, enquanto os tubérculos da variedade Kufri Pukhraj estavam quase podres. Assim, as amostras de tubérculos não estavam em condições de serem trabalhadas.

Quadro 4.47: Efeito do armazenamento sobre o açúcar redutor, a cor das aparas, a sacarose, os aminoácidos livres e os fenóis totais

	Antes do armazenamento					50 DOS					75 DOS				
	R. Açúcar *	Chip Cor **	Sucros e*	Ácido amínico livre*	Fenol total *	R. Açúcar *	Chip Cor **	Sucros e*	Ácido amínico livre*	Fenol total *	R. Açúcar *	Cor do chip **	Sucros e*	Ácido amínico livre*	Fenol total *
						2006-07									
Atlântico	31.7	2.2	139.9	36.9	29.1	24.4	3.0	305.4	46.6	41.8	50.4	3.0	445.4	54.2	52.9
Lady Rosetta	24.5	1.5	185.4	37.2	39.7	22.8	2.5	313.8	54.7	46.6	57.3	2.6	576.9	58.1	69.9
Kufri Chipsona-1	20.8	2.2	155.4	38.9	35.1	20.4	2.0	287.7	57.9	43.8	41.1	1.5	514.9	64.6	55.3
Kufri Pukhraj	92.6	5.5	136.1	42.8	38.8	85.4	6.0	306.9	61.6	50.6	140.0	5.5	516.1	71.4	84.8
Média	42.4	2.8	107.8	38.9	35.7	38.2	3.3	303.4	55.2	45.7	72.2	3.1	513.3	62.1	65.7

CD (P<0,05)	7.2	0.29	9.8	2.8	1.8	5.3	0.3316 .5		3.6	2.[illegible]	7.6	0.41	23.2	4.1	2.5
							2007-08								
Atlântico	28.1	2.3	148.4	39.7	27.8	23.2	2.5	316.4	50.6	36.2	42.2	3.0	453.6	59.5	50.6
Lady Rosetta	25.0	1.5	192.1	40.2	40.5	20.6	2.3	327.0	58.8	45.7	45.2	3.0	560.3	60.6	72.4
Kufri Chipsona-1	22.2	2.5	164.8	41.2	35.6	20.1	1.8	297.1	59.9	38.3	37.0	2.3	517.2	68.8	51.8
Kufri Pukhraj	102.0	6.0	146.1	44.5	40.1	93.5	5.8	320.4	63.7	52.4	131.3	6.3	522.0	76.2	80.1
Média	44.3	3.0	162.8	41.4	36.0	39.3	3.1	315.2	58.2	43.1	63.9	3.6	513.0	66.3	63.7
CD (P<0,05)	7.4	0.30	10.2	2.9	1.9	5.9	0.35	18.1	3.7	2.3	7.5	0.45	25.7	4.3	2.5

* mg/100g FW, ** de 1 a 10, escala crescente de cores escuras.

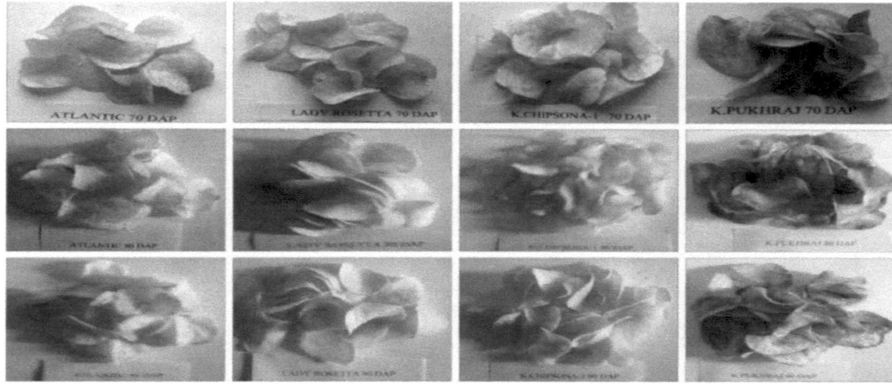

Plaie-2 : Cor das aparas das diferentes variedades aos 70, 80 e dias após a plantação na cultura plantada em outubro I

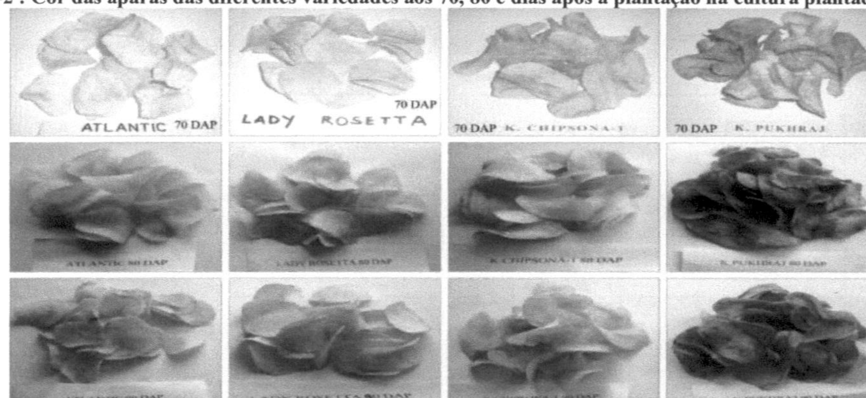

PJate-3 ; (cor do quadril de diferentes variedades al 7|, Wl *e 9IJ dia após o plantio em <r "p plantado <m Out 15

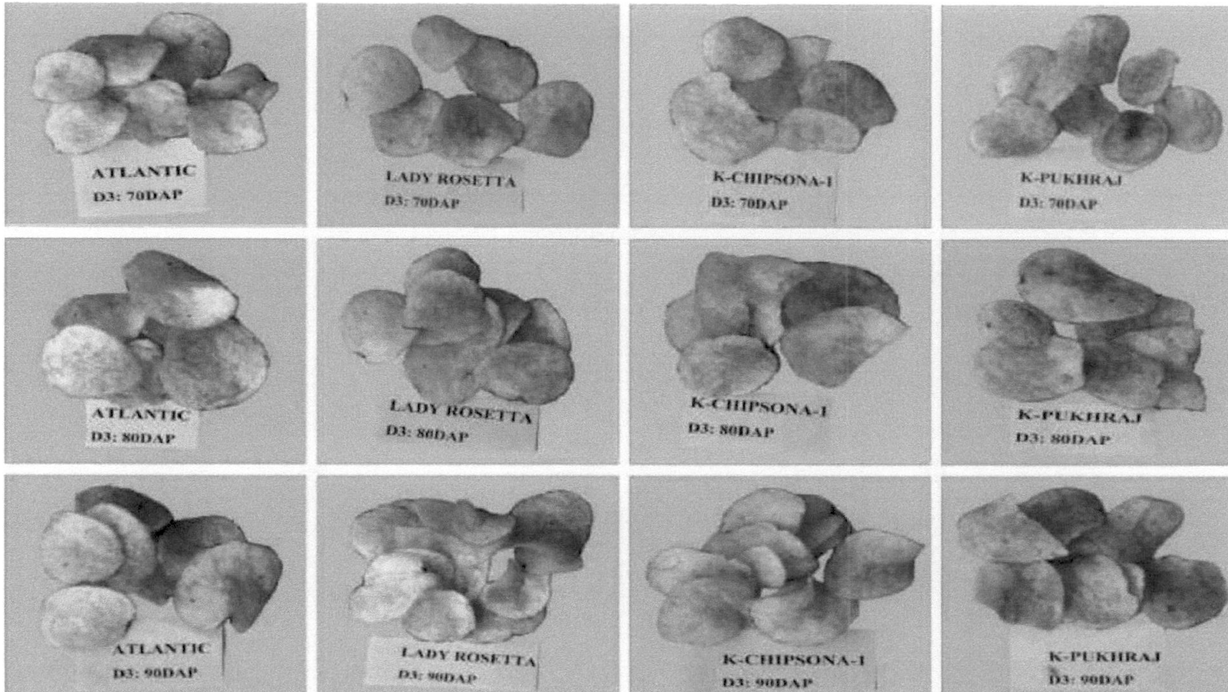

Placa-4: Cor das aparas de diferentes variedades a 70, HO e '>0 dm após a plantação em cultura plantada a 25 de dezembro

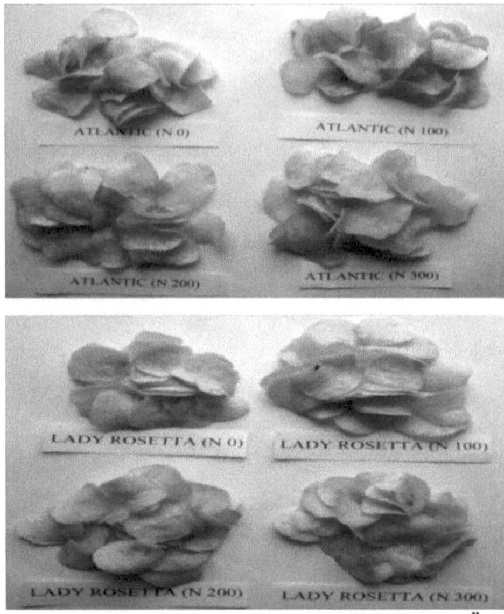

Chip, tolo u r de diferentes variedades nos níveis de azoto 0, HHkKIO e 3ÜUkg.\/hii

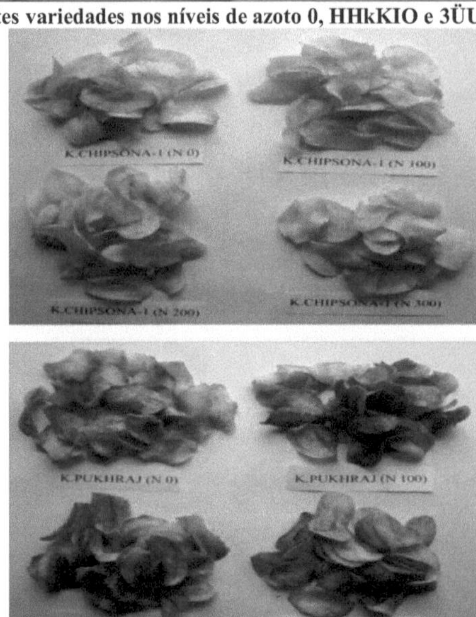

Placa-5(b): Cor das aparas das diferentes variedades aos níveis de azoto de I), 100, 200 e 300 kg M/lia

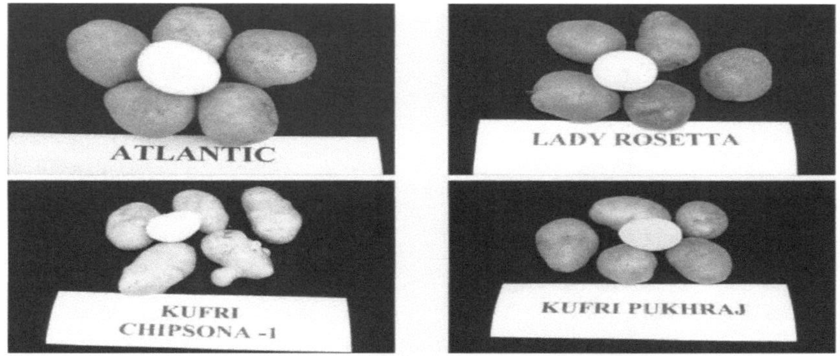

Platc-6 : Aspeto físico dos tubérculos antes da armazenagem à temperatura ambiente

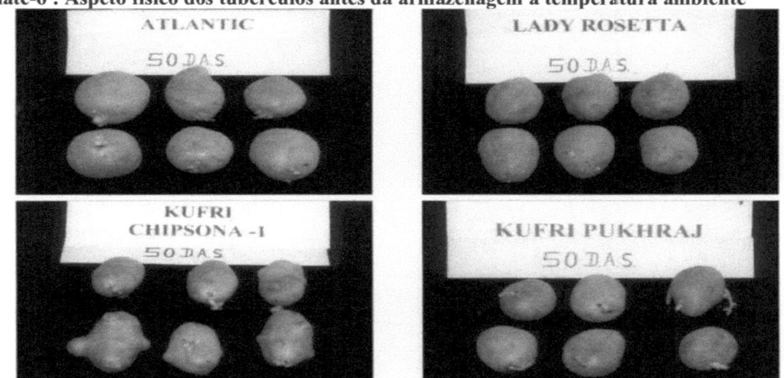

Platc-7; Aspeto físico dos tubérculos após 50 dias de armazenamento -* temperatura ambiente

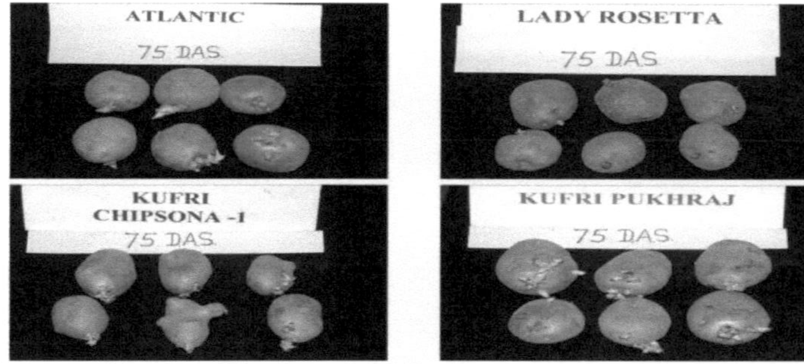

Prato-S : Aspeto físico dos tubérculos após 75 dias de armazenamento à temperatura ambiente

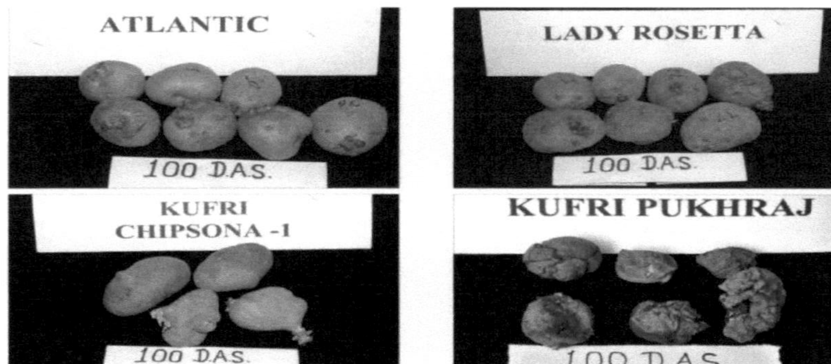

Ptäte-9 : Aspeto físico dos tubérculos após 11 dias de armazenamento à temperatura ambiente

SÍNTESE E CONCLUSÕES

A presente investigação intitulada "Efeito de algumas práticas agronómicas nos parâmetros quantitativos e quantitativos de variedades de batata selecionadas" foi realizada entre 2006-07 e 2007-08 na quinta de investigação dos estudantes, Faculdade de Agricultura, Khalsa College Amritsar, (Universidade Guru Nanak Dev, Amritsar) com os seguintes objectivos 1. identificar a variedade de batata para processamento adequada para as planícies mais frias do noroeste.

2. Estudar o efeito da época de plantação, do calendário de descasque e do azoto sobre o rendimento dos tubérculos e a qualidade das aparas das variedades de transformação.
3. Estudar o comportamento de armazenamento e as alterações na qualidade de processamento de variedades de batata selecionadas após armazenamento a curto prazo à temperatura ambiente.

A abordagem de estudo adoptada consistiu em três experiências. A primeira experiência foi conduzida com 36 combinações de tratamentos, com três datas de plantação (1 de outubro, 15 de outubro e 25 de dezembro), quatro variedades (Atlantic, Lady Rosetta, Kufri Chipsona-1 e Kufri Pukhraj) nas parcelas principais e três estacas de lanço (70, 80 e 90 DAP) como tratamentos de subparcelas, num esquema de parcelas divididas. A segunda experiência envolveu 16 combinações de tratamentos com quatro variedades (Atlantic, Lady Rosetta, Kufri Chipsona-1 e Kufri Pukhraj) e quatro níveis de azoto (0, 100, 200 e 300 kg N/ha) e foi executada num esquema de blocos aleatórios com três repetições. Na terceira experiência, quatro variedades de batata (Atlantic, Lady Rosetta, Kufri Chipsona-1 e Kufri Pukhraj) foram avaliadas quanto ao seu comportamento em termos de armazenamento e qualidade de estilhaçamento aos 0, 50 e 75 dias após o armazenamento à temperatura ambiente. Na primeira e segunda experiências foram seguidas as práticas culturais recomendadas para a cultura da batata, com exceção dos tratamentos experimentais. O resumo dos resultados é apresentado a seguir, por experiência.

5.1 EXPERIMENTAÇÃO-I: Efeito da época de plantação, das variedades e do calendário de descasque no crescimento, rendimento e qualidade de transformação da batata.

5.1.1 Efeito da época de plantação, da variedade e do calendário de descasque no crescimento

5.1.1.1 Emergência de tubérculos

Os tubérculos-semente emergiram significativamente mais cedo em duas plantações de outono (1 e 15 de outubro) do que na plantação do início da primavera (25 de dezembro) durante ambos os anos. Todas as quatro variedades não mostraram variação significativa no número de dias necessários para a emergência completa dos tubérculos-semente durante 2006-07 e 2007-2008.

5.1.1.2 Contagem de emergência

Duas plantações de outono a 1 de outubro (98,5%) e 15 de outubro (98,3%) tiveram uma contagem de emergência significativamente melhor do que a plantação a 25 de dezembro (92,2%) durante ambos os anos. Entre as variedades, a diferença na população de plantas não foi significativa durante 2006-07 e 200708.

5.1.1.3 Iniciação dos tubérculos

A iniciação dos tubérculos foi significativamente mais cedo no plantio de 15 de outubro (26 DAP) seguido de 1 de outubro (29 DAP) do que no plantio de 25 de dezembro (40,2 DAP) em ambos os anos. Todas as quatro variedades não mostraram variação significativa no número de dias necessários para a iniciação dos tubérculos durante os dois anos.

5.1.1.4 Número de caules por planta

Duas plantações anteriores em 1 de outubro (3,97) e 15 de outubro (3,87), estatisticamente iguais, apresentaram um número significativamente maior de caules do que a plantação em 25 de dezembro (3,24) em ambos os anos. As variedades Kufri Pukhraj e Kufri Chipsona-1, estando ao mesmo nível, apresentaram um número de caules significativamente maior do que as variedades Lady Rosetta e Atlantic, que também estavam estatisticamente ao mesmo nível em ambos os anos.

5.1.1.5 Número de folhas compostas por planta

As plantações de outono em 1 de outubro (95,0) e 15 de outubro (93,8), sendo estatisticamente iguais, produziram um número significativamente maior de folhas compostas do que a terceira plantação em 25 de dezembro (51,4) durante os dois anos. Em ambos os anos, o número de folhas compostas foi igual entre todas as quatro variedades.

5.1.1.6 Altura da planta

As plantações de outono em 1 e 15 de outubro, estatisticamente iguais entre si, produziram plantas significativamente mais altas do que as plantações em 25 de dezembro aos 60 DAP durante os dois anos. As variedades Kufri Pukhraj, Atlantic e Kufri Chipsona-1, sendo estatisticamente iguais entre si, produziram plantas significativamente mais altas do que a variedade Lady Rosetta durante os dois anos de estudo.

5.1.1.7 Índice de área foliar

As plantações de outono em 1 e 15 de outubro, estatisticamente iguais entre si, mostraram LAI significativamente mais alto do que a terceira plantação em 25 de dezembro aos 60 DAP durante os dois anos. Durante ambos os anos, o LAI máximo e mínimo foi registado na variedade Kufri Pukhraj e Lady Rosetta, respetivamente. No entanto, as variedades Kufri Pukhraj, Atlantic e Kufri Chipsona-1 mantiveram-se ao mesmo nível.

5.1.2 Caracteres que contribuem para o rendimento

5.1.2.1 Número de tubérculos por planta

Durante ambos os anos, o número de tubérculos aumentou ligeiramente à medida que a época de plantação se atrasou de 1 de outubro para 15 de outubro a 25 de dezembro. As variedades Kufri Pukhraj, Kufri Chipsona-1 e Lady Rosetta, estando estatisticamente em pé de igualdade, produziram um número significativamente maior de tubérculos por planta do que a variedade Atlantic em 2006-07 e 2007-08. Durante ambos os anos, o número de tubérculos por planta aumentou ligeiramente quando o corte do lanço foi adiado de 70 para 90 DAP.

5.1.2.2 Peso médio dos tubérculos

Durante ambos os anos, o peso médio dos tubérculos diminuiu significativamente à medida que a época de plantação se atrasou de 1 de outubro para 15 de outubro a 25 de dezembro. A variedade Atlantic apresentou um peso médio de tubérculo significativamente melhor do que Kufri Pukhraj, Kufri Chipsona-1 e Lady Rosetta durante 2006-07 e 2007-08. O descasque aos 90 DAP, a par dos 80 DAP, produziu tubérculos significativamente mais pesados do que aos 70 DAP durante ambos os anos de estudo. 5.1.2.3 Rendimento de tubérculos

Durante os anos, a maior produção total de tubérculos foi registada na cultura plantada a 1 de outubro, seguida de 15 de outubro e 25 de dezembro. Houve uma variação significativa entre todas as datas de plantação. Entre as variedades, a produção total de tubérculos máxima e significativamente mais elevada foi registada na popular variedade de mesa Kufri Pukhraj, seguida da Atlantic, Kufri Chipsona-1 e Lady Rosetta durante ambos os anos de estudo. Em ambos os anos, o atraso na desidratação de 70 para 90 DAP resultou numa produção de tubérculos significativamente mais elevada. As interações entre a época de plantação e as variedades, bem como entre as variedades e as estacas de lanço para a produção total de tubérculos, foram significativas.

5.1.2.4 Rendimento de tubérculos transformáveis

Durante ambos os anos, a maior produção de tubérculos de qualidade de processamento foi observada na cultura plantada a 1 de outubro, seguida de 15 de outubro e 25 de dezembro. Todas as três datas de plantação diferiram significativamente entre si. Entre as variedades, o rendimento máximo e significativamente mais elevado de tubérculos para transformação foi registado na variedade de mesa Kufri Pukhraj, seguida da Atlantic, Kufri Chipsona-1 e Lady Rosetta em 2006-07 e 2007-08. Em ambos os anos, o atraso na remoção da casca de 70 para 90 dias após a plantação resultou num ganho significativo na produção de tubérculos de qualidade para transformação. A interação entre a época de plantação e as variedades para a produção de tubérculos de qualidade para transformação também foi significativa.

5.1.2.5 Rendimento do transporte

Foi observado um rendimento máximo e significativamente mais elevado de haulm na cultura plantada a 1 de outubro, em comparação com a cultura plantada a 15 de outubro e a 25 de dezembro, em ambos os anos. Em ambos os anos, entre as variedades, Kufri Pukhraj, Kufri Chipsona-1 e Atlantic, que estão estatisticamente em pé de igualdade, produziram significativamente mais rendimento de hastes do que Lady Rosetta. Em ambos os anos, a produção de lâminas diminuiu significativamente à medida que o corte das lâminas foi atrasado de 70 para 90 DAP. No entanto, aos 80 e 90 DAP, as diferenças no rendimento do lanço não foram significativas.

5.1.3 Absorção de NPK

A absorção máxima de N, P e K foi registada nos tubérculos da cultura plantada a 1 de outubro, seguida de 15 de outubro e 25 de dezembro nos anos de 2006-07 e 2007-08. Todas as datas de plantação foram estatisticamente diferentes entre si durante ambos os anos. Entre as variedades, a maior e a menor absorção de NPK foi registada na Atlantic e na Lady Rosetta, respetivamente, em ambos os anos. Em 2006-07, a variedade Kufri Chipsona-1 manteve-se a par da Atlantic e da Kufri Pukhraj. Em 2007-08, todas as variedades foram estatisticamente iguais a si próprias, exceto a Atlantic e a Lady Rosetta. Durante ambos os anos, verificou-se que a absorção de NPK aumentou com o atraso das estacas de 70 a 90 DAP. No entanto, a taxa de aumento foi considerada significativa até 80 DAP.

5.1.4 Rentabilidade

Os dados agrupados indicaram que os retornos líquidos máximos (Rs. 41132/-) foram observados na cultura plantada em 1 de outubro, seguida pela segunda plantação de 15 de outubro (Rs. 28719/-). Já o terceiro plantio, em 25 de dezembro, apresentou retorno líquido negativo (Rs. -7331/-). Entre as variedades, os maiores rendimentos líquidos (Rs. 32522/-) foram registados na variedade Atlantic, seguida da Kufri Pukhraj (Rs. 28236/-), Kufri Chipsona-1 (Rs. 18902/-) e Lady Rosetta (Rs. 3702/-). Com o atraso no corte do lanço, os rendimentos líquidos aumentaram de 70 (Rs. 9876/-) para 80 (Rs. 22410) e 90 DAP (Rs. 30235/-).

5.1.5 Qualidade de processamento

5.1.5.1 Matéria seca dos tubérculos

Em ambos os anos, os tubérculos da cultura plantada a 1 e 15 de outubro, em pé de igualdade, continham um teor de matéria seca significativamente mais elevado do que os da cultura plantada a 25 de dezembro. Três variedades de processamento (Atlantic, Lady Rosetta e Kufri Chipsona-1) apresentaram mais de 20% de matéria seca de tubérculo, que foi significativamente maior do que a variedade de mesa Kufri Pukhraj (14,4 a 16,4%) durante os dois anos de estudo. Durante ambos os anos, a matéria seca dos tubérculos não variou significativamente entre as três estacas de lanço (70, 80 e 90 DAP), no entanto, foi máxima aos 80 DAP.

5.1.5.2 Recuperação do rendimento das aparas

A cultura plantada em 1 de outubro (33,6 e 34,8%) e 15 de outubro (32,8 e 33,6%), estando em pé de igualdade entre si, mostrou uma recuperação de rendimento de cavacos significativamente maior do que a cultura plantada em 25 de dezembro (27,7 e 28,3%) durante 2006-07 e 2007-08. Todas as três variedades de processamento (Atlantic, Lady Rosetta e Kufri Chipsona-1), sendo estatisticamente iguais entre si, deram uma recuperação de estilha significativamente maior do que a variedade de mesa Kufri Pukhraj durante ambos os anos. O efeito do corte do lanço na recuperação das aparas foi considerado não significativo em 2006-07 e 2007-08.

5.1.5.3 Reduzir os açúcares

Entre as datas de plantação, foram registados açúcares redutores máximos e significativamente mais elevados nos tubérculos da cultura plantada em 15 de outubro do que em 25 de dezembro e 1 de outubro, em ambos os anos. Durante ambos os anos, a variedade de mesa comummente cultivada também apresentou açúcares redutores significativamente mais elevados do que as três variedades de processamento (i.e. Atlantic, Lady Rosetta e Kufri Chipsona-1). O nível médio de açúcar redutor diminuiu ligeiramente de 70 para 90 DAP em 2006-07 e 2007-08.

5.1.5.4 Cor da pastilha

Em ambos os anos, a pontuação da cor das batatas fritas foi significativamente mais baixa e aceitável na cultura plantada a 1 de outubro, seguida de 15 de outubro, do que na cultura plantada a 25 de dezembro. Exceptuando a variedade de controlo Kufri Pukhraj, todas as outras três variedades de processamento produziram batatas fritas de cor significativamente clara durante ambos os anos de estudo. A pontuação média da cor das aparas foi significativamente mais alta aos 80 do que aos 70 e 90 DAP durante 2006-07 e 2007-08. A interação entre as variedades e o calendário de descasque foi considerada significativa.

5.1.5.5 Sacarose

O nível de sacarose nos tubérculos aumentou significativamente à medida que o tempo de plantio aumentou de 1 de outubro para 15 de outubro a 25 de dezembro durante 2006-07 e 2007-08. Todas as três variedades de processamento (Atlantic, Lady Rosetta e Kufri Chipsona-1) apresentaram um nível de sacarose significativamente menor em comparação com a variedade de mesa Kufri Pukhraj durante ambos os anos. Durante ambos os anos, o nível de sacarose aumentou ligeiramente à medida que a descasca se atrasou de 70 para 80 DAP, depois disso, foi observada uma diminuição significativa até 90 DAP.

5.1.5.6 Aminoácidos livres

Observou-se um máximo de aminoácidos livres na cultura plantada a 15 de outubro, que foi significativamente superior à cultura plantada a 1 de outubro e a 25 de dezembro em ambos os anos. A variedade Kufri Chipsona-1 apresentou FAA significativamente maior do que todas as outras variedades. No entanto, a variedade Atlantic estava ao mesmo nível que a Kufri Pukhraj e a Lady Rosetta durante 200607. Em 2007-08, a variedade Lady Rosetta, a par da Atlantic e da Kufri Pukhraj, apresentou FAA máxima e significativamente mais elevada do que a variedade Kufri Chipsona-1. Em ambos os anos, o teor de aminoácidos livres aumentou significativamente à medida que a remoção da casca foi atrasada de 70 para 90 DAP.

5.1.5.7 Fenol total

Em ambos os anos, os fenóis totais aumentaram significativamente à medida que a época de plantação passou de 1 de outubro para 25 de dezembro. Entre as variedades, os tubérculos da Lady Rosetta continham o máximo de fenóis totais em ambos os anos. Os fenóis totais mais baixos foram registados nos tubérculos da Atlantic e da Kufri Chipsona-1 em 2006-07 e 2007-08, respetivamente. Todas as variedades foram significativamente diferentes entre si, exceto a Kufri Chipsona-1 e a Lady Rosetta em 2006-07. Durante ambos os anos, o conteúdo médio de fenóis totais aumentou significativamente à medida que o corte do lanço foi atrasado de 70 para 90 DAP.

5.2 EXPERIMENTAÇÃO-II: Efeito das variedades e dos níveis de azoto no crescimento, rendimento e qualidade de transformação da batata

5.2.5 Efeitos das variedades e dos níveis de azoto no crescimento e no rendimento

5.2.5.1 Emergência de tubérculos

Todas as quatro variedades levaram quase o mesmo número de dias para a emergência dos tubérculos durante 2006-07 e 2007-08. Da mesma forma, a aplicação de azoto a taxas mais elevadas (200 e 300 kg N/ha) atrasou ligeiramente a emergência dos tubérculos durante ambos os anos.

5.2.5.2 Contagem de emergência

Durante ambos os anos, as diferentes variedades e níveis de azoto não mostraram uma variação significativa no stand da cultura aos 25 DAP.

5.2.5.3 Iniciação dos tubérculos

As quatro variedades e os níveis de azoto não apresentaram variações significativas no número de dias necessários para a iniciação dos tubérculos durante os dois anos.

5.2.5.4 Número de caules por planta

Entre as variedades, Atlantic e Lady Rosetta, estando estatisticamente em pé de igualdade, mostraram um número significativamente menor de caules do que as variedades indianas Kufri Chipsona-1 e Kufri Pukhraj, que estavam novamente em pé de igualdade aos 30, 60 e 90 DAP durante ambos os anos. Todos os níveis de azoto não diferiram significativamente do controlo, exceto aos 90 DAP em 2006-07 e 2007-08. Aos 90 DAP, os dados agrupados indicam 15,9, 25,7 e 20,5 por cento mais número de caules com 100, 200 e 300 kg N/ha sobre o controlo, respetivamente.

5.2.5.5 Altura da planta

Entre as variedades, Kufri Pukhraj, Atlantic e Kufri Chipsona-1, sendo estatisticamente iguais entre si, produziram plantas significativamente mais altas do que Lady Rosetta aos 60 e 90 DAP durante ambos os anos. A altura da planta aumentou significativamente com o aumento gradual de 0 a 100 a 200 kg N/ha durante todos os períodos de observação, exceto aos 30 DAP em 2006-07 e 2007-08. Um maior aumento do azoto, no entanto, registou uma maior altura da planta, mas as diferenças não foram significativas em ambos os anos.

5.2.5.6 Índice de área foliar

Houve uma variação significativa no LAI entre as variedades em todas as fases de observação, exceto aos 30 DAP. Aos 60 DAP, o LAI máximo e mínimo foi registado na variedade de mesa Kufri Pukhraj e Lady Rosetta, respetivamente durante 2006-07 e 2007-08. No entanto, as variedades Kufri Pukhraj, Kufri Chipsona-1 e Atlantic mantiveram-se no mesmo nível durante ambos os anos. Aos 90 DAP, o LAI máximo e mínimo foi observado novamente na variedade de mesa Kufri Pukhraj e Lady Rosetta durante 2006-07 e 2007-08, respetivamente. No entanto, a variedade Kufri Chipsona-1 manteve-se no mesmo nível das variedades Kufri Pukhraj e Atlantic em ambos os anos. A aplicação de nitrogénio aumentou significativamente o LAI até ao nível mais elevado de 300 kg N/ha durante todo o crescimento da cultura, exceto aos 30 DAP em 2006-07 e 200708. Aos 60 DAP, a dose mais elevada de 300 kg N/ha deu o LAI máximo, que foi igual a 200 kg N/ha e permaneceu significativamente superior a 100 kg N/ha e ao controlo durante ambos os anos. O mesmo foi observado aos 90 DAP.

5.2.5.7 Número de tubérculos por planta

As variedades Kufri Pukhraj, Kufri Chipsona-1 e Lady Rosetta, estando estatisticamente em pé de igualdade, tenderam a registar um número significativamente maior de tubérculos por planta do que a Atlantic. aos 70 e 90 DAP durante 2006-07 e 2007-08. Durante ambos os anos, aos 70 e 90 DAP, o número máximo de tubérculos por planta foi observado com 200 kg N/ha. Todos os níveis de azoto foram significativamente melhores do que o controlo.

5.2.5.8 Rendimento total de tubérculos

Em 2006-07, a ordem de produção total de tubérculos foi a favor de Kufri Pukhraj > Atlantic > Kufri Chipsona-1 > Lady Rosetta e todas as variedades apresentaram diferenças significativas entre si, exceto Atlantic e Kufri Chipsona-1. Em 2007-08, a ordem da produção total de tubérculos foi a favor de Kufri Pukhraj > Lady Rosetta > Kufri Chipsona-1 > Atlantic e três variedades de transformação (Atlantic, Lady Rosetta e Kufri chisona-1), que estão em pé de igualdade, apresentaram uma produção de tubérculos significativamente inferior à da variedade de mesa Kufri Pukhraj. No agrupamento, entre as três variedades de transformação, a Kufri Chipsona-1 deu 27 q/ha ou (15,3%) mais rendimento de tubérculos do que a variedade Lady Rosetta. A variedade Lady Rosetta não teve um desempenho consistente em ambos os anos. A produção total de tubérculos aumentou significativamente até 200 kg N/ha e, depois disso, diminuiu ligeiramente em 2006-07 e significativamente em 2007-08. Os dados agrupados indicaram que a aplicação de azoto à taxa de 200 kg N/ha produziu uma produção total de tubérculos máxima e significativamente mais elevada, que foi de 14, 39 e 116 q/ha ou 5,6, 17,5 e 79,4 por cento mais do que 300, 100 e 0 kg N/ha, respetivamente. As interações entre variedades e níveis de azoto também foram consideradas significativas.

5.2.5.9 Rendimento de tubérculos para transformação (PGTY)

Em 2006-07, a ordem de PGTY foi a favor de Kufri Pukhraj Atlantic > Kufri Chipsona-1 > Lady Rosetta e todas as variedades diferiram significativamente entre si. Em 2007-08, a ordem do PGTY foi Kufri Pukhraj > Atlantic > Lady Rosetta > Kufri Chipsona-1 e a variedade Lady Rosetta manteve-se estatisticamente a par da Atlantic e da Kufri Chipsona-1. Depois de agrupadas, entre as três variedades de processamento, a Atlantic deu 44 e 69 q/ha ou 34,2 e 66,7 por cento mais PGTY do que a Kufri Chipsona-1 e a Lady Rosetta, respetivamente. A interação entre variedades e níveis de azoto durante ambos os anos foi significativa. Níveis crescentes de azoto (0 a 300 kg/ha) aumentaram significativamente o PGTY até 200 kg N/ha, depois disso, observou-se uma ligeira diminuição ao nível mais elevado de azoto de 300 kg N/ha durante ambos os anos de estudo. Nos dados agrupados, a aplicação de azoto à taxa de 200 kg N/ha produziu 105, 32 e 12 q/ha ou 109,4, 19 e 6,3 por cento mais PGTY do que 0, 100 e 300 kg N/ha, respetivamente.

5.2.5.10 Taxa de volume de tubérculos

Em ambos os anos, a variedade Kufri Pukhraj apresentou uma taxa de volume de tubérculos significativamente mais elevada do que as três variedades de processamento (Atlantic, Lady Rosetta e Kufri Chipsona-1). Em 2006-07, a variedade Kufri Chipsona-1 e a Atlantic, enquanto que em 2007-08 as variedades Kufri Chipsona-1, Atlantic e Lady Rosetta foram estatisticamente iguais entre si.

A aplicação de azoto aumentou significativamente a taxa de tuberização até 200 kg N/ha, depois disso, observou-se uma ligeira diminuição ao nível mais elevado de azoto de 300 kg N/ha durante ambos os anos de estudo.

5.2.5.11 Rendimento do transporte

Durante ambos os anos, o rendimento máximo de haulm foi observado na variedade Kufri Pukhraj, seguido por Kufri Chipsona-1, Atlantic e Lady Rosetta e todas as variedades tiveram diferenças estatisticamente significativas entre si. Durante ambos os anos, o rendimento do lanço aumentou com o aumento dos níveis de azoto de 0 a 300 kg N/ha. No entanto, a taxa de aumento foi considerada significativa apenas até 200 kg N/ha.

5.2.6 Absorção de NPK

Em 2006-07, a variedade Kufri Pukhraj, a par da Atlantic, apresentou uma absorção máxima e significativamente maior de NPK do que as variedades Lady Rosetta e Kufri Chipsona-1. No entanto, a variedade Kufri Chipsona-1 e a Atlantic estavam a par uma da outra. Em 2007-08, a variedade Lady Rosetta, a par da Kufri Pukhraj, apresentou uma absorção de NPK mais elevada e significativa do que a Alantic e a Kufri Chipsona-1. No entanto, as variedades Kufri Pukhraj, Kufri Chipsona-1 e Atlantic estavam a par umas das outras. Em ambos os anos, os níveis crescentes de azoto aumentaram significativamente a absorção de NPK pelos tubérculos até 200 kg N/ha, após o que se observou uma queda significativa.

5.2.7 Rentabilidade

Numa base média agrupada, os rendimentos líquidos máximos (Rs. 51643/-) foram registados na variedade de mesa comummente cultivada Kufri Pukhraj, seguida da Atlantic (Rs. 49018/-), Kufri Chipsona-1 (Rs. 40893/-) e Lady Rosetta (Rs. 27918/-). Entre os níveis de azoto, os maiores rendimentos líquidos (Rs. 59803/-) foram registados com 200 kg N/ha, seguidos de 300 kg N/ha (Rs. 53023/-), 100 kg N/ha (Rs. 44108/-) e Controlo (Rs. 12538/-).

5.2.8 Dose óptima de N

A dose física óptima de azoto para as variedades de processamento, ou seja, Atlantic, Lady Rosetta Kufri Chipsona-1 e a variedade de controlo Kufri Pukhraj foi de 223, 206, 241 e 232 kg/ha, respetivamente. Por outro lado, a dose económica óptima de azoto correspondente foi de 221, 202, 237 e 230 kg N/ha.

5.2.9 Qualidade de processamento

5.2.9.1 Matéria seca dos tubérculos

Em geral, a acumulação de matéria seca dos tubérculos foi maior em 2007-08 do que em 200607. Durante ambos os anos, a maior média de matéria seca de tubérculos foi observada na variedade Lady Rosetta, seguida pela Atlantic, Kufri Chipsona-1 e Kufri Pukhraj. Todas as variedades diferiram significativamente entre si. Durante ambos os anos, a matéria seca média dos tubérculos melhorou significativamente com a aplicação de azoto até 200 kg N/ha, após o que se observou um declínio acentuado. A interação entre variedades e níveis de azoto foi considerada significativa durante o período de estudo de dois anos.

5.2.9.2 Recuperação do rendimento das aparas

Todas as três variedades de processamento mostraram uma recuperação de rendimento de estilha significativamente mais elevada do que a variedade de controlo Kufri Pukhraj. Por outro lado, os diferentes níveis de azoto não produziram uma variação significativa na recuperação do rendimento das aparas.

5.2.9.3 Reduzir o açúcar

Em geral, a acumulação de açúcares redutores foi mais elevada em 2007-08 do que em 2006-07, mas a tendência foi semelhante em ambos os anos. Durante ambos os anos, a variedade de mesa comumente cultivada acumulou significativamente mais açúcares redutores do que todas as três variedades de processamento. Durante ambos os anos, o teor médio de açúcares redutores aumentou significativamente em todos os níveis de aplicação de azoto, em comparação com o controlo. No entanto, a taxa de aumento foi máxima com 100, seguida de 200 e 300 kg N/ha. A dose de azoto de 200 kg N/ha foi estatisticamente igual à de 100 e 300 kg N/ha. A interação entre variedades e níveis de azoto foi considerada significativa.

5.2.9.4 Cor da pastilha

Três variedades de processamento (Atlantic, Lady Rosetta e Kufri Chipsona-1) mostraram batatas fritas de cor significativamente mais clara (menor pontuação de cor das batatas fritas) do que a popular variedade de mesa Kufri Pukhraj em todos os níveis de azoto durante 2006-07 e 2007-08. Exceto a Kufri Pukhraj, todas as outras três variedades de processamento mostraram uma cor de lascas ligeiramente escurecida a diferentes níveis de azoto (exceto a Kufri Chipsona-1 a 200 kg N/ha) quando comparadas com o controlo durante ambos os anos. A interação entre variedades e níveis de azoto foi considerada significativa.

5.2.9.5 Sacarose

Em geral, o teor de sacarose nos tubérculos foi maior em 2007-08 do que em 2006-07. A variedade de mesa Kufri Pukhraj apresentou um nível médio de sacarose significativamente mais elevado do que todas as outras variedades (Atlantic, Lady Rosetta e Kufri Chipsona-1) em ambos os anos. Entre as três variedades de processamento, a Kufri Chipsona-1 apresentou significativamente menos sacarose em comparação com a Atlantic e a Lady Rosetta, que foram estatisticamente iguais entre si em 2006-07 e 2007-08. A variedade de mesa Kufri Pukhraj mostrou um aumento significativo no nível de sacarose com 200 kg N/ha em relação ao controlo. Considerando que, um aumento não significativo (exceto Atlantic a 200 kg N/ha) foi observado em todas as três variedades de processamento durante ambos os anos. A interação entre a variedade e os níveis de azoto foi considerada significativa.

5.2.9.6 Aminoácidos livres

O teor de aminoácidos livres foi mais elevado em 2007-08 do que em 2006-07. Durante ambos os anos, o teor médio máximo de FAA foi observado em Kufri Pukhraj seguido por Atlantic, Lady Rosetta e Kufri Chipsona-1. Todas as variedades variaram significativamente entre si, exceto a Kufri Pukhraj com a Atlantic e a Kufri Chipsona-1 com a Lady Rosetta. O teor médio de FAA aumentou significativamente com o aumento do azoto até 200 kg N/ha, mas a variação após 200 kg N/ha não foi significativa em ambos os anos. A interação entre as variedades e o nível de azoto foi considerada significativa.

5.2.9.7 Fenóis totais

Em ambos os anos, entre as variedades, os níveis mais elevados e mais baixos de fenóis totais médios foram registados na Lady Rosetta e na Kufri Chipsona-1, respetivamente. A Atlantic e a Kufri Pukhraj, a par uma da outra, apresentaram um nível intermédio de fenóis totais. Todas as variedades foram significativamente diferentes entre si, exceto a Atlantic e a Kufri Pukhraj. O nível de azoto de 100 kg N/ha, estatisticamente igual a 300 kg N/ha, apresentou fenóis totais significativamente mais elevados do que 200 kg N/ha e o controlo durante 2006-07 e 2007-08. As interações entre variedades e níveis de azoto foram consideradas significativas.

5.2.9.8 Estudos de correlação

O estudo de correlação indicou que o teor de matéria seca dos tubérculos estava altamente correlacionado negativamente com o açúcar redutor (r=-0,84), a sacarose (r=-0,82) e a cor das batatas fritas (r=-0,86). Além disso, ficou claro que a cor escura indesejável dos chips foi influenciada principalmente pelo nível de açúcar redutor, seguido pela sacarose e pelo teor de matéria seca do tubérculo.

5.3 EXPERIMENTAÇÃO-III: Estudo do comportamento de armazenamento de variedades de batata à temperatura ambiente em armazém agrícola.

5.3.5 Perda de peso fisiológica

Durante os dois anos, a variedade Kufri Pukhraj apresentou perda de peso máxima, seguida por Lady Rosetta, Atlantic e Kufri Chipsona-I, tanto a 50 como a 75 DOS. Todas as variedades estavam estatisticamente ao mesmo nível aos 50 anos e diferiram significativamente, exceto a Lady Rosetta e a Atlantic aos 75 DOS, em ambos os anos.

5.3.6 Perda de peso total

Durante ambos os anos, a variedade Kufri Pukhraj exibiu perda de peso total máxima, seguida por Lady Rosetta, Atlantic e Kufri Chipsona-1, tanto a 50 como a 75 DOS. Todas as variedades estavam estatisticamente ao mesmo nível aos 50 anos e diferiram significativamente, exceto a Lady Rosetta e a Atlantic aos 75 DOS, durante ambos os anos.

5.3.7 Teor de matéria seca dos tubérculos

O teor médio de matéria seca dos tubérculos aumentou 4,1 e 3,6 por cento até 50 DOS, após o que se observou um aumento abrupto de 6,6 e 6,9 por cento até 75 DOS durante 2006-07 e 2007-08, respetivamente. Durante ambos os anos, verificou-se que a variedade Lady Rosetta continha a matéria seca de tubérculo mais elevada, seguida pela Atlantic, Kufri Chipsona-1 e Kufri Pukhraj a 50 e 75 DOS. Em ambas as fases de observação, todas as variedades diferiram significativamente entre si em ambos os anos.

5.3.8 Rendimento das pastilhas

A recuperação do rendimento das batatas fritas diminuiu gradualmente durante o armazenamento até 75 DOS em 2006-07 e 2007-08. A recuperação média de rendimento de 32,2, 29,6 e 25,6 por cento e 33,7, 29,9 e 25,5 por cento foi observada em 0, 50 e 75 DOS durante 2006-07 e 200708, respetivamente. Foi observada uma recuperação significativamente mais elevada do rendimento das batatas fritas na Lady Rosetta, seguida da Atlantic e da Kufri Chipsona-1 do que na Kufri Pukhraj a 0, 50 e 75 DOS durante ambos os anos.

5.3.9 Reduzir os açúcares

O teor de açúcares redutores nos tubérculos de todas as quatro variedades diminuiu até 50 DOS e depois mostrou um aumento até 75 DOS durante 2006-07 e 2007-08. Durante ambos os anos, todas as três variedades de processamento exibiram significativamente menos açúcares redutores do que a popular variedade de mesa Kufri Pukhraj, tanto a 50 como a 75 DOS. No entanto, Atlantic, Lady Rosetta e Kufri Chipsona-1 a 50 e Atlantic e Lady Rosetta a 75 DOS foram estatisticamente iguais entre si.

5.3.10 Cor da pastilha

Durante ambos os anos, três variedades de processamento (Atlantic, Lady Rosetta e Kufri Chipsona-1) mostraram lascas de cor significativamente clara em comparação com as inaceitáveis lascas de cor escura da popular variedade de mesa Kufri Pukhraj a 0, 50 e 75 DOS. No entanto, Atlantic e Lady Rosetta a 50 DOS durante 2007-08 e a 75 DOS durante 2006-07 e 2007-08 estavam ao mesmo nível.

5.3.11 Sacarose

Durante ambos os anos, o nível médio de sacarose aumentou desde antes do armazenamento até 75 DOS à temperatura ambiente. O aumento percentual no nível médio de sacarose foi de 376 e 216 a 75 DOS do que antes do armazenamento durante 2006-07 e 2007-08, respetivamente. A 50 DOS durante ambos os anos, a tendência no nível de sacarose foi a favor de Lady Rosetta> Kufri Pukhraj> Atlantic> Kufri Chipsona-1. No entanto, as variedades Atlantic, Lady Rosetta e Kufri Pukhraj foram estatisticamente iguais. Aos 75 DOS durante ambos os anos, a tendência no nível de sacarose foi a favor de Lady Rosetta> Kufri Pukhraj> Kufri Chipsona-1> Atlantic. Todas as variedades diferiram significativamente umas das outras, exceto Kufri Chipsona-1 e Kufri Pukhraj.

5.3.12 Aminoácidos livres

Durante ambos os anos, o conteúdo de aminoácidos livres nos tubérculos aumentou gradualmente até 75 DOS. O aumento percentual de aminoácidos livres foi de 59,6 e 60,1 com 75 DOS em relação a antes do armazenamento durante 2006-07 e 2007-08, respetivamente. O teor mais elevado de aminoácidos livres foi registado em Kufri Pukhraj, seguido de Kufri Chipsona-1, Lady Rosetta e Atlantic a 50 e 75 DOS durante ambos os anos. Exceto Lady Rosetta e Kufri Chipsona-1 a 50 e Atlantic e Lady Rosetta a 75 DOS, todas as variedades diferiram significativamente entre si em ambos os anos.

5.3.13 Fenóis totais

Durante ambos os anos, o teor de fenóis totais nos tubérculos das quatro variedades em estudo mostrou uma tendência crescente até 75 DOS. O aumento percentual da média de fenóis totais de 0 a 75 DOS foi de 84 em 2006-07 e 77 em 2007-08. Durante ambos os anos, a 50 e 75 DOS, o teor máximo de fenóis totais foi registado na variedade de mesa comummente cultivada Kufri Pukhraj, seguida de Lady Rosetta, Kufri Chipsona-1 e Atlantic. O teor de fenóis totais variou significativamente entre as variedades, exceto Atlantic e Kufri Chipsona-1, em ambos os anos.

5.3.10 Aspeto geral

Aos 50 DAS, os tubérculos de todas as variedades mantiveram uma boa dureza e brilho. Aos 75 DAS, os tubérculos mostraram murchamento e declínio na dureza. Isto foi notório no caso da var. Kufri Pukhraj. Aos 100 DOS, os tubérculos das variedades Atlantic, Kufri Chipsona-1 e Lady Rosetta estavam murchos, sem brilho e tornavam-se mais macios ao serem pressionados com as mãos, enquanto os tubérculos da variedade Kufri Pukhraj estavam quase podres. Assim, as amostras de tubérculos não estavam em condições de serem trabalhadas.

Conclusões:

1. As plantações de outono de 1 de outubro (Rs. 41132) e 15 de outubro (Rs. 28719) foram observadas

como economicamente viáveis e os tubérculos mostraram atributos adequados para processamento comercial do que o plantio de 25 de dezembro (Rs. -7331).

2. Exceptuando a popular variedade de mesa Kufri Pukhraj, todas as variedades de processamento (Atlantic, Lady Rosetta e Kufri Chipsona-1) apresentaram um teor mais elevado de matéria seca dos tubérculos (> 20 %), baixo teor de açúcares redutores (< 61 mg/100 g FW), sacarose (< 249 mg/100 g FW) e uma pontuação aceitável de cor das aparas (<3,5). Com base na maior produção de tubérculos de grau de processamento (PGTY) com uma cor aceitável, a Atlantic (124 q/ha) foi a variedade mais adequada, seguida pela Kufri Chipsona-1 (75 q/ha).
3. Embora a duração da cultura de 90 dias fosse a melhor do ponto de vista económico, os atributos de transformação estavam dentro dos limites permitidos a partir dos 70 dias após a plantação em todas as três variedades de transformação.
4. A taxa de aplicação de azoto de 200 kg N/ha melhorou a qualidade do PGTY e da estilha. Um maior aumento do azoto não foi económico, embora os atributos de qualidade da estilha permaneçam dentro dos limites permitidos. A 200 kg N/ha, o Atlantic (254 e 228), o Lady Rosetta (207 e 129), o Kufri Chipsona-1 (230 e 150) e o Kufri Pukhraj (355 e 298 q/ha), respetivamente, obtiveram o total e o PGTY.
5. A dose económica óptima de azoto foi de 221, 202, 237 e 230 kg N/ha para Atlantic, Lady Rosetta, Kufri Chipsona-1 e Kufri Pukhraj, respetivamente.
6. Entre as variedades de processamento, a Atlantic dá os maiores retornos líquidos médios (Rs. 32522Rs. 49018) que foram competitivos com a variedade de mesa Kufri Pukhraj. Entre os níveis de azoto, 200 kg N/ha produziu o máximo retorno líquido médio (Rs. 59803).
7. As variedades de transformação Atlantic e Lady Rosetta podem ser armazenadas em segurança até 50 dias e a Kufri Chipsona-1 até 75 dias em armazém agrícola à temperatura ambiente.
8. Com a adoção do sistema atlântico, uma parte considerável da produção total pode ser desviada para a indústria transformadora.

Impulso futuro

Para impulsionar a transformação da batata no Punjab, há uma necessidade premente de avaliar o germoplasma de batata. A este respeito, as variedades de batata Kufri Chipsona-3, Kufri Himsona e Kufri Frysona, lançadas pelo CPRI, Shimla, num passado recente, e FC-3 e FC-4, introduzidas pela Pepsico India Holdings Pvt. Ltd. precisam de ser avaliadas nesta parte mais fria das planícies indo-gangéticas.

REFERÊNCIAS

Alva, A. (2004). Gestão do azoto na batata. *Jornal de produção de culturas hortícolas* 10 (1): 97-130. (Original não visto. Abstr. in Potato Abstracts **30**(1): 19, ref. nº 114, 2005).

Alva, A.K., T. Hodges, R.A. Boydiston e H.P. Collins (2002). Matéria seca e azoto acumulado e repartido em duas cultivares de batata. *Journal of Plant Nutrition* 25(8):1621-1630, *New York, U.S.A.* (Original não visto. Abstr. in Potato Abstracts **28**(1): 51, ref no. 365, 2003).

Anand, S. e K.S. Krishnappa (1988). Efeito de diferentes níveis de N e K no crescimento, rendimento e qualidade da batata em solo franco-arenoso. *Mysore Journal of Agriculture Science*. **22**: 483-488.

Anónimo, (1988), *Relatório Anual*, Instituto Central de Investigação da Batata, Shimla, p.32-34.

Anónimo, (2002), *Relatório Anual*, Instituto Central de Investigação da Batata, Shimla, p.39-50.

Anónimo, (2010). *Statistical Abstract of Punjab*, Governo do Punjab, p. 140.

Arrenguin, Luzano, B. e J. Bonner (1949). Experiências sobre a formação de sacarose por tubérculos de batata influenciados pela temperatura. *Fisiologia Vegetal* **24**: 720-738.

Arsenault W.J., D.A. LeBlanc, G.C.C. Tai e P. Boswall (2001). Efeitos da aplicação de azoto e do espaçamento entre sementes na produção e distribuição do tamanho dos tubérculos em oito cultivares de batata. *American Journal of Potato Research* **78**: 301-309.

Banerjee M.K., J.K. Samdyam e R.S. Hooda (1982). *Agricultural Science digest* **2**: 23-24.

Basu, P.S. e J.S. Minhas (1991). Heat tolerance and assimilate transport in different Potato genotypes (Tolerância ao calor e transporte de assimilados em diferentes genótipos de batata). *Journal of Experimental Botany* **42**: 861-866.

Belanger, G., J.R.Walsh., J.E. Richards., P.H. Milburn e N. Ziadi (2002). A fertilização com azoto e a irrigação afectam as caraterísticas dos tubérculos de duas cultivares de batata. *American Journal of Potato Research*. **79**: 269-279.

Bhutani, R.D.e S.C. Khurana (2005). Comportamento de armazenamento de genótipos de batata em condições ambientais. *Potato Journal* **32** (3,4): 209-210.

Birhman, R.K. e S.M. Verma (1988). Efeito da época de plantação na produção e no tamanho dos tubérculos da batata. *Journal of Indian Potato Association* **15** (1, 2): 86-90.

Bizimungu, B., D.R. Lynch, L.M. Kawchuk, Q. Chen, M. Konschuh, C. Schaupmeyer, J. Wahab, D. Waterer, D. Driedger, H. Wolfe, P. McAllister, R. Howard e H.W. Platt (2007). Northstar: Uma cultivar de batata branca de alto rendimento para armazenamento a frio, com tubérculos ovais atraentes e resistentes à requeima. *American Journal of Potato Research* **84**: 437-445.

Brierley, E.R. e A.H. Cobb. (1992). Aminoácidos como substratos para a reação de Maillard em tubérculos de batata armazenados. *Aspects of Applied Biology* 33 Production and protection of potatoes. pp. 119-124.

Brierley, E.R., P.L.R. Bonner e A.H. Cobb (1996). Factores que influenciam o teor de aminoácidos livres dos tubérculos de batata durante o armazenamento prolongado. *Journal of Science Food and Agriculture* **70**: 515-525.

Brown, C.R. (2005). Antioxidants in Potato (Antioxidantes na Batata). *American Journal of Potato Research* **82**: 163-172.

Burton W.G. e A.R. Wilson (1978). O teor de açúcar e o crescimento de rebentos de tubérculos da cultivar de batata Record, cultivados em diferentes localidades, quando armazenados a 10, 12 e 20°C. *Potato Research* **21**: 145-150.

Burton, W.G. (1966). The Potato: A Survey of its history and of the factors influencing its yield, nutritive value, quality and storage. 2nd Edn. H. Veenman and Sonen, *N.V. Wageningen*. pp. 382.

Burton, W.G. (1989). Rendimento e teor de matéria seca: Os processos fisiológicos subjacentes. In: *The Potato* (W.G. Burton, Ed.) Longman Scientific and Technical, New York, USA, pp. 84-155.

*Bushnell, J. (1925). The relationship of temperature to growth and respiration in the Potato Plant. *Minnesota Agricultural Experimental Station Technical Bulletin*, Minnesota, U.S.A.

Caliskan, M.E., S. Kilic, E. Gunel e M. Mert (2004). Efeito do estrume do pátio da quinta e da fertilização mineral no crescimento e rendimento da batata precoce (*Solanum tuberosum*) nas condições mediterrânicas da Turquia. *Indian Journal of Agronomy* **49** (3): 198-200.

Chadha, Sanjay, S.S. Rana, Rameshwar e D.R. Chaudhary (2006). Effect of split doses of N and K and FYM levels on the productivity of seed potato in cold desert regions of Himachal Pradesh. *Potato Journal* **33** (1,2): 94-96.

Chamberland, E. e A. Scott (1968). Experiências N_P_K com batatas na baixa lei do Quebec. *American Potato Journal* **45**: 93-102.

Chanrasia, S.N.S. e K.P. Singh (1995a). Role of nitrogen levels and haulm cuttings on economic yield of red and white Potatoes. *Journal of Indian Potato Association* **22**(3,4): 177-178.

Chaudhury, A.K., M. Saikia, J. Suhrawardy e K. Dutta (1996). Effect of irrigation and nitrogen levels on growth and tuber yield of potato. *Indian Journal of Soil Conservation* **24** (2): 147-149.

Chaurasia, SNS e KP Singh (1995b). Produção de tubérculos e absorção de N, P e K nas folhas, caules e tubérculos, afectados pelos níveis de azoto e pelo corte do lanço na batata cv. Kufi Bahar, *Journal of Indian Potato Association* **22** (1,2): 80-82.

Chu, Chang-chi, Henry Plate e David L. Matthews (1984). Ferimentos causados por fertilizantes em batatas, afectados pela fonte, taxa e colocação de fertilizantes. *American Potato Journal* **61**: 591-597.

Cieslik, E. e W. Praznik (1997). Efeito da época de colheita no teor de aminoácidos dos tubérculos de batata. *Polish Journal of food and Nutrition Sciences* **6** (1): 27-34 polónia.

Craft, C.C., H.W. Siegelman e W.L. Butler (1958). Phenolic compounds in Potato tubers during storage (Compostos fenólicos em tubérculos de batata durante o armazenamento). *American Potato Journal.* **35:** 651-661.

Dahiya, P.S. e H.C. Sharma (1999). Potato: Facts and Figures. Souvenir, *Conferência Global sobre a Batata*, Nova Deli, 6-11 de dezembro de 1999. Associação Indiana da Batata, Instituto Central de Investigação da Batata, Shimla, pp. 28-46.

Das, Manish, R. Ezekiel e G.S. Shekhawat (2001). Qualidade das batatas fritas desidratadas produzidas a partir de tubérculos frescos e armazenados em pilha. *Journal of Potato Association* **28**(1): 174-175.

Das, Manish, R. Ezekiel, S.K. Pandey e A.N. Singh (2004). Comportamento de armazenamento de variedades de batata e cultivares avançadas à temperatura ambiente em Bihar. *Potato Journal* **31** (1,2): 71-75.

Davies, A.M.C. (1977). The free amino acids of tubers of potato varieties grown in England and Ireland. *Potato Research* **20**: 9-21.

Davies, H.N. e R. Viola (1992). Regulação da acumulação de açúcar em tubérculos de batata armazenados. *Post Harvest News and Information*, 3: No. 5, 97H-100 N.

De Buchananne, D.A. e V.F. Lawson (1991). Efeito da população de plantas e da época de colheita no rendimento e na qualidade da lasca das batatas Atlantic e Norchip em dois locais do Iowa. *American Potato Journal* **68:** 287-297.

De la Morena, I., A. Guillen e L.F. Garcia del Moral (1994). Desenvolvimento do rendimento da batata influenciado pelas cultivares e pelo momento e nível de fertilização com azoto. *American Potato Journal* **71**: 165-173.

Denyer, K., C.M. Hylton e A.M. Smith (1994). The effect of high temperature on starch synthesis and the activity of starch synthase. *Australian Journal of Plant Physiology* **21**: 783-789.

Dmowski, Z., L. Nowak e K. Chmura (2004). Reação de variedades de batata que variam na duração de um período de vegetação a condições diferenciadas de fertilização com água. *Biuletyn Instytutu Hodowli-i-Aklimatyzacji Roslin* **232**: 141-148. (Original não visto. Abstr. in Potato Abstracts 30(1): 55, ref no. 341, 2005).

Duplessis, P.M., A.G. Marangoni, R.Y. Yada (1996). Um mecanismo para a acumulação de açúcar induzida por baixas temperaturas em tubérculos de batata armazenados: The Potential role of the alternative Pathway and invertase. *American Potato Journal* **73**: 843-854.

Edwards, C.G., J.E. Englar, R, Brown, J.C. Peterson e E.J. Sorense (2002). Alterações na cor e no teor de açúcar de batatas de polpa amarela armazenadas a três temperaturas diferentes. *American Journal of Potato Research* **43**: 238-248.

*Elagabaly, M.M. (1962). *Ciência do Solo* **93**: 350-352. (Ref. em Rai *et al.*, 2002)

Es, A.V. e K.J. Hartman (1981). Açúcares e amido durante a tuberização, armazenamento e germinação. In: *Storage of Potato.* A Rastovaski, *et al.*, (Eds.). Pudoc, wageningen, Países Baixos, pp. 92-98.

Ezekiel, R. e P.S. Dahiya (2004). Comportamento de armazenamento e qualidade de processamento de batatas armazenadas em montes e covas na região de Malwa (M.P.). *Potato Journal* **31**(1,2): 21-28.

Ezekiel, R. e S.C. Bhargava (1997). The Influence of high temperature on growth and yield of early potato under short day conditions. *Indian Journal of Plant Physiology* **2**: 93-97.

Ezekiel, R., Brajesh Singh e Dinesh Kumar (2003). Uma tabela de referência para a cor das batatas fritas para utilização na Índia. *Jornal da Associação Indiana da Batata* **30(**3,4): 259-265.

Ezekiel, R., Brajesh Singh, Dinesh Kumar e Ashiv Mehta (2007a). Qualidade de processamento de variedades de batata cultivadas em dois locais e armazenadas a 4, 10 e 12°C. *Potato Journal* **34**(3,4): 164-173.

Ezekiel, R., G.S. Shekhawat (2002). Potato processing in developing countries with special reference to India (Transformação da batata nos países em desenvolvimento com especial referência à Índia). Em *Potato, Global Research and Development,* Vol. II. Khurana S.M.P *et al.* (Eds). Associação Indiana da Batata, Instituto Central de Investigação da Batata, Shimla (HP), pp.1010-1020.

Ezekiel, R., Manju Rani e Dinesh Kumar (2007b). Qualidade de lascas de batatas armazenadas a 8-20°C em condições controladas. *Potato Journal* **34**(3,4): 174-179.

Ezekiel, R., S.C. Verma, N.P. Sukumaran e G.S. Shekhawat (1999). *A guide to potato processors in India.* Technical Bulletin No. 49, Central Potato Research Institute, Shimla, India. p. 39.

Fuller, T.J. e J.C. Huges (1984). Factores que influenciam a relação entre os açúcares redutores e a cor da batata frita dos tubérculos da cv. Record. *Journal of Food Science and Technology* **19**: 455-467.

Gabr, S., A.L. Sharaf e S.S El. Saadany (1984). Efeito dos níveis de azoto e potássio nos constituintes bioquímicos dos tubérculos de batata. *Annuals Agriculture Science, Moshtohor* **20**(3): 61-72.

Gaur, P.C., S.K. Pandey, S.V. Singh, Devendra Kumar, R.S. Marwaha e Dinesh Kumar (1998). Kufri Chipsona-1: Uma variedade de batata para transformação. *Jornal da Associação Indiana da Batata* **25** (3,4):113-118.
Gaur, P.C., S.V. Singh, S.K. Pandey, R.S. Marwaha, D. Kumar e D. Kumar (1999). Kufri Chipsona-2: Uma nova variedade de batata com elevado teor de matéria seca para corte. *Current Science* **76**: 722-724.
Gomez, K.A. e Gomez, A.A. (1984). *Statistical Procedures for Agricultural Research*, John Wiley and sons, Nova Iorque, pp. 684-687.
Goswami, S.B. (2002). Resposta da batata à fertilização NPK em solos Terai de Bengala Ocidental. *Jornal da Associação Indiana da Batata* 29 (3,4): 165-166.
Gould, W. A. (1999). Gravidade específica das batatas. In: *Potato production, processing and technology*. CTI Publications, Inc., Maryland, pp. 60-65.
Gould, W.A., B. Hair e A. Baroudi. (1979). Avaliação de cultivares de batata antes e depois de regimes de armazenamento para lascamento. *American Potato Journal* **56**: 133-144.
Grewal, S.S. e D.S. Uppal (1989). Efeito da matéria seca e da gravidade específica no rendimento, cor e teor de óleo das batatas fritas. *Indian Food Packer* **43**: 17-20.
Guarda, G., F. Tassoni e F. Zuffellato (1994). Efeito da fertilização com azoto mineral e orgânico na produção e qualidade da batata frita. In: *proceedings of third congress of the European society for Agronomy,* 18-22 September Padova University, Italy Borin, M., and Sattin M., (Eds.). *Sociedade Europeia de Agronomia ISBN2-9505124-1-0*, pp. 600-601.
Guler, Semiha (2009). Efeito do azoto no rendimento e na clorofila de cultivares de batata (*Solanum tuberosum* L.). *Bangladesh Journal of Botany* **38**(2): 163-169.
Gupta, A. (1990). Resposta da batata às datas de plantação e colheita. *Journal Indian Potato Association* **17** (3, 4): 195-198.
Haase, T., C. Schuler e J. Heb (2007). O efeito de diferentes fontes de N e K na absorção de nutrientes dos tubérculos, no rendimento total e no rendimento graduado da batata (*Solanum tuberosum* L.) para transformação. *Jornal Europeu de Agronomia* **26**: 187-197.
Habib, T.A. e H.D. Brown (1956). Factores que influenciam a cor das batatas fritas. *Tecnologia alimentar* **10**(7): 332-336.
Halderson, J.L. e R.C. Henning (1993). Medidas para determinar a maturidade dos tubérculos de batata. *American Potato Journal* **71**: 131-141.
Haverkort, A.J. e P.M. Harris (1987). Um modelo para o crescimento e rendimento da batata em condições tropicais de terras altas. *Agricultura e Meteorologia Florestal* 39: 271-282.
Herman, T.J., S.L. Love, B . Shafii e R.B. Dwelle (1996). Desempenho de lascamento de três cultivares de batata para processamento durante o armazenamento a longo prazo em dois regimes de temperatura. *American Potato Journal*. **73** :411-425.
Hoff, J.E., C.M. Jones, G.E. Wilcox e M.D. Castro (1971). O efeito da fertilização com azoto na composição do pool de aminoácidos livres dos tubérculos de batata. *American Potato Journal* **48**: 390-394.
Hope, G.W., D.C. Mackay e L.R. Townsend (1960). Effect of harvest date and rate of nitrogen fertilization on the maturity, yield and chipping quality of potato. *American Potato Journal* **37**: 28-33.
Hukkeri, S.B. (1968). Efeito do azoto, fósforo e potássio no rendimento e qualidade da batata. *Indian Journal of Agriculture Sciences* **38**: 845-849.
Iritani, W.M. e L.D. Weller (1977). Alterações no teor de sacarose e de açúcar redutor dos tubérculos Kennebec e Russet Burbank durante o crescimento e as temperaturas de conservação pós-colheita. *American Potato Journal* **54**: 395-404.
Iritani, W.M., L.D. Weller e N.R. Knowles (1983). Relações entre o número de caules, a formação de tubérculos e o rendimento da batata Russet Burbank. *American Potato Journal*. **60**: 423-431.
Iritani, W.M., L.D. Weller e N.R. Knowles (1983). Relações entre o número de caules, a formação de tubérculos e o rendimento das batatas Russet Burbank. *American Potato Journal* **60**: 423-431.
Jablonski, K. (2004). Influência da fertilização com azoto no rendimento e na qualidade das novas variedades de batata de mesa cultivadas em solos medianamente pesados. *Biuletyn Instytutu Hodowli-i-Aklimatyzacji* Roslin **232**: 157-165. (Original não visto. Abstr. in Potato Abstracts **30**(1): 18, ref. nº 109, 2005).
Jackson, M.L. (1967). *Soil Chemical Analysis*. Prentice Hall Pvt. Ltd., Nova Deli.
Jeong, Jincheol, Park Kuenwoo e Kim Sung Yeul (1996). Processing quality of Potato (*Solanum tuberosum* L.) tubers as influenced by cultivars and harvesting dates, *Journal of Korean Society for Horticultural Science* **37**(4): 511-515. (Original não visto. Abstr. in Potato Abstracts 22(3): 36, ref. nº 284, 1997).
Jewell, S. e R. Stanley (1989). A influência da data de desfoliação e do intervalo de colheita na qualidade das batatas para a produção de batatas fritas. *Potato Research* **32**: 431-438.
Johnson, G. e L.A. Schaal (1957). Acumulação de substâncias fenólicas e ácido ascórbico no tecido do tubérculo da batata após lesão e seu possível papel na resistência a doenças. *American Potato Journal*. **34**: 200-209.

Joren, B.C. M.L. Vitosh (1995). Influência do azoto aplicado no rendimento, qualidade e absorção de azoto da batata. *American Potato Journal*. **72** : 51-63.
Joseph, T.A., K.S. Krishna Prasad, Devendra Kumar, Joseph, Raj Kumar, K.C. Aipe, T. Pardeep Kumar e J.S. Minhas (2006). Avaliação de híbridos de batata tolerantes ao calor em condições tropicais em Kerala. *Potato Journal* **33** (3,4): 151-153.
Joseph, T.A., S.K. Pandey, K.S. Krishna Prasad, S.V. Singh e Dinesh Kumar (2004). Avaliação de cultivares de batata para processamento em Nilgiri Hills, no sul da Índia. *Potato Journal* **31** (3,4): 153-157.
Joshi, K.C., S.N. Saha, G.S.R. Murti e S.C. Verma (1978). The effect of night temperature and photoperiods on chlorophyll content, dry matter and tuber yield in potato. *Journal of Indian Potato Association* **5:** 122-125.
Joslyn, M.A. e J.P. Ponting (1951). Enzyme catalysed oxidative browning of fruit products. *Advances in Food Research* **3**: 1.
Kang, G.S. Raj Kumar, S.K. Pandey e S.M. Paul Khurana (2001). Manutenção da qualidade de alguns híbridos avançados de batata à temperatura ambiente. *Jornal da Associação Indiana da Batata* **28**: 137-138.
Kang, G.S., M.S. Rana, J. Gopal, P.C. Gaur e S.K. Pandey (2000). Kufri Pukhraj-uma variedade de batata para as planícies e planaltos da Índia. *Journal of Indian Potato Association* **27**(3,4): 77-88.
Kang, G.S., Raj Kumar e S.K. Pandey (2005). Yield performance and storage behavior of early bulking potato hybrids in N-W plains of India (Desempenho de rendimento e comportamento de armazenamento de híbridos de batata de bulking precoce nas planícies do Noroeste da Índia). *Potato Journal* **32** (3,4): 135-136.
Kang, G.S., Raj Kumar, J. Gopal, S.K. Pandey e S.M. Paul Khurana (2007). Kufri Pushkar - Uma variedade de batata de cultura principal com boa qualidade de conservação para as planícies indianas. *Potato Journal* **34** (3,4): 147-152.
Kawakami, J., K. Iwama e Y. Jitsuyama (2005). Efeito da data de plantação no crescimento e rendimento de duas cultivares de batata a partir de microtubérculos e tubérculos de semente convencionais. *Ciência da produção vegetal* **8** (1): 74-78. (Original não visto. Abstr. in Potato Abstracts 30(3): 155, ref. nº 971, 2005).
Khalak, Abdul e A.S. Kumaraswamy (1992). Acumulação de matéria seca e atributos de crescimento da batata influenciados pela irrigação e aplicação de fertilizantes. *Journal of Indian Potato Association* **19** (1,2): 40-44.
Khambari, O.S. e A.K. Thompson (1993). Efeito dos aminoácidos e da glucose na cor dos alevins de batata. *Potato Research* **36**: 359-364.
Krause, A. e H. Marschner (1984). Taxa de crescimento e metabolismo de hidratos de carbono em tubérculos de batata expostos a temperaturas elevadas. *Potato Research* **27**: 297-303.
Kumar, Arvind, Dinesh Kumar e Brajesh Singh (2007c). Changes in processing quality of potato tubers occurring between haulm cutting and harvesting. *Potato Journal* **34** (3,4): 239-241.
Kumar, D., R. Ezekiel e S.M. Paul Khurana (2003b). Effect of location, season and cultivar on the processing quality of potatoes. *Jornal da Associação Indiana da Batata* **30** (3,4): 247-251.
Kumar, D., S.V. Singh e S.K. Pandey, (2003a). Chemical maturity of potato processing cultivars as grown in Western Uttar Pradesh. *Journal of Indian Potato Association* **30 (3,4)**: 225-232.
Kumar, Devander e J.S. Minhas (2003). Performance of heat tolerant potato genotypes stored at room temperature. *Journal of Indian Potato Association* **30**(1,2): 165166.
Kumar, Dhruv e S.S. Lal (2006). Effect of planting geometry, N and P levels and haulm cuttings on the production of small size tubers of potato. *Potato Journal* **33** (1,2): 97-98.
Kumar, Dinesh e R. Ezekiel (2004). Distribuição de matéria seca e açúcares num tubérculo de cultivares de batata cultivadas em condições de dias curtos. *Potato Journal* **3** (3,4): 129-134.
Kumar, Dinesh e R. Ezekiel (2006). Efeito dos atributos fisiológicos e bioquímicos das cultivares de batata Kufri Lauvkar e Atlantic na sua qualidade de estilhaçamento. *Potato Journal* **33** (1,2): 50-55.
Kumar, Dinesh S.V. Singh e S.K. Pandey (2001a). Potato processing quality as influenced by date of haulm cutting. *Journal of Indian Potato Association* **28** (1): 167-168.
Kumar, Dinesh, S.V. Singh e S.K. Pandey (2005a). Maturidade das variedades de batata Chipsona cultivadas com fertilização revista e geometria da cultura. *Potato Journal* **32**(3,4): 201-202.
Kumar, Dinesh, R. Ezekiel e B.P. Singh (2003c). Alterações pós-colheita e pré-colheita no teor de açúcar das batatas. *Jornal da Associação Indiana da Batata* **30**(1,2): 191-192.
Kumar, Dinesh, S.V. Singh, S.K. Pandy, B.P. Singh e Sanjay Rawal (2007a). Effect of growing season on chipping quality of potatoes under sub-tropical climates, *Potato Journal* **34**(3,4): 180-186.
Kumar, Manoj, S.P. Trehan, S.K. Pandey, S.K. Singh e S.N. Singh (2006). Necessidades de azoto específicas do período de crescimento da batata nas planícies indo-gangéticas de Bihar. *Potato Journal* **33** (3,4): 166-167.
Kumar, Parveen, S.K. Pandey, B.P. Singh, S. Rawal, S.V. Singh e Dinesh Kumar. (2004b). Exigência de fertilização de cultivares de batata de corte (*Solanum tubersoum*) nas planícies do centro-oeste. *Potato*

Journal **31**: 177-181.
Kumar, Parveen, S.K. Pandey, B.P. Singh, S.V. Singh e Dinesh Kumar (2007b). Effect of nitrogen rate on growth, yield, economics and crisps quality of Indian Potato processing cultivars. *Potato Research* **50**: 143-155.
Kumar, Parveen, S.K. Pandey, B.P. Singh, S.V. Singh e Dinesh Kumar (2007d). Influência da fonte e do tempo de aplicação de potássio no crescimento, rendimento, qualidade económica e crocante da batata. *Potato Research* **50**: 1-13.
Kumar, R., S.K. Pandey e S.M. Paul Khurana (2005b). Manutenção da qualidade de cultivares de batata para processamento durante o armazenamento à temperatura ambiente. *Potato Journal* **32** (1,2): 55-59.
Kumar, Raj e G.S. Kang (1998). Genetic diversity among andigena Potatoes. *Jornal da Associação Indiana da Batata* **25** (1, 2): 21-24.
Kumar, Raj., G.S. Kang., S.K. Pandey e J. Gopal (2009b). Kufri Khyati: Uma nova variedade de batata de maturação precoce para as planícies indianas. *Potato Journal* **36** (1,2): 14-19.
Kumar, Raj, S.K. Pandey, D.S. Uppal e R.S. Marwaha (2004a). Avaliação de variedades de batata para a produção de batatas fritas. *Indian Journal of Agricultural Science*, **74**(11):578-582.
Kumar, Vinod, B.S. Vyakarnahal e Busavaraj (2009a). Effect of seed tuber size and dates of haulm killing on growth and yield of seed Potato crop. *Potato Journal* **36**(1,2):45-50.
Kumar, Vinod, B.S. Vyakarnahal, N. Basavaraj, Srikant Kulkarni e M. Shekhargonda (2008). Influência de micronutrientes no crescimento e rendimento de cultivares de batata *(Solanum tuberosum)*. *Indian Journal of Agriculture Science* **78** (9): 752-756.
Kumar, Vivek, R.C. Jaiswal e A.P. Singh (2001b). Effect of biofertilizers on growth and yield of Potato. *Journal of Indian Potato Association* **28** (1): 60-61.
Kunkel, R. e N. Holstad (1972). Cor da batata frita, gravidade específica e fertilização de batatas com N-P-K. *American Potato Journal*. **49** :43-62.
Kushwah, V.S., S.P. Singh e S.S. Lal (2005). Effect of manures and fertilizers on potato (*Solanum tuberosum* L.) production. *Potato Journal* **32** (3,4): 157-158.
Lanker, G.M., Ghulam-ud-Din e G.A. Wani (2000). Rendimento da batata e absorção de nutrientes influenciados por diferentes níveis de azoto. *Journal of Research* **2**: 58-61 *S.K.U.A.S.T*, Jammu e Caxemira.
Lauer, D.A. (1986). Resposta das batatas Nooksack ao fertilizante nitrogenado. *American Potato Journal* **63**: 251-262.
Leszkowiat, M.J., R.Y. Yada, R.H. Coffin, D.W. Stanley e A.W. Mckeown (1991). Composto de aminoácidos livres, azoto total e teor de matéria seca das batatas de verão durante o crescimento no sul de Ontário. *Can. Inst. Sci. Technol.* **24**: 68-73.
Leszkowiat, M.J., V. Barichello, R.Y. Yada, R.H. Coffin, F.C. Lougheed e D.W. Stanley. (1990). Contribuição da sacarose para o escurecimento não enzimático das batatas fritas. *Journal of Food Sciences* **55**: 281-282.
Linnemann, A.R. e E.S.A Van e K.J. Hartmans (1985). Alterações no conteúdo de ácido L-ascórbico, glucose, frutose, sacarose e glicoalcalóides totais em batatas (cv. Bintje) armazenadas a 7,16 e 28°C. *Potato Research* **28**: 271-278.
Long, Chris M., Sieg S. Snapp, Dave S. Douches e Richard W. Chase (2004). Produção de tubérculos, capacidade de armazenamento e qualidade de cultivares de Michigan em resposta à gestão do azoto e ao espaçamento entre sementes. *American Journal of Potato Research* **81**: 347-357.
Luthra, S.K., P.C. Pande, S.V. Singh, S.K. Pandey, S.M. Paul Khurana, I.A. Khan e B.P. Singh (2006). Kufri Arun: Uma nova variedade de batata de pele vermelha. *Potato Journal* **33** (1,2): 20-25.
Marinus, J. e K.B. Bodlaender (1975). Resposta de algumas variedades de batata à temperatura. *Potato Research* **18**: 189-204.
Marquez, G. e M.C. Anon (1986). Influência de açúcares redutores e aminoácidos no desenvolvimento da cor de batatas fritas. *Journal of Food Science* **51**: 157-160.
Marwaha R.S., S.K. Pandey, S.V. Singh e Dinesh Kumar (2007). Yield, chipping and nutritive qualities of spring grown potatoes in North-Western plains. *Potato Journal* **34** (1,2): 61-62.
Marwaha R.S., S.K. Pandey, S.V. Singh e J.S. Minhas (2005c). Chipping performance of advanced Potato hybrids and new varieties before and after on-farm storage. *Potato Journal* **32** (3,4): 141-142.
Marwaha R.S., S.V. Singh, S.K. Pandey, Dinesh Kumar e V.K. Gupta (2009b). Avaliação dos híbridos avançados de batata MP/97-644 e das variedades de processamento em termos de rendimento e qualidade de estilhaçamento nas colinas do nordeste. *Indian Journal of Horticulture* **66** (3): 363-366.
Marwaha, R.S. (1997). Transformação de batatas - situação atual, necessidade, potencial futuro e adequação das variedades indianas - uma avaliação crítica. *Journal of Food Science and Technology* **34**(6): 457-471.
Marwaha, R.S. (1998a). Avaliação de cultivares de batata indianas e exóticas para transformação em batatas fritas. *Journal of Indian Potato Association* **25**(1,2): 61-65.
Marwaha, R.S. (1998b). Factores que determinam as qualidades de processamento e a maturidade ideal de processamento de cultivares de batata cultivadas em dias curtos. *Journal Indian Potato Association*

25(3,4): 95-102.
Marwaha, R.S. (1999). Chipping quality and related processing characteristics of Indian Potato varieties grown under short day conditions. *Journal of Food Science Technology* **36** (2): 157-159.
Marwaha, R.S. (2001). Qualidade de processamento e composição química de batatas influenciadas pelas temperaturas de cultivo. *Journal of Plant Science Research* **17**: 1-6.
Marwaha, R.S. (2002). Qualidade de lascas de cultivares de batata durante o armazenamento a curto prazo a temperaturas quentes. *Journal of Food Science Technology* **39**: 489-495.
Marwaha, R.S. e Raj Kumar (1987). Relação entre a gravidade específica e o teor de matéria seca dos tubérculos de batata. *Jornal Internacional de Agricultura Tropical* **5**(3,4): 227-230.
Marwaha, R.S., Dinesh Kumar, S.V. Singh e S.K. Pandey (2009a). Chipping and nutritional qualities of Indian and exotic potato processing varieties stored under different conditions. *Journal of Food Science and Technology.* **46**(4): 354-358.
Marwaha, R.S., S.K. Pandey e S.V. Singh (2005b). Desempenho de corte de novas variedades de processamento de batata (*Solanum tuberosum*) cultivadas nas planícies mais frias do noroeste. *Indian Journal ofAgricultural Sciences* **75** (6): 324-328.
Marwaha, R.S., S.K. Pandey, S.V. Singh e S.M. Paul Khurana (2005a). Processamento e qualidades nutricionais de cultivares de batata indianas e exóticas influenciadas pela data de colheita, cura dos tubérculos, período de retenção pré-armazenamento, armazenamento e recondicionamento em dias curtos. *Avanços em Ciências da Horticultura,* **19**(3): 130-140.
Mazza G. (1983). Correlação entre os parâmetros de qualidade das batatas durante o crescimento e o armazenamento a longo prazo. *American Potato Journal* **60**: 145-159.
Mc Dole R.E. e G.M McMaster (1978). Effects of moisture stress and nitrogen fertilization on tuber nitrate-nitrogen content. *American Potato Journal* **55**: 611-619.
Mehdi Mohd, Tahir Saleem, H.K. Rai, M.S. Mir e Gyanendra Rai (2008). Efeito da interação entre azoto e FYM no rendimento e nas caraterísticas de rendimento de genótipos de batata em condições de Ladakh. *Potato Journal* **35** (3,4): 126-129.
Mehta A e H.N. Kaul (1990). Contribuição da transpiração e da respiração para a perda de peso das batatas durante o armazenamento não refrigerado. In: *Livro de resumos do simpósio nacional sobre estratégias para a produção, comercialização, armazenamento e processamento de batata.* 22-23 de dezembro de 1989, Nova Deli, Índia, pp. 81.
Mehta A e S.P. Singh (2002). Perdas fisiológicas em batatas sob armazenamento não refrigerado: Effect of N, P and K fertilizers. *Journal of Indian Potato Association* **29**(3,4): 129-134.
Mehta, A. e H.N. Kaul (1988). Armazenamento a alta temperatura de batata (*Solanum tuberosum* L.) para transformação - um estudo de viabilidade. *Plant Foods for Human Nutrition* **38**: 263-268.
Mehta, Ashiv e R. Ezekiel (2003). Evaluation of non-refrigerated storage methods for short term on farm storage of potatoes. *Journal of Indian Potato Association* **30** (3,4): 291-295.
Mehta, Ashiv. (2000). Influência da fertilização e da gestão do solo na capacidade de armazenamento e na qualidade de processamento da batata (*Solanum tuberosum L.*) em condições não refrigeradas. *Tese de doutoramento.* Universidade C.C.S., Meerut, U.P.
Menzel, C.M. (1985). Tuberização em batata a altas temperaturas: Interação entre temperatura e irradiância. *Anais de Botânica* **55**: 35-39.
Miller, R.A., J.D. Harrington e G.D. Kuhn (1975). Efeito da variedade e da data de colheita nos açúcares dos tubérculos e na cor das aparas. *American Potato Journal* **52**: 379-386.
Minhas, J.S. e D. Kumar (2005). Tuberização no híbrido tolerante ao calor HT/92-621 em condições de temperatura controlada. *Potato Journal* **32**: 195-196.
Minhas, J.S., Devendar Kumar, T.A. Joseph, B.T. Raj, S.M. Paul Khurana, S.K. Pandey, S.V. Singh, B.P. Singh e P.S. Naik (2006). Kufri Surya: Uma nova variedade de batata tolerante ao calor adequada para plantação precoce nas planícies do Noroeste, na Índia peninsular, e para transformação em batatas fritas e chips. *Potato Journal* **33** (1,2): 35-43.
Mondy, N.I. e C.B. Munshi (1993). Efeito do tipo de fertilizante de potássio na descoloração enzimática e nos teores de fenólicos, ácido ascórbico e lípidos das batatas. *Journal of Agricultural and Food Chemistry* **41** (6): 849-852.
Mondy, N.I. e R.L. Koch (1978). Influência da fertilização com azoto na descoloração da batata em relação à composição química. 1. Teor de lípidos, potássio e matéria seca. *Journal of Agricultural and Food Chemistry* **26**: 666-669.
Mondy, N.I., E. Owens Mobley e S.B. Gedde-Dahl (1977). Influência da fertilização com potássio na atividade enzimática, conteúdo fenólico e descoloração das batatas. *Journal of Agricultural and Food Chemistry* **33**: 378-381.
Moore, J. (1968). *Análise de aminoácidos:* Dimetilsulfóxido aquoso como solvente para a ninidrina. *Journal of Biological Chemistry* **243**: 6281-6283.
Mulder, E.G. e K. Bakema (1956). Effect of the nitrogen, phosphorus, potassium and magnesium nutrition of potato plants on the content of free amino acids and on the amino acid composition of the protein of tubers. *Plant Soil* **7**: 135-166.

Munro, D.C., R.P. White e J.B. Sanderson (1977). Effect of applied nitrogen on yields, tuber sizes and specific gravities of two potato cultivars. *Canadian Journal of Plant Science* **57**: 803-810.
Nagarajan, S. e K.C. Bansal (1990). Crescimento e distribuição da matéria seca numa cultivar de batata tolerante e suscetível ao calor sob temperaturas normais e elevadas. *Journal of Agro Crop Science* **165**: 306-311.
Naidu, A.K. e D.N. Nandekar (2005). Avaliação de híbridos de batata tolerantes ao calor para armazenamento à temperatura ambiente no planalto de Satpura. *Potato Journal* **32** (3,4): 207-208.
Nandekar, D.N. (2002). Performance of advanced Potato hybrids in Satpura Zone of Madhya Pardesh (Desempenho de híbridos avançados de batata na zona de Satpura de Madhya Pardesh). *Jornal da Associação Indiana da Batata* **29** (1,2): 89-90.
Nandekar, D.N. (2005). Effect of seeding tuber size and fertilizer levels on growth, yield and economics of potato production. *Potato Journal* **32** (1,2): 71-73.
Nelson, N. (1944). Uma adaptação fotométrica do método de Somogyi para a determinação da glucose. *Journal of Biological Chemistry*. **153**: 375-380.
Olsen, S.H., C.V. Cole, E.S. Watenable e L.A. Dean (1954). Estimation of available phosphorus by extraction with sodium bicarbonate (Estimativa do fósforo disponível por extração com bicarbonato de sódio). *U.S. Department of Agriculture Circular* **929**, Washington D.C.
Painter, C.G., R.E. Ohms e A. Walz (1977). O efeito da data de plantação, do espaçamento entre sementes, da taxa de azoto e dos dados de colheita no rendimento e na qualidade das batatas no sudoeste do Idaho. *Boletim* **571** *da Estação Experimental Agrícola de Idaho*.
Pande, P.C., S.K. Luthra, S.V. Singh, S.K. Pandey e B.P. Singh (2008). Kufri Sadabahar: A Potato variety for Uttar Paradesh, *Potato Journal* **35**(3,4):111-117.
Pandey, N.K., A. Pandit, K.P. Chandran e S.K. Pandey (2007). *Potato Statistics: India and World.* Boletim Técnico No.81, Instituto Central de Investigação da Batata, Shimla, Índia. 9 p.
Pandey, S.K., Dinesh Kumar, S.V. Singh e T.P.S. Tomar (2003). Staggered Planting- A solution for producing chipping potatoes for north-western plains. *Jornal da Associação Indiana da Batata* **30** (1,2) 89-90.
Pandey, S.K., P.C. Gaur, S.V. Singh e Dinesh Kumar (2002). Potencial de processamento de variedades de batata em diferentes regiões agroclimáticas. Em *Potato, Global Research and Development*, Vol. II. Khurana S.M.P *et al.* (Eds). Indian Potato Association, Central Potato Research Institute, Shimla (HP), pp. 1144-1148.
Pandey, S.K., S.V. Singh e Dinesh Kumar (2004b). Suitability of Kufri Chipsona-1 Potato as an early spring crop for processing in west-central plains. *Indian Journal of Agricultural Sciences* **74**(9):461-464.
Pandey, S.K., S.V. Singh, Dinesh Kumar, P. Manivel, R.S. Marwaha, Parween Kumar e B.P. Singh (2006). Kufri Chipsona-3: Uma variedade de batata de alto rendimento para a produção de batatas fritas com tubérculos sem defeitos. *Potato Journal* **33** (1,2): 26-34.
Pandey, S.K., S.V. Singh, Dinesh Kumar, Parveen Kumar e P. Manivel (2004a). Sustaining potato chipping industry from Western and Central Uttar Pradesh : Adoption of suitable varieties. *Potato Journal* **31** (3,4) 119-127.
Pandey, S.K., S.V. Singh, Dinesh Kumar, R.S. Marwaha, P. Manivel e Parveen Kumar (2008). Performance of newly released Kufri Chipsona-3 Indian potato variety during different crop seasons in west-central plains. *Indian Journal of Agricultural Sciences* **78**(2): 116-121.
Pandey, S.K., S.V. Singh, R.S. Marwaha e D. Pattanayak (2009). Indian Potato processing varieties: Their impact and future priorities. *Potato Journal* **36** (3,4): 95-114.
Pandey, S.K., S.V. Singh, S.M. Paul Khurana e Dinesh Kumar (2004c). Avaliação de variedades de processamento e híbridos de batata (*Solanum tuberosum* L.) para produção nas planícies do centro-oeste da Índia. *Indian Journal of Agricultural Sciences* **74** (11): 607-609.
Patel, H.R., A.M. Shekh, G.C. Pate e D.S. Mistry (2000). Rendimento e qualidade da batata em relação a diferentes datas de plantação. *Journal Indian Potato Association* **27** (3,4): 87-90.
Patel, N.H., R.N. Patel, S.V. Singh, S.K. Pandey, J.M. Patel e S.B. Patel (2007). Performance of exotic and Indian Potato varieties in Gujarat for processing into French fries. *Potato Journal* **34** (1,2): 51-52.
Patel, R.N., N.H. Patel, S.K. Pandey, V.H. Kanbi e C.K. Patel (2006). Yield performance and shelf life of some advanced Potato hybrids in Gujrat. *Potato Journal* **33** (3,4): 149-150.
Patel, R.N., N.H. Patel, S.V. Singh, S.K. Pandey, J.M. Patel e S.B. Patel (2005). Avaliação de variedades e híbridos de batata para batatas fritas e comportamento de armazenamento em Gujrat. *Potato Journal* **32** (3,4): 217-218.
Pattanayak, D. (1998). Alteração dependente da temperatura da atividade da sacarose fosfato sintase em tubérculos de batata armazenados. *Journal Indian Potato Association* **25**(3,4): 143-145.
Paul, Vijay e R. Ezekiel (2005). Alterações na temperatura e na humidade relativa no monte e no poço durante o armazenamento de batatas. *Potato Journal* **32** (3,4): 205-206.
Pavlista, A.D. e J.C. Ojala (1997). Batatas: Processamento de batatas fritas e batatas fritas. In: *processing vegetable science and technology* (Smith *et al.*, Eds.), Technomac Publishing Company. Lancaster, U.S.A., pp. 287-294.

Peshin, Archana e Brajesh Singh (1999). Biochemical composition of potato tubers as influenced by higher nitrogen application. *Journal of Indian Potato Association* **26(3,4)**: 145-47.
Piper, C.S. (1966). *Soil and Plant Analysis.* Hans Publishing Co., Bombaim.
Praharaj, C.S., D. Kumar, R.C. Sharma e S.M.P. Paul Khurana (2001). Potato-Wheat- Paddy, A new emerging alternative crop rotation for Indo-genetic plains. *Jornal da Associação Indiana da Batata* **28** (1): 44-45
Pressey, R e R. Shaw (1966). Effect of temperature on invertase, invertase inhibitors and sugars in potato tubers. *Plant Physiology* **41**: 1657-1661.
Pressy, R. (1969). Papel da invertase na acumulação de açúcares em batatas armazenadas a frio. *American Potato Journal* **46**: 291-297.
Pritchard, M.K. e L.R. Adam (1994). Relação entre a cor da batata frita e a concentração de açúcar em batatas Russet Burbank e Shepody armazenadas. *American Potato Journal* **71**: 59-68.
Rai, Gyanendra Kumar, M.M. Verma e Jagdish Singh (2002). Efeito da interação entre o azoto e o potássio nos atributos de rendimento da batata. *Jornal da Associação Indiana da Batata* **29** (3,4): 153-154.
Ramezani, R e M. Aminlari (2004). Comparação da composição química de quatro variedades de batata para transformação. *Journal of Food Science and Technology (Mysore)* **41** (6): 689-691.
Rana, R.K. e S.K. Pandey (2007). Processamento de batatas de qualidade na Índia: Uma estimativa da demanda da indústria. *Indústria de Alimentos Processados*, pp. 26-35.
Rana, Rajesh Kumar (2011). The Indian potato processing industry: Comparação global e perspectivas de negócios, *Outlook on Agriculture* **40**(3): 237-243.
Rashid, M.H. e M.S. Ali (1992). Effect of time of planting in relation to seed Potato production in the south-east region of Bangladesh. *Jornal da Associação Indiana da Batata* 19 (1, 2): 25-29.
Ravikant, e Sanjay Chadha (2009). Efeito da época de plantação e dos regimes de fertilidade em diferentes cultivares de batata. *Potato Journal* **36** (1,2): 68-71.
Rexen, B. (1976). Estudos sobre a proteína da batata. *Potato Research* **19**: 189-202.
Rhodes, J.M.C. e L. S.C. Wooltorton (1978). A biossíntese de compostos fenólicos em tecidos de armazenamento de plantas feridas. In: *Biochemistry of Wounded plant tissues* (Ed. G. Kahl). Walter de Gruyer and Company, Berlim e Nova Iorque, pp. 243-286.
Rinno, G., H. Goerlitz, H. Wahl e K. Ebert (1972). Efeito da fertilização com azoto no escurecimento de batatas cruas processadas *Arch. Acker-Pflanzenbau Bodenk* **16** (7): 551-560.
Rodriguez-Saona, L.E. e R.E. Wrolstad (1997). Influência da composição da batata na qualidade da cor das batatas fritas. *American Potato Journal* **74**(2): 87-106.
Roe, M.A. e R.M. Faulks (1991). Desenvolvimento da cor num sistema modelo durante a fritura: Papel dos aminoácidos e açúcares individuais. *Journal of Food Science* **56**(6): 1711-1713.
Roe, M.A., R.M. Faulks e J.L. Belsten (1990). Roe, M. M. Faulks e J. L. Belsten, 1990. Papel dos açúcares redutores e dos aminoácidos na cor das batatas fritas cultivadas em diferentes regimes. *Journal of Science of Food and Agriculture* **52**: 207-214.
Rowberry, R.G. e G.R. Johnston (1966). A note on the effect of vine killing on specific gravity of Kennebec and Sebago tubers. *American Potato Journal* **43:** 381-383.
Roy, Milton (2000). Espectrofotómetro *Spetronic 20D. Milton Roy Company* 820 Linden Avenue, Rochester, Nova Iorque, 14625.
Roy, S.K. Bardhan, A.K. Chakbraborty, Dinesh Kumar e P.C. Gaur (2002). Evaluation of potato varieties for processing in West Bengal (Avaliação de variedades de batata para transformação em Bengala Ocidental). In: *Potato, Global Research and Development,* Vol.II (S.M. Paul Khuranan *et. al.*, Eds.), Indian Potato Association, Shimla, pp 1160-1162.
Sabha, Robert P., Alvin J. Bussan, Bruce A. Michaelis, Robert Hughes, Michael J. Drilias e Marty T. Glynn (2007). Effect of planting and vine-kill timing on sugars, specific gravity and skin set in processing Potato Cultivars. *American Journal of Potato Research* **84**:205-215.
Sahota, T.S. e Mukhtar Singh (1986). Tempo e método de aplicação de fertilizantes 'N' para a produção de batata nos solos aluviais de Punjab. *Journal of Research* **23** (1): 8-15, Universidade de Agricultura de Punjab.
Santerre, C.R., J.N. Cash e R.W. Chase (1986). Influência da cultivar, data de colheita e azoto do solo na sacarose, gravidade específica e estabilidade de armazenamento de batatas cultivadas em Michigan. *American Potato Journal* **63**:99-108.
Saravanane, P., H.V. Nanjappa e B.K. Ramachadrappa (2008). Efeito da utilização de ervas daninhas nos parâmetros de crescimento, rendimento e absorção de nutrientes da batata. *Potato Journal* **35** (3,4): 122-125.
Sarkar, A., S. Sarkar e A. Zaman (2011). Crescimento e rendimento da batata influenciados pela combinação de adubos orgânicos e fertilizantes inorgânicos. *Potato Journal* **38**(1): 78-80.
Sarkar, B., S.S. Mondal, S.S. Nayek, M. Saha e S. Biswas (2007). Integrated nutrient management for the productivity and quality improvement of Potato under irrigated conditions (Gestão integrada de nutrientes para a melhoria da produtividade e da qualidade da batata em condições de regadio). *Potato Journal* **34**

(1,2): 99-100.
Sattelmacher, B. e H. Marschner (1979). Tuberização em plantas de batata afetada pela aplicação de azoto nas raízes e nas folhas. *Potato Research* **22**: 49-57.
Schallenberger, R.S., O Smith e R.H. Tread way (1959). Papel dos açúcares na reação de escurecimento em batatas fritas. *Journal of Agricultural and Food Chemistry*. 7(4): 274277.
Schaller, K., A. Amberger (1974). Relação entre o escurecimento enzimático da batata e vários constituintes do tubérculo. *Qualitas Plantarum Plant Foods for Human Nutrition* **24**:183-190.
Schippers, P.A. (1968). The influence of rates of nitrogen and potassium application on the yield and specific gravity of four potato varieties. *Jornal Europeu da Batata.* **11**: 23-33.
Shah, P.M., T.S. Ingrodia e A.K. Patel (1996). Efeito dos níveis de fertilizantes e dos reguladores de crescimento das plantas no rendimento e nos atributos de crescimento da batata. *Indian Journal of Horticulture* **53** (1): 309-312.
Shahi, U.P., Suman Kumar, N.P. Singh e A.K. Tiwari (2003). Efeito de diferentes níveis de fertilidade nas caraterísticas espectrais, crescimento e rendimento da batata cv. Kufri Bahar. *Journal of Indian Potato Association* **30** (3,4): 325-333.
Sharma, A.K., V.K. Garg e Sarjeet Singh (2001). Comportamento de armazenamento de alguns híbridos avançados de batata nas condições das colinas do noroeste, à temperatura ambiente. *Jornal da Associação Indiana da Batata* **28** (1): 139-140.
Sharma, I.P. e U.K. Verma (1987). Effect of planting and harvesting dates on yield and yield attributes of Potatoes. *Jornal da Associação Indiana da Batata* **14** (1,2): 48-51.
Sharma, R.C. (1986). Gestão do azoto em batatas na presença de fertilizantes FYM e PK em solos ácidos de Shimla. *Journal of Agriculture Science,* Cambridge 107: 115-119.
Sharma, R.C. e K.C. Sud (1978). Procedimento rápido com ácido crómico para determinar o azoto nas plantas. *Indian Journal of Experimental Biology.* **16**: 1314-1315.
Sharma, R.C., T.R. Sharma e N.D. Nandekar (1995). Response of Nitrogen levels and Planting dates on Potato yield and economics in Madhya Pradesh. *Journal of Indian Potato Association* **22**(3,4):129-132.
Sharma, U.C. e B.R. Arora (1988). Teor de cálcio da planta de batata (*Solanum tuberosum)* afetado pela aplicação de potássio. *Indian Journal of Agricultural Sciences* **58**: 69-71.
Simon, A., M.L. Suso, A. Pardo e V. Tobar (2004). Influência da maturidade, das diferentes condições de crescimento e do armazenamento na qualidade das batatas fritas da cultivar 'Agria'. *I.T.E.A. Produção Vegetal* **100** (2):75-85. (Original não visto. Abstr. in Potato Abstracts 30(4): 228, ref. nº 1411, 2005).
Singh, Ashvir, R.L. Mehta, Panigrahy, S.S. Lal, P.M. Govindakrishnan, J.P. Singh, R.K. Arora, V.K. Dua, P.K. Gupta, Dhruv Kumar, S. Rawat e Islam Ahmed (2004b). Prospects of potato acreage estimation using temporal WIFS data in Indo-Genetic plains. *Potato Journal* **31** (1,2): 7-12.
Singh, Azad, B.K. Nehra, S.C. Khurana e Narendra Singh (1997). Influência da densidade de plantas e do nível de fertilizante no crescimento e rendimento da cultura de sementes de batata. *Journal of Indian Potato Association* **24**(1,2): 17-23.
Singh, G.R. e J.L. Mangal (1990). Influência de regimes de humidade sob diferentes temperaturas na plantação e níveis de azoto na temperatura do solo, peso fresco e seco de haulms e tubérculos de batata em diferentes fases de crescimento. *Journal of Indian Potato Association* **17** (3, 4): 120-126.
Singh, J.P., Rachna, S.S. Lal, S.S. Ray e Sushma Panigrahy (2007). Utilização do medidor de clorofila foliar para a gestão de fertilizantes N na agricultura de precisão da batata. *Potato Journal* **34** (3,4): 221-226.
Singh, M.V. (1995). Necessidades de nitrogénio da batata quando plantada em datas diferentes. *Journal Indian Potato Association* **22**(3,4):101-104.
Singh, R.K. e Jyotsna Sharma (2001). Desempenho no campo de microtubérculos de diferentes cultivares de batata nas planícies. *Journal of Indian Potato Association* **28** (1): 86-87.
Singh, S.K. e S.S. Lal (2001). Gestão de nutrientes na sequência batata-vegetais em condições de sequeiro em Meghalaya. *Jornal da Associação Indiana da Batata* **28** (1): 38-39.
Singh, S.N., S.P. Trehan e M. Kumar (2008b). Response of Potato cultivars to nitrogen in the plains of Bihar (Resposta de cultivares de batata ao azoto nas planícies de Bihar). *Potato Journal* **35** (3,4): 158-160.
Singh, S.V., Dinesh Kumar e S.K. Pandey (2003). Rendimento e atributos de transformação de variedades de batata indígenas e exóticas para transformação em culturas tardias nas planícies do Noroeste. *Jornal da Associação Indiana da Batata* **30** (3,4): 253-258.
Singh, S.V., P.C. Gaur, S.K. Pandey e Dinesh Kumar (2002). Performance of New processing varieties in North-Western plains of India (Desempenho de novas variedades de processamento nas planícies do noroeste da Índia). In: *Potato, Global Research and Development,* Vol. II. (S.M. Paul Khurana *et. al.* Eds.), Indian Potato Association, Shimla, pp 1149-1153.
Singh, S.V., R.S. Marwaha, Dinesh Kumar, Parveen Kumar e S.K. Pandey (2009). Suitability of Potato varieties grown in North-Eastern Indian plains for processing (Adequação das variedades de batata cultivadas nas planícies do nordeste da Índia para transformação). *Potato Journal* **36** (1,2): 25-34.
Singh, S.V., S.K. Pandey e S.M. Paul Khurana (2001). Comportamento de armazenamento de alguns

híbridos avançados de batata nas planícies do oeste de U.P. à temperatura ambiente. *Jornal da Associação Indiana da Batata* **28**: 135-166.
Singh, S.V., S.K. Pandey, Dinesh Kumar e Parveen Kumar (2004a). Otimização da época de plantação de variedades de batata (*Solanum tuberosum* L.) em relação ao rendimento e à qualidade nas planícies do centro-oeste. *Indian Journal of Agricultural Sciences* **74**(12): 633-636.
Singh, S.V., S.K. Pandey, Dinesh Kumar, N.H. Patel, S.M. Paul Khurana, Parveen Kumar e P. Manivel (2005). Âmbito e aptidão dos genótipos de batata (*Solanum tuberosum*) para a transformação industrial de batatas fritas em Gujrat e Western Uttar Pradesh. *Indian Journal of Agricultural Sciences* **75** (12): 781785.
Singh, S.V., S.K. Pandey, Dinesh Kumar, R.S. Marwaha, Parveen Kumar e P. Manivel, (2008a). Potencial de híbridos avançados de batata (*Solanum tuberosum*) para transformação na região de Agra e Indore, nas planícies do centro-oeste. *Indian Journal of Agricultural Sciences* **78**(3):198-202.
Smith, O. (1987). Efeito das condições culturais e ambientais nas batatas para processamento. In: *Potato Processing*, 4th edn. (Talburt, W. F. and Smith, O., Eds.). Van Nostrand Reinhold Company, Nova Iorque, EUA, pp.73-123.
Snapp, S.S., D.S. Mucker e M. Vitosh (2002). Gestão do azoto para as batatas do Michigan. *Boletim de Extensão da Universidade Estadual de Michigan* **E2779**.
Somani, A.K., V.S. Kushwah e S.P. Singh (2003). Gestão da doença da necrose do caule na cultura da batata plantada cedo com diferentes níveis de fertilizantes. *Jornal da Associação Indiana da Batata* **30** (3,4): 301-303.
Sood, M.C. e R.C. Sharma (2001). Valor das bactérias promotoras de crescimento, vermicomposto e azotebacter na produção de batata nas colinas de Shimla. *Journal of Indian Potato Association* **28** (1): 52-53.
Sowokinos, J.R. (1978). Relação do teor de sacarose na colheita com a maturidade de processamento e o tempo de armazenamento das batatas. *American Potato Journal* **55**: 333-345.
Sowokinos, J.R. e D.A. Preston (1988). Manutenção da qualidade do processamento da batata através da monitorização química da maturidade (CMM). *Station Bulletin 586,* University of Minnesota, St. Paul (U.S.A.).
Sparrow, L.A. e K.S.R. Chapman (2003). Effect of nitrogen fertilizer on potato (*Solanum tuberosum* L., cv. Russet Burbank) in Tasmania 1 yield and quality.
Australian Journal of Experimental Agricultural **43** (6): 631-641. (Original não visto. Abstr. in Potato Abstracts 28(4): 228, ref. nº 1497, 2003).
Struik, P.C. e E.E. Ewing (1995). Fisiologia vegetal das respostas da batata ao fotoperíodo e à temperatura relevantes para a modelação das culturas. In: *Potato ecology and modeling of crops under conditions limiting growth (Ecologia da batata e modelação de culturas em condições que limitam o crescimento*). Haverkort A.J. e Mackrron D.K.L. (Eds.) Kluver Academic Publishers, Países Baixos, pp. 19-40.
Subbiah, B.V. e G.L. Asija (1956). Um procedimento rápido de estimativa do azoto disponível no solo. *Current Science*. **25**: 259-260.
Sud, K.C., R.C. Sharma e P.M. Govindakrishnan (1992). Influência de adubos orgânicos e níveis de azoto no estado dos nutrientes, translocação, rendimento e qualidade dos tubérculos em quatro sistemas de cultivo de batata. *Journal of Indian Potato Association* **19** (1,2): 1512.
Suman, Y.S. Malik e S.C. Khurana (2003). Effect of fertilizer, spacing and crop duration on growth and yield of potato. *Jornal da Associação Indiana da Batata* **30** (1,2): 87-88.
Swain, T. e W.E. Hillis. (1959). Os constituintes fenólicos de *Prunus domestica L.* A análise quantitativa dos constituintes fenólicos. *Journal of Science of Food and Agriculture* **10**: 63-68.
Sweeny, J.P. e P.A. Simandale (1968). Escurecimento enzimático e tirosina livre em batatas afectadas pelo pentaclorobenzeno. *Journal of Agricultural and Food Chemistry* **16**: 25-27.
Talburt, W.F. e O Smith (1987). *Potato Processing,* edn. 4, AVI Publishing Company, West port, Connectient, U.S.A., pp. 78-82.
Talley, E.A., R.B. Toma e P.H. Orr (1984). Amino acids composition of freshly harvested and stored potatoes (Composição de aminoácidos de batatas recém-colhidas e armazenadas). *American Potato Journal* **61**: 267-279.
Talley, E.A., T.J. Fitzpatric e W.L. Porter (1970). Chemical composition of potatoes VII. Efeito da variedade, localização e ano de crescimento no teor de compostos azotados. *American Potato Journal* **47**:231-244.
Tamayo, A. e M. Hincapie (2001). Efeito da fertilização com NPK na qualidade e rendimento industrial da batata num andisol do planalto norte de Antioquia. *Suelos Ecuatoriales* **31** (1): 6-13.
Timm, H., J.C. Bishop e V.H. Schweers (1963). Crescimento, rendimento e qualidade da Batata Rosa afectados pela população de plantas e níveis de azoto. *American Potato Journal* **40**: 182-192.
Timm, H., M. Yamaguchi, M.D. Clegg e J.C. Bishop (1968). Influência da exposição a altas temperaturas no teor de açúcar e na qualidade de lascamento das batatas. *American Potato Journal* **45**: 359-365.
Trawczynski, C. (2001). A influência da fertilização de ureia em linha e em difusão no rendimento e em

algumas propriedades qualitativas do tubérculo de batata. *Biuletyn Instytutu Hodowli-i- Aklimatyzacji Roslin* **220**: 221-226.
Umaerus, M. e K. Olsson (1974). Varietal differences in tyrosine and chlorogenic acid in relation to enzymic discoloration of Potato tubers. *Potato Research* **17**: 257.
Upadhyay, Lalit Kumar, S.V. Singh, S.V. Singh, P. Manivel e Murari Lal (2007). Qualidade de processamento de tubérculos de batata de dois regimes de fertilizantes na colheita e após o armazenamento. *Potato Journal* **34** (1,2) : 71-72.
Uppal, D.S. (2000). Chip colour and processing parameters of potatoes grown during spring and autumn in north-western plains. *Journal of Indian Potato Association* **27**(3,4): 141-144.
Uppal, D.S. (2002). Effect of date of planting on chip colour, free sugars and phosphorylase activity in Potato Cultivars. In: *Potato, Global Research and Development,* Vol.II (S.M. Paul Khurana *et. al.*, Eds.). Associação Indiana da Batata, Shimla, pp 1154-1159.
Uppal, D.S. (2003). Evaluation of potato varieties stored on farm for tuber processing quality. *Jornal da Associação Indiana da Batata* **30**(1,2): 163-164.
Uppal, D.S. e S.M. Paul Khurana (2001). Chipping performance of Potato varieties grown at different locations (Desempenho de corte de variedades de batata cultivadas em diferentes locais). *Journal of Indian Potato Association* **28** (2,4) 233238.
Van, Dam J. P.L. Kooman e P.C. Struik (1996). Efeito da temperatura e do fotoperíodo no crescimento inicial e no número final de tubérculos da batata. *Potato Research* **39**: 51-62.
Van, Handel, E.V. (1968). Determinação direta da sacarose. *Analytical Biochemistry* **22**: 280-283.
Varis, E. (1973). Factores que afectam o rendimento e a qualidade da proteína na batata. *Ata. Agro. Fenn.* **128**(3): 1-12.
Verma, S.C. (1991). *Potato processing in India (Transformação da batata na Índia).* Technical Bulletin No. 34, Central Potato Research Institute, Shimla, 24, pp.
Verma, S.C., K.C. Joshi, T.R. Sharma e V.P. Malhotra (1975). Teor de matéria seca de variedades de batata cultivadas em diferentes locais. *Jornal da Associação Indiana da Batata* **2**: 15-17.
Vitosh, M.L. (1990). Recomendações de fertilizantes para batata. *M.S.U. Extension Bulletin E- 220.* Universidade Estadual de Michigan, East Lansing.
Watson, D.J. (1947). Estudos fisiológicos comparativos sobre o crescimento de culturas arvenses. II Efeito da variação do fornecimento de nutrientes no NAR e na área foliar. *Annals of Botany, N.S.* **11**: 375-407.
Werner, W. (1961). Adubação mineral e o escurecimento da batata. *Kartoffelbau.* **1**:12.
Westermann, D.T., D.W. James, T.A. Tindall e R.L. Hurst (1994b). Fertilização de batatas com azoto e potássio: Açúcares e amido. *American Potato Journal* **71**: 433-453.
Westermann, D.T., T.A. Tindall, D.W. James e R.L. Hurst (1994a). Fertilização de batatas com nitrogénio e potássio: rendimento e gravidade específica. *American Potato Journal* **71**: 417-431.
White, R.P. e J.B. Sanderson (1983). Effect of planting date, nitrogen rate and plant spacing on potatoes grown for processing in prince Edward Island. *American Potato Journal* **60**: 115-125.
Wolf, S.A., Marani e J. Rudich (1990). Effect of temperature and photoperiod on assimilate partitioning in Potato Plants. *Anais de Botânica* **66**: 513-520.
Yamaguchi, M, H. Timm e A.R. Spurr (1964). Effect of soil temperature on growth and nutrition of Potato plants and tuberization, composition and periderm structure of tubers. *Journal American Society Horticultural Science* **84**: 412-423.
Zebarth, B.J., W.J. Arsenault e J.B. Sanderson (2006). Efeito do espaçamento entre sementes e da fertilização com azoto na produção de tubérculos, componentes de produção e parâmetros de eficiência de utilização de azoto de duas cultivares de batata. *American Journal of Potato Reserach* **83:** 289296.
Zebarth, B.J., Y. Leclerc, G. Moreau e E. Botha (2004). Taxa e momento da fertilização nitrogenada da batata russet Burbank: rendimento e qualidade de processamento. *Canadian Journal of Plant Science* **84** (3): 855-863.
**** Original não visto***

MIX
Papier aus verantwortungsvollen Quellen
Paper from responsible sources
FSC® C105338

Printed by Books on Demand GmbH, Norderstedt / Germany